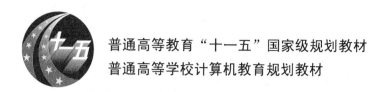

普通高等教育"十一五"国家级规划教材

普通高等学校计算机教育规划教材

单片机原理及应用

主　编　何　桥

副主编　段清明　邱春玲

编　委　马爱民　凌振宝　梁　燕

U0316786

中国铁道出版社有限公司

CHINA RAILWAY PUBLISHING HOUSE CO., LTD.

内 容 简 介

本书系统地介绍了 MCS-51 单片机的工作原理及应用技术。主要内容包括：MCS-51 系列单片机的结构、原理、指令系统及汇编语言程序设计、中断系统、定时器/计数器、存储器的扩展、串行口、I/O 接口、A/D 和 D/A 接口、单片机高级语言 C51 程序设计与应用等相关知识。另外还简要介绍了 16 位单片机和新型 ARM 内核单片机，每章后面附有习题，便于读者巩固所学的知识。书后附有 MCS-51 指令表、ACSII 码表和芯片引脚图，以帮助读者拓展相关知识。

本书内容讲解通俗易懂、由浅入深、循序渐进，具有很强的实践性，被教育部评为"**普通高等教育'十一五'国家级规划教材**"，特别适合作为大学本科教材，也可作为专科、函授和培训班等相关课程的教材，也适合工程技术人员和计算机爱好者自学之用。

图书在版编目（CIP）数据

单片机原理及应用/何桥主编. —北京：中国铁道出版社，2007.12（2023.1 重印）
普通高等教育"十一五"国家级规划教材
ISBN 978-7-113-08185-0

Ⅰ. 单… Ⅱ. 何… Ⅲ. 单片微型计算机-高等学校-教材 Ⅳ. TP368.1

中国版本图书馆 CIP 数据核字（2007）第 202200 号

书　　名：单片机原理及应用
作　　者：何　桥　段清明　邱春玲

策　　划：严晓舟　秦绪好　　　　　　　编辑部电话：（010）51873202
责任编辑：崔晓静　王艳霞
封面设计：路　瑶
封面制作：白　雪

出版发行：中国铁道出版社有限公司（100054，北京市西城区右安门西街 8 号）
网　　址：http://www.tdpress.com/51eds/
印　　刷：北京铭成印刷有限公司
版　　次：2008 年 1 月第 1 版　　2023 年 1 月第 16 次印刷
开　　本：787mm×1092mm　1/16　印张：15.5　字数：360 千
印　　数：28 001～28 500 册
书　　号：ISBN 978-7-113-08185-0
定　　价：39.90 元

前 言

单片机（Single Chip Microcomputer）又叫单片微型计算机，是一种大规模集成电路芯片，它把 CPU、RAM、ROM、I/O 接口、定时器/计数器、中断系统等部件集成在同一芯片中。单片机的出现是计算机发展史上的重要里程碑，单片机具有集成度高、体积小、功能强、可靠性高、价格低廉等优点，广泛应用于工业测控、智能仪器仪表、网络通信、家用电器等领域中。单片机应用技术已成为一项新的工程应用技术，具有广泛的发展前景。近年来，尽管单片机应用技术得到了飞速发展，单片机的性能在不断提高，但到目前为止，绝大部分应用领域仍然以应用 MCS-51 系列单片机为主。因此，本教材主要讲述 MCS-51 系列单片机，简介新型单片机的发展动态。通过学习本教材，学生可以在掌握单片机原理及应用的基础上，了解单片机最新技术和发展趋势。

本书以 MCS-51 系列单片机为典型，系统地讲述了单片机的结构、工作原理和应用技术。全文结构紧凑，章节编排合理，语言简炼，便于读者从硬件和软件相结合的角度把问题弄懂、弄透，全面掌握 MCS-51 系列单片机的硬、软件使用技巧和开发应用工具。通过对这些内容的学习，为学生和科研人员尽快掌握单片机在各个领域的应用打下坚实的基础。

全书共分 11 章。第 1 章、第 2 章介绍单片机的基础知识和结构，第 3 章介绍 MCS-51 指令系统及汇编语言程序设计，第 4 章介绍中断系统，第 5 章介绍定时器/计数器，第 6 章介绍 MCS-51 单片机存储器的扩展，第 7 章～第 9 章介绍串行口、I/O 接口、A/D 和 D/A 接口，第 10 章、第 11 章介绍单片机高级语言 C51 程序设计和应用。最后，提供 3 个附录，即 MCS-51 指令表、ASCII 码表、芯片的引脚图。

本书是作者从事几十年单片机技术教学、科研开发工作的总结。书中很多实例是从实际科研项目中精选出来的，具有很强的实用性。本书在内容安排上由浅入深，由易到难，通俗易懂。理论与实践结合得较好，突出易学实用的特点。本书可以作为大学本科教材，也可作为专科、函授和培训班教材，也是从事单片机开发应用的工程技术人员的一本很好的参考书。本书 2006 年被教育部评为"普通高等教育'十一五'国家级规划教材"。

由于编者水平有限，书中难免会有疏漏和不妥之处，恳请读者批评指正。

编 者
2007 年 11 月

目 录

第 **1** 章 绪 论

教学目的和要求

本章主要介绍单片机的发展及应用领域、单片机的结构特点以及典型单片机的系统简介。要求了解单片机的发展和应用领域，重点掌握典型 MCS-51 系列单片机的结构特点。

1.1 单片机概述

随着大规模集成电路技术的不断发展，将中央处理器（CPU）、随机存取存储器（RAM）、只读存储器（ROM）、I/O 接口、定时器/计数器以及串行通信接口等集成在一块芯片上，就构成了一个单片微型计算机，简称为单片机（Single Chip Microcomputer）。单片机由于这种特殊的结构形式，在某些应用领域中承担了大中型计算机和通用微型计算机无法完成的一些工作。因此，单片机在各个领域中得到了广泛应用和迅猛的发展。

1.1.1 单片机的发展概况

单片机作为微型机的一个重要分支，应用面很广，发展很快。它的产生与发展和微处理器的产生与发展同步，以 8 位单片机为起点，单片机的发展历史大致可分为三个阶段。

第一阶段（1976—1978 年）：以 Intel 公司的 MCS-48 系列单片机为代表，该机是计算机发展史上的重要里程碑，标志着工业控制领域的智能化控制时代的开始。该系列单片机在片内集成了 8 位 CPU、并行 I/O 接口、8 位定时器/计数器、RAM 和 ROM 等，无串行 I/O 接口，中断处理较简单，片内 RAM、ROM 容量较小，寻址范围不大于 4 KB。

第二阶段（1978—1983 年）：以 Intel 公司的 MCS-51 系列单片机为代表，结构和性能在不断改进和发展。该系列的单片机均带有串行 I/O 接口，具有多级中断处理系统，定时器/计数器为 16 位，片内 RAM 和 ROM 容量相对增大，有的片内还带有 A/D 转换接口。

第三阶段（1983 年至今）：高档 8 位单片机巩固发展及 16 位单片机推出阶段。此阶段主要特征是：一方面不断完善高档 8 位单片机，改善其性能、结构，以满足不同用户的需要；另一方面发展 16 位单片机及专用单片机。16 位单片机除了 CPU 为 16 位外，片内 RAM 和 ROM 的容量进一步增大，片内 RAM 为 232 B，ROM 为 8 KB，片内带有高速输入/输出部件，多通道 10 位 A/D 转换部件，8 级中断处理功能，所以其实时处理能力更强。近年来，32 位单片机已进入了实用阶段。

单片机的发展趋势是：大容量化、高性能化；小容量低价格化；外围电路内装化等。

（1）大容量化：进一步扩大片内存储器容量。以往单片机的片内程序存储器 ROM 为 1 KB～4 KB，片内数据存储器 RAM 为 128 B～256 B，因此在一些复杂控制的场合，存储容量不够，不得不外接扩充。为适应特殊领域的要求，运用新工艺，使片内存储器大容量化。片内程序存储器 ROM 扩大到 12 KB 或更大；片内数据存储器 RAM 扩大到 1 MB，随着工艺技术的不断发展，片内存储器容量将进一步扩大。

（2）高性能化：主要是指进一步改进 CPU 的性能，加快指令运行速度，加强位处理功能、中断和定时控制功能，采用流水线技术，加快指令运算速度和提高系统控制的可靠性。

（3）小容量低价格化：小容量低价格化是发展动向之一，是把以往用数字逻辑集成电路组成的控制电路单片化。

（4）外围电路内装化：随着大规模集成电路的发展，集成度的不断提高，有可能把众多的各种外围功能器件集成在片内。除了一般必须具有的 CPU、ROM、RAM、定时器/计数器等以外，片内集成的部件还有 A/D 转换器、D/A 转换器、DMA 控制器、声音发生器、监视定时器、液晶显示驱动器、彩色电视机和录像机用的锁相电路等。

随着集成工艺的不断发展，单片机的集成度将更高、体积将更小、功能将更强，单片机的应用前景是很广阔的。

1.1.2 单片机的特点

单片机在一块超大规模集成电路芯片上，集成了 CPU、存储器（包括 RAM/ROM）、I/O 接口、定时器/计数器、串行通信接口等电路，片内各功能部件通过内部总线相互连接起来。就其组成而言，一块单片机芯片就是不带外部设备的微型计算机。如图 1-1 所示为单片机的结构框图。

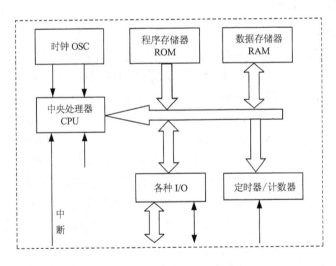

图 1-1　单片机的结构框图

单片机的特点可归纳为以下几个方面。

（1）集成度高、体积小、可靠性高。单片机把各功能部件集成在一块芯片上，内部采用总线结构，减少了各芯片之间的连接，大大提高了单片机的可靠性与抗干扰能力。其体积小，对于强磁场环境易于采用屏蔽措施，适合于在恶劣环境下工作。

（2）有优良的性能价格比。单片机的高性价比，是单片机推广应用的重要因素，也是各公司竞争的主要策略。

（3）控制功能强。单片机是微型计算机的一个品种，其体积虽小，但"五脏俱全"，它适用于专门的控制场合。在工业测控应用中，单片机的逻辑控制功能及运行速度均高于同一档次的微型计算机。

（4）系统配置较典型、规范。单片机的系统扩展容易，易于构成各种规模的计算机应用系统。

（5）低功耗。适用于携带式产品和家用电器产品。

1.1.3 单片机的应用领域

正是由于单片机具有上述的特点，它已成为科技领域的智能化工具。在许多行业中得到了广泛应用。现将单片机的应用大致归纳为以下几个方面。

1．单片机在智能仪器仪表中的应用

单片机具有体积小、功耗小、功能强等特点，故广泛应用于各类仪器仪表中（包括电压、频率、温度、湿度、流速、元素、位移、压力等测定），引入单片机使得仪器仪表数字化、智能化、微型化，提高测试的自动化程度和精度。例如：微机多功能电位分析仪、微机温度测控仪、智能电度表、智能流速仪等。

2．单片机在工业测控中的应用

单片机广泛用于工业过程监测、过程控制、工业控制器、机电一体化控制系统等。例如：MCS-51 单片机控制电镀生产线，温室的温度自动控制系统、报警系统控制、工业机器人的控制系统等。

3．单片机在日常生活及家电中的应用

单片机愈来愈广泛地应用于日常生活中的智能电气产品及家电中。例如：洗衣机、电冰箱、彩色电视机、心率监护仪、空调、微波炉、电饭煲、银行计息电脑、收音机、音响、电风扇、电子秤等。

4．单片机在计算机网络与通信技术中的应用

单片机的通信接口，为单片机在计算机网络与通信设备中的应用提供了良好的条件。例如：单片机控制的串行自动呼叫应答系统、列车无线通信系统、单片机无线遥控系统等。

5．在其他方面的应用

除以上各方面的应用外，单片机还广泛应用于办公自动化领域、汽车自动驾驶系统、计算机外部设备、航空航天器电子系统等。

1.2 典型单片机系列简介

1.2.1 单片机系列简介

自单片机诞生以来的近几十年中，单片机发展迅猛，拥有众多的系列，几百种产品，国际上较有名的、影响较大的公司及它们的产品简介如下。

Intel 公司的 MCS-48、MCS-51、MCS-96 系列产品，如表 1-1 所示；Motorola 公司的 6801、6802、6803、6805、68HCII 系列产品；NEC 公司的 UCOM-87 系列产品；Zilog 公司的 Z8、Super8 系列产品；Rockwell（美国洛克威尔）公司的 6500、6501 系列产品；Fairchild（仙童）公司和 Mostek 公司的 F8、3870 产品。

上述产品既有很多共性，又各自具有一定的特色，因而在国际市场上都占有一席之地。在我国虽然上述公司的产品均有引进，但由于各种原因，至今在我国所应用的单片机仍然是以 MCS-48、MCS-51、MCS-96 为主流系列。在目前单片机应用中，MCS-51 系列单片机基本上能满足用户的一般应用要求，因而它占据很大的市场。另外，MCS-96 系列单片机应用也日益广泛，所以本节主要简介这两个系列的产品。

表 1-1　Intel 公司主要的单片机系列

系列	型号	片内存储器/B		片外存储器直接寻址范围/B		I/O 端口线		中断源	定时/计数器/（个×位）	晶振/MHz	典型指令周期/μs	封装DIP	其他
		ROM/EPROM	RAM	RAM	EPROM	并行	串行						
MCS-48（8 位机）	8048	1K	64	256	4K	27	—	2	1×8	2～8	1.9	40	—
	8748	1K	64	256	4K	27	—	2	1×8	2～8	1.9	40	—
	8035	—	64	256	4K	27	—	2	1×8	2～8	1.9	40	—
	8049	2K	128	256	4K	27	—	2	1×8	2～11	1.36	40	—
	8749	2K	128	256	4K	27	—	2	1×8	2～11	1.36	40	—
	8039	—	128	256	4K	27	—	2	1×8	2～11	1.36	40	—
MCS-51（8 位机）	8051	4K	128	64K	64K	32	UART	5	2×16	2～12	1	40	—
	8751	4K	128	64K	64K	32	UART	5	2×16	2～12	1	40	—
	8031	—	128	64K	64K	32	UART	5	2×16	2～12	1	40	—
	8052AH	8K	256	64K	64K	32	UART	5	3×16	2～12	1	40	—
	8752AH	8K	256	64K	64K	32	UART	5	3×16	2～12	1	40	—
	8032AH	—	256	64K	64K	32	UART	5	3×16	2～12	1	40	—
	80C51BH	4K	128	64K	64K	32	UART	5	2×16	2～12	1	40	CHMOS
	80C31BH	—	128	64K	64K	32	UART	5	2×16	2～12	1	40	
	87C51BH	4K	128	64K	64K	32	UART	5	2×16	2～12	1	40	
	80C252	8K	256	64K	64K	32	UART	7	3×16	2～12	1	40	CHMOS，有脉宽调制输出，高速输出片内固化有BASIC 解释程序
	87C252	8K	256	64K	64K	32	UART	7	3×16	2～12	1	40	
	83C252	—	256	64K	64K	32	UART	7	3×16	2～12	1	40	
MCS-96（16 位机）	8094	—	232	64K	64K	32	UART	8	4×16 软件	12	1～2	48	—
	8095	—	232	64K	64K	32	UART	8	4×16 软件	12	1～2	48	4×10 位 A/D
	8096	—	232	64K	64K	48	UART	8	4×16 软件	12	1～2	68	—
	8097	—	232	64K	64K	48	UART	8	4×16 软件	12	1～2	68	8×10 位 A/D
	8394	8K	232	64K	64K	32	UART	8	4×16 软件	12	1～2	48	—

续上表

系列	型号	片内存储器/B		片外存储器直接寻址范围/B		I/O 端口线		中断源	定时/计数器/（个×位）	晶振/MHz	典型指令周期/μs	封装DIP	其他
		ROM/EPROM	RAM	RAM	EPROM	并行	串行						
MCS-96（16位机）	8395	8K	232	64K	64K	32	UART	8	4×16 软件	12	1~2	48	4×10 位 A/D
	8396	8K	232	64K	64K	48	UART	8	4×16 软件	12	1~2	68	—
	8397	8K	232	64K	64K	48	UART	8	4×16 软件	12	1~2	68	8×10 位 A/D
	8095BH	—	232	64K	64K	48	UART	8	4×16 软件	12	1~2	48	8×10 位 A/D
	8396BH	8K	232	64K	64K	48	UART	8	4×16 软件	12	1~2	68	
	8797BH	8k	232	64K	64K	48	UART	8	4×16 软件	12	1~2	68	8×10 位 A/D
准16位机	8098	—	232	64K	64K	32	UART	8	4×16 软件	12	1~2	48	4×10 位 A/D

1.2.2　MCS-51 系列单片机简介

MCS-51 系列单片机品种很多，表 1-1 所列的只是其中的一部分。如果按照其存储器配置的状态可分为片内 ROM 型、片内 EPROM 型、外接 EPROM 型 3 种。若按其功能则可分为以下几种类型。

（1）基本型。该类型的典型产品是 8051，其特性如下：8 位 CPU；片内 RAM 有 128 B；片内 ROM 有 4 KB；21 个特殊功能寄存器；4 个 8 位并行 I/O 口；1 个全双工串行口；2 个 16 位定时器/计数器；5 个中断源、2 个中断优先级；1 个片内时钟振荡器和时钟电路。基本型的产品还有 8031、8051、8751、8031AH、8051AH、8751H、8751BH 等。8051AH 与 8051 的不同点在于采用了 HMOS 工艺制造。

（2）增大内部存储器的基本型。此种单片机的内部 RAM 和 ROM 容量比基本型单片机增大一倍。产品有 8052AH、8032AH、8752BH。

（3）低功耗基本型。这类产品型号中带有"C"字的单片机，采用 CHMOS 工艺，其特点为低功耗。产品有 80C51BH、80C31BH、87C51。

（4）高级语言型。如 8052AH-BASIC 芯片内固化有 MCS BASIC52 解释程序。

（5）可编程计数阵列（PCA）型。该类产品具有两个特点：一个是有 5 个比较/捕捉模块；另外一个特点是有一个增强的多机通信接口。该类产品有 83C51FA、80C51FA、87C51FA、83C51FB 等。

（6）A/D 型。该系列单片机带有 8 路 8 位 A/D；半双工同步串行接口；拥有 16 位监视定时器；扩展了 A/D 中断和串行口中断，使中断源达到 7 个；具有振荡器失效检测功能。该类产品有 83C51GA、80C51GA、87C51GA 等。

（7）DMA 型。实现高速数据传送。该产品分为两类。一类产品是 DMA、GSC 型，产品有 83C152JA、80C152JA、80C152B 等。另一类产品是 DMA、FIFO 型，产品有 83C452、80C452、87C452P。

（8）多并行口型。此类单片机是在 80C51 的基础上，新增加和 P1 口相同的 8 位准双向 P4 口和 P5 口，还增加在内部具有上拉电阻的 8 位双向 P6 口。该类产品有 83C451、80C451。

1.2.3　16 位单片机简介

1．MCS-96 系列单片机

Intel 公司的 16 位单片机特别适用于复杂的、实时性要求较高的自动控制系统、数据采集系统、一般的信号处理系统和高级智能仪器。MCS-96 系列的芯片大体可分为 6 类。第一类产品是 NHMOS 的 SXGX，其中 8098 芯片在我国应用较广。第二类以 CHMOS 的 80C196KB 为代表，它保留了 SXGX 芯片的基本硬件结构，作了局部性的改进，除了可以工作于两种节电方式外，没有增添新的功能。第三类以 80C196KC 为代表，它的一个重要特征是增加了外设事务服务器，大大提高了中断事务的实时处理能力。第四类以 80C196KR 为代表，增添了同步串行口和适于主从机通信的功能，并以事件处理器阵列代替了原来的高速输入/输出部件。第五类以 80C196MC 为代表，其主要特征是增添了一个三相波形发生器，特别适用于电机控制。第六类包括 80196NT/NP，该类芯片的主要特征是寻址空间由 64 KB 扩大到了 1 MB。

2．MSP430 系列单片机

美国 TI 公司的 MSP430 系列单片机是目前 16 位单片机中应用较广的一类。它可以分为 X1XX、X3XX、X4XX 等几个系列，而且在不断发展，从存储器角度 MSP430 系列单片机又可分为 ROM（C 型）、OTP（P 型）、EPROM（E 型）、Flash Memory（F 型）。该系列的全部成员均为软件兼容可以方便地在系列各型号间移植。MSP430 系列单片机的 MCU 设计成适合各种应用的 16 位结构，它采用冯·纽曼结构，因此 RAM、ROM 和全部外围模块都位于同一个地址空间内。

同其他微控制器相比，MSP430 系列可以大大延长电池的使用寿命；μs 级的启动时间可以使启动更加迅速；低电压供电；ESD 保护，抗干扰力强；多达 64 KB 的寻址空间，包含 ROM、RAM 闪存，RAM 和外围模块，将来计划扩大至 1 MB；通过堆栈处理，中断和子程序调用层次无限制；嵌套中断结构，可以在中断服务过程中再次响应其他中断；外围模块地址为存储器分配，全部寄存器不占用 RAM 空间，均在模块内；定时器中断可用于事件计数、时序发生、PWM 等；具有看门狗功能；A/D 转换器（10 位或更高精度）；正交指令简化了程序的开发，所有指令可以用任意寻址模式；已开发 C-编译器；MSP430 全部为工业级 16 位 RISC MCU。

3．凌阳 16 位单片机

该单片机采用现代电子技术——片上系统 SoC（System on a Chip）技术设计而成，内部集成有 ADC、DAC、PLL、AGC、DTMF、LCD DRIVER 等电路（与 IC 型号有关）。该单片机采用精简指令集（RISC），指令周期均以 CPU 时钟数为单位。另外，凌阳十六位单片机兼有 DSP 芯片功能，内置有 16 位硬件乘法器和加法器，并配有 DSP 拥有的特殊指令，大大加快了各种算法的运行速度。凌阳单片机具有高速度、低价、可靠、实用、体积小、功耗低和简单易学等特点。凌阳公司在自行研发设计凌阳 16 位单片机的同时，也配有自行研发设计的凌阳 16 位单片机应用开发环境工具，此工具可以在 Windows 环境下操作，工具支持标准 C 语言和凌阳单片机汇编语言，集编辑、编程、仿真等功能于一体，应用方便简单易学。同时凌阳公司提供大量的编程函数库，大大加快了软件开发的进程。

4．MC9S12UF32 单片机

MC9S12UF32 单片机是由飞思卡尔（Freescale）半导体公司（原 Motorola 公司半导体产品部）制造的。MC9S12UF32 单片机由标准片上外围设备组成，包括一个高性能的 16 位中央处理器（HCS12 CPU）、32 KB 的 Flash E^2PROM、3.5 KB 的 RAM。MC9S12UF32 单片机有多达 75 条输入/输出（I/O）口线，除了片上全速 USB 2.0 接口外，UF32 还内置了以下接口和主控制器：ATA-5 接口、Compact Flash、安全数字/多媒体、SmartMedia（tm）和 Memory Stick。结合灵活的 I/O 接口和 8 通道 16 位增强型捕获定时器，UF32 可与流行的 8 位 68HC11 完全向上兼容，易于移植；代码优化，可产生极其紧凑的代码；高性能，最小指令周期达 40 ns；灵活的寻址模式，可进行高效的指针操作和循环控制；内置背景调试模块，使用低成本的串行实时仿真和调试，完全取代昂贵的仿真器。

5．MB90F54X 系列单片机

MB90F54X 系列 FLASH CAN 单片机是富士通公司制造的。它有以下主要特点。

- MB90F54X 系列 16 位单片机内部有 CAN（Controller Area Network）总线，Flash ROM，主要应用于汽车电子与工业领域等。
- 由 FFMC-16LX CPU 内核提供的指令在继承了 FFMC-16L 系列 AT 架构的基础上，增加了支持高级语言功能，扩充了寻址方式，加强了有符号数的乘法、除法指令和位操作指令等。
- 微控制器内带 32 位累加器，可进行长字处理。
- Flash 支持自动编程，可擦写、可恢复，擦写次数大于 10 万次，可在线编程，数据可靠存储 10 年以上，可加密，有运算完成指示位，Flash 中的每个 Block 均可单独擦除，外部编程电压保护。
- MB9054X 系列周边资源有：8/10 位 A/D 转换器，UART，扩展 I/O 串行接口、8/16 位定时器、I/O 定时器（输入捕获，输出比较）等。

6．μPD70320 单片机

μPD70320 是日本 NEC 公司生产的 16 位单片机，它具有速度快、可靠性高、兼容性好等优点。该芯片除 CPU 外还集成了 512 B 的 RAM、3 个 I/O 口、8 个模拟量输入端、2 个 DMA、2 个定时器、2 个全双工异步通信口和 1 个中断控制器等电路；μPD70320 具有先进的快速中断功能，特别适合实时多任务处理；采用严格的 CMOS 制造工艺，稳定工作范围宽，电源电压 3～8 V，可选用的晶振频率为 1～6 MHz，抗干扰，可在恶劣环境中使用；采用特殊的双总线结构，使用 32 位内部寄存器和 6 字节指令队列，在相同的时钟频率下，比 8088 快 2～4 倍；其指令集仅是 8088 的一个超集，把 PC 上的程序稍作修改就可在 μPD70320 上运行，因而开发它不需要特殊的开发装置和调试软件，因此可降低开发成本，加快开发进程。

7．AT93C46/56/66 单片机

AT93C46/56/66 是 Atmel 公司生产的低功耗、低电压、电可擦除、可编程只读存储器，采用 CMOS 工艺技术制造并带有 3 线串行接口，其容量分别为 1 KB、2 KB、4 KB，可重复写 100 万次，数据可保存 100 年以上；简便易学，费用低廉；高速、低耗、保密；I/O 口功能强，具有 A/D 转换等电路；有功能强大的定时器/计数器及通信接口。

1.2.4 ARM 内核单片机简介

ARM 公司英文全称是 Advanced RISC Machines，它是业界领先的知识产权供应商，它和一般的公司不同，ARM 公司只提供内核方案和技术授权，不提供具体的芯片。

在高性能的 32 位嵌入式 SoC 设计中，几乎都是用 ARM 作为处理器核。ARM 核已是现在嵌入式 SoC 系统芯片的核心，也是现代嵌入式系统发展的方向。

ARM 是精简指令集计算机（RISC），其设计实现了外形非常小但是性能高的结构。ARM 处理器简单的结构使 ARM 的内核非常小，这样使器件的功耗也非常低。它集成了非常典型的 RISC 结构特性。

- 一个大而统一的寄存器文件。
- 装载/保存结构，数据处理的操作只针对寄存器的内容，而不直接对存储器进行操作。
- 简单的寻址模式，所有装载/保存的地址都只由寄存器内容和指令域决定。
- 统一和固定长度的指令域，简化了指令的译码。

此外，ARM 体系结构还提供：

- 每一条数据处理指令都对算术逻辑单元（ALU）和移位器控制，以实现对 ALU 和移位器的最大利用；
- 地址自动增加和自动减少的寻址模式实现了程序循环的优化；
- 多寄存器装载和存储指令实现了最大数据吞吐量；
- 所有指令的条件执行实现最快速的代码执行；
- 这些基本 RISC 结构上增强的特性使 ARM 处理器具有高性能、低代码规模、低功耗等特性。

ARM 公司开发了很多系列的 ARM 处理器核，目前最新的系统是 ARM11，而 ARM6 核及更早的系列已经很罕见了，ARM7 以后的处理器核也不是都得到了广泛应用。目前应用较多的是 ARM7 系列、AMR9 系列、ARM9E 系列、ARM10 系列、SecurCore 系列和 Intel 的 StrongARM、XScale 系列。下面就针对这些系列核进行简单介绍。其中，ARM*后面相关字母的具体含义如下。

- ARM*：32 位 ARM 体系结构 4T 版本。
- T：Thumb 16 位压缩指令集。
- D：支持片上 Debug（调试），使处理器能够停止，以响应调试请求。
- M：增强型 Multiplier，与前代相比，具有较强的性能且能产生 64 位的结果。
- I：EmbeddedICE 硬件，以支持片上观点和观察点。

（1）ARM7 系列核。ARM7TDMI 是 ARM 公司最早为业界普遍认可且得到了广泛应用的处理器核。ARM7TDMI 是从最早实现了 32 位地址空间编程模式的 ARM6 核发展而来的。ARM7TDMI 的主要特性有：

- 实现 ARM 体系结构 4T 版本，支持 64 位结果的乘法，半字、有符号字节存取；
- 支持 Thumb 指令集，可降低系统开销；
- 32×8 DSP 乘法器；
- 32 位寻找空间，4 GB 线性地址空间；

- 包含了 EmbeddedICE 模块，以支持嵌入式系统调试；
- 调试硬件由 JTAG 测试访问端口访问，因此 JTAG 控制逻辑被认为是处理器核的一部分；
- 广泛的 ARM 和第三方支持，与 ARM9 Thumb 系列、ARM10 Thumb 系列和 StrongARM 处理器相兼容。

飞利浦公司的 LPC2114/2124/2210/2212/2214、三星公司的 S3C44B0X 等芯片采用的即是 ARM7 微处理器核。

（2）ARM9 系列核。ARM9TDMI 在拥有 ARM7TDMI 技术特点的同时，还将流水线的级数从 ARM7TDMI 的 3 级增加为 5 级，用来增加最高时钟频率，并使用分开的指令与数据存储器的 Harvard 体系结构，以改善 CPI，增强处理器性能。在相同的工艺条件下，ARM9TDMI 的性能近似为 ARM7TDMI 的 2 倍。在 ARM9TDMI 基础上开发了 ARM9E、ARM920T 和 ARM940T 的 CPU 核。ARM920T 和 ARM940T 在 ARM9TDMI 基础上增加了指令和数据 Cache。

三星公司的 S3C2410 等芯片即采用了 ARM9 微处理器核。

（3）ARM10 系列核。ARM10 系列核除集成了 ARM9 系列核的特点之外，又提高了最高时钟频率和改善了 CPI。ARM10TDMI 属于 ARM 处理器核中的高端处理器核，在相同的工艺条件下 ARM10TDMI 的性能近似为 ARM9TDMI 的 2 倍。ARM1020E/ARM10200 是基于 ARM10TDMI 核设计的高性能 CPU 核。

（4）StrongARM 系列核。StrongARM 的主要特点如下。

- 具有寄存器前推的 5 级流水线。
- 除 64 位乘法、多寄存器传送和存储器/寄存器交换指令外，其他所有普通指令均是单周期指令。
- 16KB、32 路相联的指令 Cache，每行 32 字节。
- 16KB、32 路相联的写回式数据 Cache，每行 32 字节。
- 分开的 32 数据项的指令和数据地址变换后备缓冲器。
- 8 数据项的写缓冲器，每个数据项 16 字节。
- 低功耗的伪静态操作。
- StrongARM 的高速乘法器有很大的潜力。
- 微处理器使用系统控制协处理器 CP15 来管理片上 MMU 和 Cache 资源，并且集成了 JTAG 边界扫描测试电路以支持印制板连接测试。

（5）XScale 系列核。XScale 系列处理器核基于 ARMV5TE 体系结构，提供了从手持互联网设备到互联网基础设施产品的全面解决方案，支持 16 位 Thumb 指令和 DSP 扩充，处理速度是 Intel StrongARM 处理速度的 2 倍，其内部结构也有了以下相应的变化。

- 数据 Cache 的容量从 8 KB 增加到 32 KB。
- 指令 Cache 的容量从 16 KB 增加到 32 KB。
- 微小数据 Cache 的容量从 512 B 增加到 2 KB。
- 为了提高指令的执行速度，超级流水线结构由 5 级增至 7 级。

- 新增乘法/加法器 MAC 和特定的 DSP 型协处理器 CP0，以提高对多媒体技术的支持。
- 动态电源管理，使 XScale 处理器的时钟频率可达 1 GHz、功耗达 1.6 W，并能达到 1200 MIPS 的运算速度。

这款微处理器芯片有 Intel 公司的 PXA250、PXA255、PXA260、PXA263、PXA270、IXP1200 等。

（6）SecurCore 系列核。SecurCore 系列微处理器专为安全需要而设计，提供了完善的 32 位 RISC 技术的安全解决方案，除了具有 ARM 体系结构各种主要特点外，还在系统安全方面具有如下特点。

- 带有灵活的保护单元，以确保操作系统和应用数据的安全。
- 采用软内核技术，防止外部对其进行扫描探测。
- 可集成用户自己的安全特性和其他协处理器。

SecurCore 系列微处理器包含 SecurCore SC100、SecurCore SC110、SecurCore SC200 和 SecurCore SC210 四种类型，以适用于不同的应用场合。

习　题　一

1．什么叫单片机？
2．MCS-51 单片机如何进行分类？
3．单片机有哪些主要特点？
4．单片机主要应用于哪些领域？
5．单片机由哪些基本部件组成？

第 **2** 章

教学目的和要求

本章主要介绍了 MCS-51 系列单片机的内部硬件结构,从怎样应用单片机的角度,详细地叙述了单片机的硬件结构、性能、各个引脚的功能、存储器配置、时钟电路与时序及工作原理等。重点掌握 MCS-51 系列单片机的内部硬件结构及特性,为 MCS-51 系列单片机系统硬件设计做准备。

2.1　MCS-51 单片机的基本组成

MCS-51 单片机芯片有许多种,其典型产品有 8031、8051、8751 等。它由多个部件组成,包括中央处理器(CPU)、时钟电路、程序存储器(ROM/EPROM)、数据存储器(RAM)、并行 I/O 口(P0~P3 口)、串行口、定时器/计数器及中断系统。它们都是通过总线连接,并被集成在一块半导体芯片上。下面以 8051 单片机(见图 2-1)为例说明 MCS-51 系列单片机的基本组成。

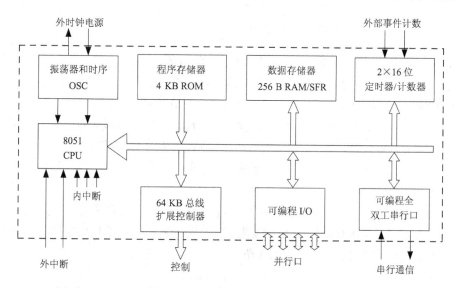

图 2-1　8051 单片机的功能框图

2.1.1　8051 单片机的内部结构和功能

1. 中央处理器 CPU

中央处理器 CPU 是单片机内部的核心部件,它决定了单片机的主要功能特性,由运算器和控制器两大部分组成。

（1）运算器

运算器是计算机的运算部件,用于实现算术逻辑运算、位变量处理、移位和数据传送等操作。它是以算术逻辑单元 ALU 为核心,加上累加器 ACC、寄存器 B、程序状态字 PSW、十进制调整电路和专门用于位操作的布尔处理器等组成的。

① 算术逻辑单元 ALU（Arithmetic Logic Unit）

算术逻辑单元 ALU（8 位）用来完成二进制数的四则运算和布尔代数的逻辑运算。此外，通过对运算结果的判断影响程序状态标志寄存器的有关标志位。

② 累加器 ACC（Accumulator）

累加器 ACC 为 8 位寄存器，是 CPU 中使用最频繁的寄存器。它既可用于存放操作数，也可用来存放运算的中间结果。MCS-51 单片机中大部分单操作数指令的操作数都取自累加器 ACC，许多双操作数指令中的一个操作数也取自累加器 ACC，单片机中的大部分数据操作都是通过累加器 ACC 进行的。

③ 寄存器 B

寄存器 B 是一个 8 位寄存器，是为 ALU 进行乘除运算设置的。在执行乘法运算指令时，寄存器 B 用于存放其中一个乘数和乘积的高 8 位；在执行除法运算时，寄存器 B 用于存放除数和余数。此外，B 寄存器也可作为一般的数据寄存器使用。

④ 程序状态字 PSW（Program Status Word）

程序状态字 PSW 是一个 8 位特殊功能寄存器，它的各位包含了程序运行的状态信息，以供程序查询和判断。PSW 程序状态字格式和含义如下。

PSW 位地址	D7H	D6H	D5H	D4H	D3H	D2H	D1H	D0H
字节地址 D0H	C_y	A_c	F0	RS1	RS0	OV	F1	P

a. C_y（PSW.7）进位标志位。CY 是 PSW 中最常用的标志位。由硬件或软件置位和清零。它表示运算结果是否有进位（或借位）。如果运算结果在最高位有进位输出（加法时）或有借位输入（减法时），则 CY 由硬件置 "1"，否则 CY 被清 "0"。

b. A_c（PSW.6）辅助进位（或称半进位）标志位。当执行加减运算，运算结果产生低 4 位向高 4 位进位或借位时，A_c 由硬件置 "1"；否则 AC 位自动清 "0"。

c. F0（PSW.5）用户标志位。用户可根据自己的需要对 F0 位赋予一定的含义，由用户置位或复位，作为软件标志。

d. RS1 和 RS0（PSW.4，PSW.3）工作寄存器组选择位。这两位的值决定选择哪一组工作寄存器作为当前工作寄存器组。由用户通过软件改变 RS1 和 RS0 值的组合，以切换当前选用的工作寄存器组。其组合关系如表 2-1 所示。

表 2-1 寄存器组

RS1	RS0	寄存器组	片内 RAM 地址
0	0	第 0 组	00H～07H
0	1	第 1 组	08H～0FH
1	0	第 2 组	10H～17H
1	1	第 3 组	18H～1FH

e. OV（PSW.2）溢出标志位。它反映运算结果是否溢出，溢出时则由硬件将 OV 位置 "1"，否则清 "0"。

f. F1（PSW.1）用户标志位，同 F0（PSW.5）。

g. P（PSW.0）此位为奇偶标志位。P 标志表明累加器 ACC 中 1 的个数的奇偶性。在每条指令执行完后，单片机根据 ACC 的内容对 P 位自动置位或复位。若累加器 ACC 中有奇数个"1"，则 P = 1；若累加器 ACC 中有偶数个"1"，则 P = 0。

⑤ 布尔处理器

MCS-51 的 CPU 是 8 位微处理器，它还具有 1 位微处理器的功能。布尔处理器具有较强的布尔变量处理能力，以位（bit）为单位进行运算和操作。它以进位标志（C_y）作为累加位，以内部 RAM 中所有可位寻址的位作为操作位或存储位，以 P0～P3 的各位作为 I/O 位，同时布尔处理器也有自己的指令系统。

（2）控制器

控制器是计算机的控制部件，它包括程序计数器 PC、指令寄存器 IR、指令译码器 ID、数据指针 DPTR、堆栈指针 SP 以及定时控制与条件转移逻辑电路等。它对来自存储器中的指令进行译码，并通过定时和控制电路在规定的时刻发出各种操作所需要的控制信号，使各部件协调工作，完成指令所规定的操作。下面介绍控制器中主要部件的功能。

① 程序计数器 PC

PC 是一个 16 位计数器。实际上 PC 是程序存储器的字节地址计数器，其内容是将要执行的下一条指令的地址，寻址范围达 64 KB。PC 具有自动加 1 的功能，从而实现程序的顺序执行。可以通过转移、调用、返回等指令改变其内容，以实现程序的转移。

② 数据指针 DPTR

数据指针 DPTR 为 16 位寄存器。它的功能是存放 16 位的地址，作为访问外部程序存储器和外部数据存储器时的地址。编程时，DPTR 既可按 16 位寄存器使用，也可以按两个 8 位寄存器分开使用，即 DPH 为 DPTR 的高 8 位，DPL 为 DPTR 的低 8 位。

2．定时器/计数器

8051 单片机内有两个 16 位的定时器/计数器：定时器/计数器 0 和定时器/计数器 1。它们分别由两个 8 位寄存器组成，即 T0 由 TH0（高 8 位）和 TL0（低 8 位）构成，同样 T1 由 TH1（高 8 位）和 TL1（低 8 位）构成，地址依次是 8AH～8DH。这些寄存器用来存放定时或计数的初值。

3．串行口

单片机内部有一个串行数据缓冲寄存器 SBUF，它是可直接寻址的特殊功能寄存器，地址为 99H。在机器内部，串行数据缓冲寄存器实际是由两个 8 位寄存器组成，一个作发送缓冲寄存器，另一个作接收缓冲寄存器，二者由读写信号区分，但都是使用同一个地址 99H。单片机内部还有串行口控制寄存器 SCON 和电源控制及波特率选择寄存器 PCON，它们分别用于串行数据通信中控制和监视串行口工作状态以及串行口波特率的倍增控制。

4．中断系统

8051 单片机共有 5 个中断源，每个中断分为高级和低级两个优先级别。它可以接收外部中断申请、定时器/计数器申请和串行口申请，常用于实时控制、故障自动处理、计算机与外设间传送数据及人机对话等。

2.1.2　存储器结构

8051 单片机在系统结构上采用哈佛型，与冯·诺依曼型结构（程序和数据共用一个存储器）的通用计算机不同，它将程序和数据分别存放在两个存储器内，一个称为程序存储器，另一个称为数据存储器。因此，8051 的存储器在物理结构上分程序存储器（ROM）和数据存储器（RAM），有 4 个物理上相互独立的存储空间，即片内 ROM 和片外 ROM，片内 RAM 和片外 RAM，其配置如图 2-2 所示。

图 2-2　8051 存储器配置图

从用户使用的角度看，8051 存储空间分为 3 类：片内、片外统一编址 0000H～0FFFFH 的 64 KB 的程序存储器地址空间；256 B 数据存储器地址空间（见图 2-3），地址从 00H～0FFH；64 KB 片外数据存储器或 I/O 口地址空间，地址也从 0000H～0FFFFH。上述 3 个空间地址是重叠的，即程序存储器中片内外的 4 KB 地址重叠，数据存储器与程序存储器 64 KB 地址全部重叠，虽然地址重叠，但由于采用了不同的操作指令及控制信号 $\overline{EA}$、$\overline{PSEN}$，因此不会发生混乱。

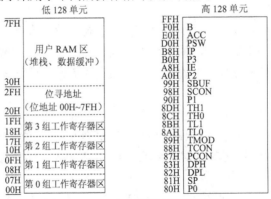

图 2-3　8051 内部数据存储器配置图

1．程序存储器

程序存储器用来存放程序代码和常数，分成片内、片外两大部分，即片内 ROM 和片外 ROM。其中，8051 内部有 4 KB 的 ROM，地址范围为 0000H～0FFFH，片外用 16 位地址线扩充 64 KB 的 ROM，两者统一编址。

单片机要执行程序，是从片内 ROM 取指令，还是从片外 ROM 取指令，首先由 CPU 引脚 $\overline{EA}$ 的电平高低来决定。当 CPU 的引脚 $\overline{EA}$ 接高电平时，PC 在 0000H～0FFFH 范围内寻址，CPU 从片内 ROM 取指令；而当 PC 大于 0FFFH 后，则自动转向片外 ROM 去取指令。当引脚 $\overline{EA}$ 接低电平时，8051 片内 ROM 不起作用，CPU 只能从片外 ROM 取指令，地址可以从 0000H 开始编址。对于片内无 ROM 的 8031、8032 单片机，$\overline{EA}$ 应接地，以便从外部扩展 EPROM 中取指令。

2．片内数据存储器

数据存储器用来存放运算的中间结果、标志位，以及数据的暂存和缓冲等。它也分为片内和片外两大部分，即片内 RAM 和片外 RAM。8051 片内数据存储器最大可寻址 256 个单元，通常把这 256 个单元按功能划分为低 128 单元（单元地址 00H～7FH）和高 128 单元（单元地址 80H～0FFH），结构如图 2-3 所示。

（1）片内数据存储器低 128 单元

低 128 单元分为工作寄存器区、位寻址区和用户 RAM 区 3 个区域。

① 工作寄存器区（00H～1FH）

32 个 RAM 单元共分 4 组，每组 8 个寄存器（R0～R7）。寄存器常用于存放操作数及中间结果等，由于它们的功能及使用不作预先规定，因此称为通用寄存器，也叫工作寄存器。4组通用寄存器占据内部 RAM 的 00H～1FH 单元地址。

在任一时刻，CPU 只能使用其中的一组寄存器，并且把正在使用的那组寄存器称为当前寄存器组。当前寄存器组由程序状态寄存器 PSW 中 RSl、RS0 位的状态组合决定，其对应关系如表 2-1 所示。非当前寄存器组可作为一般的数据缓冲器使用。

② 位寻址区（20H～2FH）

内部 RAM 的 20H～2FH 单元为位寻址区，这 16 个单元（共计 128 位）的每一位都有一个 8 位表示的位地址，位寻址范围为 00H～7FH，如表 2-2 所示。位寻址区的每一个单元既可作为一般 RAM 单元使用，进行字节操作，也可以对单元中的每一位进行位操作。

表 2-2 内部 RAM 位寻址区的位地址

单元地址	MSB ◄── 位地址 ──► LSB						
2FH	7F	7E	7D	7C	7B	7A	79	78
2EH	77	76	75	74	73	72	71	70
2DH	6F	6E	6D	6C	6B	6A	69	68
2CH	67	66	65	64	63	62	61	60
2BH	5F	5E	5D	5C	5B	5A	59	58
2AH	57	56	55	54	53	52	51	50
29H	4F	4E	4D	4C	4B	4A	49	48
28H	47	46	45	44	43	42	41	40
27H	3F	3E	3D	3C	3B	3A	39	38
26H	37	36	35	34	33	32	31	30
25H	2F	2E	2D	2C	2B	2A	29	28
24H	27	26	25	24	23	22	21	20
23H	1F	1E	1D	1C	1B	1A	19	18
22H	17	16	15	14	13	12	11	10
21H	0F	0E	0D	0C	0B	0A	09	08
20H	07	06	05	04	03	02	01	00

注：MSB 为最高有效位，LSB 为最低有效位。另外，低 128 字节 RAM 单元的地址范围也是 00H～7FH。8051 采用不同的寻址方式来区分。访问 128 字节 RAM 单元用直接寻址或间接寻址，而访问 128 个位地址用位寻址方式。这样就区分开了 00H～7FH 是位地址还是字节地址。

③ 用户 RAM 区（30H～7FH）

30H～7FH 是供用户使用的一般 RAM 区，也是数据缓冲区，共 80 个单元。对用户 RAM 区的使用没有任何规定或限制，一般用于存放用户数据及作堆栈区使用。

（2）特殊功能寄存器

8051 片内高 128 字节 RAM 中，除程序计数器 PC 外，还有 21 个特殊功能寄存器，又称为专用寄存器（SFR）。它们离散地分布在 80H～0FFH RAM 空间中。

① 特殊功能寄存器的字节寻址

8051 片内 21 个特殊功能寄存器的名称、符号及单元地址如表 2-3 所示。这里，对特殊功能寄存器的字节寻址问题需要说明的是：21 个可字节寻址的特殊功能寄存器不连续地分布在内部 RAM 高 128 单元之中，尽管还有许多空闲地址，但对空闲地址的操作无意义，对用户来讲，这些单元是不存在的。对特殊功能寄存器只能使用直接寻址方式，书写时既可使用寄存器符号，也可使用寄存器单元地址（例如：0F0H 和 B，0D0H 和 PSW，一般多使用寄存器符号，易于识别）。

表 2-3　MCS-51 特殊功能寄存器一览表

寄存器符号	地　　址	寄存器名称
*ACC	E0H	累加器
*B	F0H	B 寄存器
*PSW	D0H	程序状态字
SP	81H	堆栈指示器
DPL	82H	数据指针低 8 位
DPH	83H	数据指针高 8 位
*IE	A8H	中断允许控制寄存器
*IP	B8H	中断优先控制寄存器
*P0	80H	I/O 口 0
*P1	90H	I/O 口 1
*P2	A0H	I/O 口 2
*P3	B0H	I/O 口 3
PCON	87H	电源控制及波特率选择寄存器
*SCON	98H	串行口控制寄存器
SBUF	99H	串行口缓冲寄存器
*TCON	88H	定时器控制寄存器
TMOD	89H	定时器方式选择寄存器
TL0	8AH	定时器 0 低 8 位
TL1	8BH	定时器 1 低 8 位
TH0	8CH	定时器 0 高 8 位
TH1	8DH	定时器 1 高 8 位

② 特殊功能寄存器的位寻址

在这 21 个特殊功能寄存器中，有 11 个寄存器具有位寻址，即表 2-3 中带*者。其地址分布如表 2-4 所示。

表 2-4　可位寻址的特殊功能寄存器表

寄存器符号	MSB◄——位地址/位定义——►LSB								字 节 地 址
B	F7	F6	F5	F4	F3	F2	F1	F0	F0H
	—	—	—	—	—	—	—	—	
ACC	E7	E6	E5	E4	E3	E2	E1	E0	E0H
PSW	D7	D6	D5	D4	D3	D2	D1	D0	D0H
IP	BF	BE	BD	BC	BB	BA	B9	B8	B8H
	—	—	—	PS	PT1	PX1	PT0	PX0	
P3	B7	B6	B5	B4	B3	B2	B1	B0	B0H
	P3.7	P3.6	P3.5	P3.4	P3.3	P3.2	P3.1	P3.0	
IE	AF	AE	AD	AC	AB	AA	A9	A8	A8H
	EA	—	—	ES	ET1	EX1	ET0	EX0	
P2	A7	A6	A5	A4	A3	A2	A1	A0	A0H
	P2.7	P2.6	P2.5	P2.4	P2.3	P2.2	P2.1	P2.0	
SCON	9F	9E	9D	9C	9B	9A	99	98	98H
	SM0	SM1	SM2	REN	TB8	RB8	TI	RI	
P1	97	96	95	94	93	92	91	90	90H
	P1.7	P1.6	P1.5	P1.4	P1.3	P1.2	P1.1	P1.0	
TCON	8F	8E	8D	8C	8B	8A	89	88	88H
	TF1	TR1	TF0	TR0	IE1	IT1	IE0	IT0	
P0	87	86	85	84	83	82	81	80	80H
	P0.7	P0.6	P0.5	P0.4	P0.3	P0.2	P0.1	P0.0	

注：表中 11 个可位寻址寄存器中的字节正好能被 8 整除，而且字节地址与该字节最低位的位地址相同。如表中所列，11 个寄存器共88 位，其中 5 位未用，所以全部特殊功能寄存器可寻址的位共有 83 位，这些位都具有专门的定义和用途。这样加上 RAM 中可位寻址区的 128 位，在 MCS-51 的内部 RAM 中共有 128＋83＝211 个可寻址位。

3．片外数据存储器

片外数据存储器，即片外 RAM，一般由静态 RAM 芯片组成。用户可根据需要确定扩展存储器的容量，MCS-51 单片机访问片外 RAM 可用 1 个特殊功能寄存器——数据指针寄存器 DPTR 寻址。由于 DPTR 为 16 位，可寻址的范围为 0 KB～64 KB，因此，扩展片外 RAM 的最大容量是 64 KB。

片外 RAM 地址范围为 0000H～0FFFFH，其中在 0000H～00FFH 区间与片内数据存储器空间是重叠的。CPU 使用 MOV 指令和 MOVX 指令加以区分。

4．堆栈及堆栈指针

堆栈是一种数据结构，所谓堆栈就是只允许在其一端进行数据插入和数据删除操作的线性表。数据写入堆栈称为插入运算（PUSH），也叫入栈。数据从堆栈中读出称为删除运算（POP），也叫出栈。堆栈的最大特点就是"后进先出"。常把后进先出写为 LIFO（Last-In-First-Out）。这里所说的进与出就是数据的入栈和出栈，即由于先入栈的数据存放在栈的底部，因此后出栈；而后入栈的数据存放在栈的顶部，因此先出栈，这与往弹仓中压入子弹和从弹仓中弹出子弹的情形非常类似。

（1）堆栈的功能

堆栈是为程序调用和中断操作而设立的，具体功能是保护断点和保护现场。在计算机中，无论是执行子程序调用操作还是执行中断操作，最终都要返回主程序，因此在计算机转去执行子程序或中断服务程序之前，必须考虑返回问题，为此应预先把主程序的断点保护起来，为程序的正确返回做好准备。

计算机在转去执行子程序或中断服务程序后，很可能要使用单片机的某些寄存单元，这样就会破坏这些寄存单元中原有的内容。为了既能在子程序或中断服务程序中使用这些寄存单元，又能保证在返回主程序之后恢复这些寄存单元的原有内容，CPU 在执行中断服务之前要把单片机中各有关寄存器中的内容保存起来。

（2）堆栈指针 SP

堆栈有栈顶和栈底之分。栈底地址一经设定后固定不变，它决定了堆栈在 RAM 中的物理位置。如前所述，堆栈共有进栈和出栈两种操作，但不论是数据进栈还是出栈，都是对堆栈的栈顶单元进行的，即对栈顶单元的写和读操作。为了指示栈顶地址，要设置堆栈指针 SP。SP 的内容就是堆栈栈顶的存储单元地址。当堆栈中无数据时，栈顶地址和栈底地址重合。

MCS-51 单片机堆栈指针 SP 为 8 位专用寄存器。它在片内 RAM 128 个字节中开辟栈区，并随时跟踪栈顶地址。系统复位后，SP 初始化为 07H，执行 PUSH 或 CALL 指令时，在存储数据前 SP 自动加 1，使堆栈从 08H 单元开始。考虑到 08H～1FH 单元为通用寄存器区，20H～2FH 单元为位寻址区，堆栈最好在内部 RAM 的 30H～7FH 单元中开辟，所以在程序设计时应注意 SP 的初始化值。SP 的内容一经确定，堆栈的位置也就跟着确定下来。

（3）堆栈使用方式

堆栈的使用有两种方式。一种是自动方式，即在调用子程序时，断点地址自动进栈。程序返回时，断点地址再自动弹回 PC，这种操作无需用户干预。另一种是指令方式，即使用专用的堆栈操作指令，执行进出栈操作。例如，保护现场就是一系列指令方式的进栈操作，而恢复现场则是一系列指令方式的出栈操作。需要保护多少数据由用户决定。

2.2 I/O 接口结构

8051 有 4 个 8 位并行接口 P0～P3，共有 32 根 I/O 线。它们都具有双向 I/O 功能，均可以作为数据输入/输出使用。每个接口内部都有一个 8 位数据输出锁存器、一个输出驱动器和一个数据输入缓冲器，因此，CPU 数据从并行 I/O 接口输出时可以得到锁存，输入时可以得到缓冲。

2.2.1 P0 口结构及应用

1. 结构

如图 2-4 所示是 P0 口某位的结构图，它由 1 个输出锁存器、两个三态输入缓冲器、1 个输出驱动电路和 1 个输出控制电路组成。输出驱动电路由一对 FET（场效应管）组成，输出控制电路由 1 个与门电路、1 个反相器和 1 个多路开关 MUX 组成。

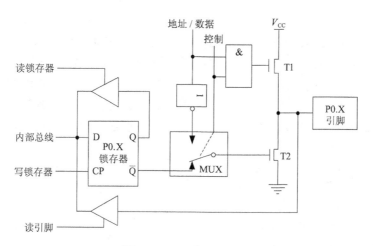

图 2-4　P0 口某位结构图

2. 应用

（1）P0 口作为一般 I/O 口使用时

图 2-4 中的多路开关 MUX 的位置由 CPU 发出的控制信号决定。当 MCS-51 片外无扩展 RAM、I/O、ROM 时可作通用 I/O 口使用，此时 CPU 内部发出低电平的控制信号封锁与门，场效应管 T1 截止，同时多路开关把输出锁存器 $\overline{Q}$ 端与输出场效应管 T2 的栅极接通。此时 P0 即作为一般的 I/O 口使用。

① P0 口作输出口时

内部数据总线上的信息由写脉冲锁存至输出锁存器，输入 $D = 0$ 时，$Q = 0$、$\overline{Q} = 1$，T2 导通，P0 口引脚输出 "0"，由此可见内部数据总线与 P0 口是同相位的。输出级是漏极开路电路，若要驱动 NMOS 或者其他拉电流负载时，需外接上拉电阻。P0 口的输出级可以驱动 8 个 LSTTL 负载。

② P0 口作输入口时

端口中有两个三态输入缓冲器用于读操作。其中图 2-4 下面的一个输入缓冲器的输入与端口引脚相连，故当执行一条读端口输入指令时，产生读引脚的选通脉冲将三态门打开，端口引脚上的数据经缓冲器读入内部数据总线。图 2-4 中上面的一个输入缓冲器并不能直接读取端口引脚上的数据，而是读取输出锁存器 Q 端的数据，Q 端与引脚处的数据是不一致的。结构上这样的安排是为了满足 "读—修改—写" 一类指令的需要。这类指令的特点是：先读端口，再对读入的数据进行修改，然后再写到端口。例如逻辑与指令 "ANL P0, A" 就是这种情形。另外，从图 2-4 可以看出，在读入端口数据时，由于输出驱动管 FET 并接在端口引脚上，如果 FET 导通，输出为低电平将会使输入的高电平拉成低电平，造成误读，所以在端口进行输入操作前，应先向端口输出锁存器写入 "1"，使 $\overline{Q} = 0$，则输出级的两个 FET 管子均截止，引脚处于悬空状态，变为高阻抗输入。这就是所谓的准双向 I/O 口。MCS-51 的 P0～P3 口都是准双向 I/O 口。

（2）P0 口作为地址/数据总线使用时

当 MCS-51 片外扩展有 RAM、I/O 口、ROM 时，P0 口作为地址/数据总线使用，此时可分为两种情况：一种是以 P0 口引脚输出地址/数据信息，这时 CPU 内部发出高电平的控制信号，打开与门，同时使多路开关 MUX 把 CPU 内部地址/数据总线反相后与输出驱动场效应管 T2 的栅极接通。地址或数据通过 T2 输出到引脚，当地址/数据为 "0" 时，与门输出 "0"，T1 截止，而 T2 导通，引脚输出 "0"；当地址/数据为 "1" 时，与门输出 "1"，T1 导通，T2 截止，引脚输出 "1"。由于 T1 和 T2 两个 FET 管反相，构成了推拉式的输出电路，其负载能力大大增强。另一种情况由 P0 口输入数据，此时输入的数据从引脚通过输入缓冲器进入内部总线。

2.2.2　P1 口结构及应用

P1 口某位结构图如图 2-5 所示。

因为 P1 口通常作为通用 I/O 口使用，所以在电路结构上与 P0 口有一些不同之处。首先它不再需要多路转换开关 MUX；其次是电路的内部有上拉电阻，与场效应管共同组成输出驱动电路。为此 P1 口作为输出口使用时，已能向外提供推拉电流负载，无需再外接上拉电阻。当 P1 口作为输入口使用时，同样也需先向其锁存器写入 "1"，使输出驱动电路的 FET 截止。

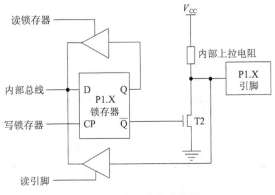

图 2-5　P1 口某位结构图

2.2.3　P2 口结构及应用

P2 口某位结构图如图 2-6 所示。

P2 口电路中比 P1 口多了一个多路转换开关 MUX，这又正好与 P0 口一样。P2 口可以作为通用 I/O 口使用，这时多路转换开关倒向锁存器 Q 端。但通常情况下，P2 口是作为高位地址线使用的，此时多路转换开关应倒向相反的方向。

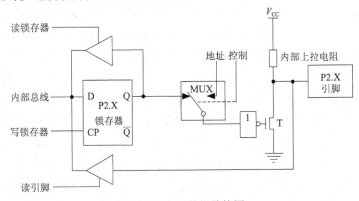

图 2-6　P2 口某位结构图

2.2.4　P3 口结构及应用

P3 口某位结构图如图 2-7 所示。

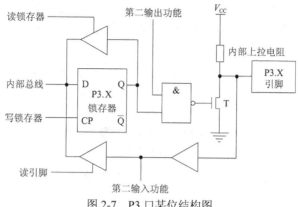

图 2-7　P3 口某位结构图

P3 口的特点在于为适应引脚信号第二功能的需要，增加了第二功能控制逻辑。由于第二功能信号有输入和输出两类，因此分两种情况说明。

对于第二功能为输出的信号引脚，当作为 I/O 口使用时，第二功能信号线应保持高电平，与非门开通，以维持从锁存器到输出端数据输出通路的畅通。当输出第二功能信号时，该位的锁存器应置"1"，使与非门对第二功能信号的输出是畅通的，从而实现第二功能信号的输出。

对于第二功能为输入的信号引脚，在端口线的输入通路上增加了一个缓冲器，输入的第二功能信号就从这个缓冲器的输出端取得。而作为 I/O 口使用的数据输入，仍取自三态缓冲器的输出端。不管是作为输入口使用还是第二功能信号输入，输出电路中的锁存器输出和第二功能输出信号线都应保持高电平。

2.3　MCS-51 单片机的引脚功能

MCS-51 系列单片机芯片采用 HMOS 工艺制造，双列直插式封装（DIP）。如图 2-8 所示是 MCS-51 单片机芯片引脚图。

2.3.1　引脚信号功能介绍

1. 电源引脚 V_{SS} 和 V_{CC}

V_{SS} 为电压接地端，V_{CC} 为+5 V 电源端。

2. XTAL1 和 XTAL2 外接晶体引线端

当使用芯片内部时钟时，此二引线用于外接石英晶体振荡器和电容；当使用外部时钟时，用于接外部时钟脉冲信号。

3. 控制信号引脚 AL E/PROG、$\overline{PSEN}$、$\overline{EA}$ /V_{PP} 和 RST/V_{PD}

（1）ALE/PROG：此引脚是地址锁存控制信号。在访问外部存储器时，ALE 用于锁存出现在 P0 口的低 8 位地址，以实现低位地址和数据的分离；当单片机通电正常工作后，ALE 就以时钟振荡

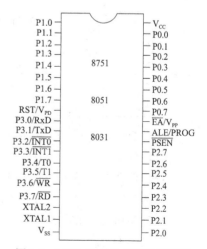

图 2-8　MCS-51 单片机芯片引脚图

频率的 1/6 周期性地向外输出正脉冲信号，故它也可作为外部时钟或外部定时脉冲源使用。此引脚的第二功能 PROG 是在对 8751 的 EPROM 编程时作为编程脉冲的输入端。

（2）$\overline{PSEN}$：此引脚是片外程序存储器选通信号，低电平有效。在从片外 ROM 读取指令或常数时，每个机器周期 $\overline{PSEN}$ 两次有效，以实现对片外 ROM 单元的读操作；当访问片外 RAM 时，$\overline{PSEN}$ 信号将不出现。

（3）$\overline{EA}/V_{PP}$：此引脚是访问外部程序存储器的控制信号，低电平有效。当 $\overline{EA}$ 为低电平时，对 ROM 的读操作限定在外部程序存储器；当 $\overline{EA}$ 为高电平时，对 ROM 的读操作是从内部程序存储器开始的（PC 值小于 4K 时），当 PC 值大于 4K 时，CPU 自动转向读外部程序存储器。第二功能 V_{PP} 用于 8751 的 EPROM 编程时转接 21 V 编程电压。

（4）RST/V_{PD}：此引脚是复位信号，高电平有效。当此输入端保持 2 个机器周期以上的高电平时，就可以完成单片机的复位初始化操作。此引脚的第二功能 V_{PD} 为备用电源输入端。

4．I/O 端口 P0、P1、P2 和 P3

2.2 节已作详细介绍，这里不再赘述。

2.3.2 引脚信号的第二功能

芯片的引脚数目受到工艺及标准化等因素的限制。MCS-51 系列把芯片引脚数目限定为 40 条，但单片机为实现其功能所需要的信号数目却超过此数，因此就出现了需要与可能的矛盾。为解决这个矛盾，给一些信号引脚赋予了双重功能。前面介绍了信号引脚的第一功能，下面介绍某些信号引脚的第二功能。

1．P3 端口线的第二功能（见表 2-5）

表 2-5 P3 端口线的第二功能

端 口 线	第 二 功 能	信 号 名 称
P3.0	RxD	串行数据接收
P3.1	TxD	串行数据发送
P3.2	$\overline{INT0}$	外部中断 0 申请
P3.3	$\overline{INT1}$	外部中断 1 申请
P3.4	T0	定时器/计数器 0 计数输入
P3.5	T1	定时器/计数器 1 计数输入
P3.6	$\overline{WR}$	外部 RAM 写选通
P3.7	$\overline{RD}$	外部 RAM 读选通

2．EPROM 存储器程序固化所需要的信号

有内部 EPROM 的单片机芯片（例如 8751），为写入程序需要提供专门的编程脉冲和编程电压。这些信号是由信号引脚第二功能提供的，即，

编程脉冲：30 脚（ALE/PROG）；

编程电压：31 脚（$\overline{EA}/V_{PP}$）。

3．备用电源

MCS-51 单片机的备用电源是以第二功能的方式由 9 脚（RST/V_{PD}）引入的。当主电源 V_{CC} 发生故障或电压降低到下限时，备用电源经此端向内部 RAM 提供电压，以保护内部 RAM

中的信息不丢失。

最后，需要说明的是，对于 9、30 和 31 各引脚，由于第一功能信号与第二功能信号是单片机在不同工作方式下的信号，因此不会发生使用上的矛盾。但是 P3 口的情况却有所不同，它的第二功能信号都是单片机的重要控制信号，因此在实际使用时，先要保证第二功能信号，其余的端口线才能以第一功能的身份作数据位的输入/输出使用。

2.4　时钟电路及工作方式

时钟电路用于产生单片机工作所需要的时钟信号，而时序所研究的是指令执行中各个信号的相互关系。单片机本身就如一个复杂的同步时序电路，为了保证同步工作方式的实现，电路应在唯一的时钟信号控制下严格地按时序进行工作。

2.4.1　时钟电路

1. 时钟信号的产生

MCS-51 单片机内部有一个用于构成振荡器的高增益反相放大器，其输入端为芯片引脚 XTAL1，输出端为 XTAL2。而在芯片外部，XTAL1 和 XTAL2 之间跨接晶体振荡器和微调电容，从而构成一个稳定的自激振荡器，这就是单片机的时钟电路，如图 2-9 所示。

一般电容 C1 和 C2 取 30 pF 左右。晶体的振荡频率范围是 1.2 MHz～12 MHz。晶体振荡频率越高，则系统的时钟频率越高，单片机运行速度也就越快。

2. 引入外部脉冲信号

在由许多单片机组成的系统中，为了各单片机之间时钟信号的同步，应当引入唯一的公用外部脉冲信号作为各单片机的振荡脉冲，这时外部的脉冲信号应经 XTAL2 引脚输入，其连接如图 2-10 所示。

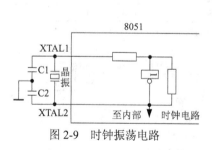

图 2-9　时钟振荡电路

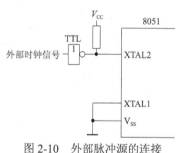

图 2-10　外部脉冲源的连接

2.4.2　时序定时单位

MCS-51 的时序定时单位从小到大依次为拍节（或节拍）、状态、机器周期和指令周期，下面分别进行说明。

1. 拍节与状态

把振荡脉冲的周期定义为拍节（用 P 表示）。每两个拍节定义为一个状态（用 S 表示）。一个状态包含拍节 1（P1）和拍节 2（P2）。

2. 机器周期

MCS-51 采用定时控制方式，有固定的机器周期，规定一个机器周期的宽度为 6 个状态，并依次表示为 S1~S6。由于一个状态包括 2 个拍节，因此一个机器周期总共有 12 个拍节，分别记作 S1P1、S1P2…S6P2。由于一个机器周期共用 12 个振荡脉冲周期，因此机器周期就是振荡脉冲的十二分频。显然，当振荡脉冲频率为 12 MHz 时，一个机器周期为 1 μs；当振荡脉冲频率为 6 MHz 时，一个机器周期为 2 μs。

3．指令周期

指令周期是最大的时序定时单位，执行一条指令所需的时间称为指令周期。根据指令的不同，MCS-51 的指令周期可分别包含有一、二、三、四个机器周期。

2.4.3 MCS-51 指令时序

按长度可将 MCS-51 单片机的指令分为单字节指令、双字节指令和三字节指令，执行这些指令所需的机器周期的数目不同。

如图 2-11 所示是 MCS-51 单片机的几种典型指令的取指和执行时序。

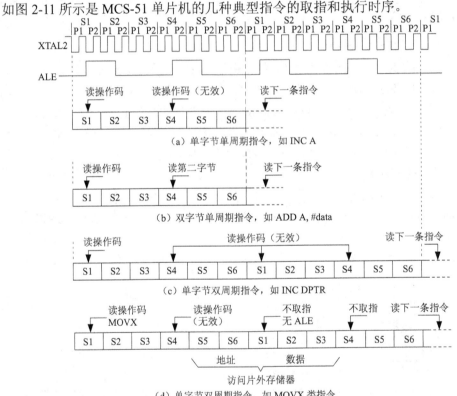

图 2-11　MCS-51 指令的取指/执行时序

图 2-11 中 ALE 是地址锁存信号，该信号每有效一次就能对存储器进行一次读指令操作。ALE 信号以振荡脉冲 1/6 的频率出现。因此，在一个机器周期中，ALE 信号两次有效：第一次在 S1P2 和 S2P1 期间，第二次在 S4P2 和 S5P1 期间，有效宽度为一个状态。

下面对几个典型指令的时序进行说明。

1．单字节单周期指令

如图 2-11（a）所示，这类指令的执行从 S1P2 开始，在 S1P2 期间读入操作码并将其锁存到指令寄存器中。在 S4 处虽然仍有一次读操作，但由于程序计数器 PC 没有加 1，读出的是原指令，因此属于一次无效的读操作。

2. 双字节单周期指令

如图 2-11（b）所示，对应于 ALE 的两次读操作都是有效的，第一次是读指令操作码，第二次是读指令第二字节（本例中是立即数）。

3. 单字节双周期指令

如图 2-11（c）所示，两个机器周期内进行了 4 次读操作，但由于是单字节指令，故后面 3 次读操作无效。

但 MOVX 类指令情况有所不同，因为执行这类指令时，先对 ROM 读取指令，然后对片外 RAM 进行读/写操作。如图 2-11（d）所示，在第一个机器周期的 S1 期间读入操作码，在 S4 期间也执行读操作，但读入的下一操作码无效（因为 MOVX 是单字节指令）。在第一个机器周期的 S5 开始送出片外数据存储器的地址后，进行读/写数据，直到第二个机器周期的 S3 结束，在此期间无 ALE 信号，所以不产生取指操作。

应注意，当对片外 RAM 进行读/写操作时，ALE 信号不是周期性的。在其他情况下，ALE 信号作为一种周期信号，可以为其他外部设备提供时钟。

此外，时序图中只画出了取指操作的有关时序，而没有画出指令执行的情况。实际上，每条指令都有具体的操作，例如算术和逻辑操作一般发生在拍节 1 期间，片内寄存器之间的数据传送操作在拍节 2 进行。

2.4.4　MCS-51 单片机的工作方式

MCS-51 单片机的工作方式有复位、程序执行、单步执行、掉电保护以及低功耗方式等。

1. 复位方式

（1）单片机的初始化操作——复位

复位是单片机的初始化操作，复位后，PC 初始化为 0000H，使单片机从 0000H 单元开始执行程序。所以单片机除了正常的初始化外，当程序运行出错或由于操作错误而使系统处于死循环时，也需按复位键以重新启动机器。复位不影响片内 RAM 存放的内容，而 ALE 和 $\overline{PSEN}$ 在复位期间将输出高电平。

单片机复位后，程序计数器 PC 和特殊功能寄存器的状态如表 2-6 所示。

表 2-6　单片机复位后有关寄存器的状态表

寄　存　器	内　　容	寄　存　器	内　　容
PC	0000H	TCON	00H
ACC	00H	TL0	00H
PSW	00H	TH0	00H
SP	07H	TL1	00H
DPTR	0000H	TH1	00H
P0～P3	FFH	SCON	00H
IP	xx000000B	SBUF	不定
IE	0x000000B	PCON	0xxx0000B
TMOD	00H	—	—

（2）复位信号

RST 引脚是复位信号的输入端，复位信号为高电平有效。当高电平持续 24 个振荡脉冲周期（即两个机器周期）以上时，单片机完成复位。假如使用的晶振频率为 6 MHz，则复位信号持续时间应不小于 4 μs。

产生复位信号的逻辑电路如图 2-12 所示。

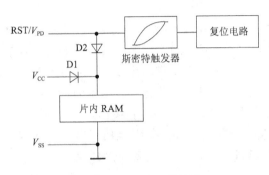

图 2-12　复位电路逻辑图

外部电路产生的复位信号由 RST 引脚送入片内斯密特触发器，再由片内复位电路在每个机器周期对斯密特触发器进行采样，然后才得到内部复位操作所需要的信号。

（3）复位方式

复位分为上电自动复位和按键手动复位两种方式。复位电路中的电阻、电容数值是为了保证在 RST 端能够保持两个机器周期以上的高电平以完成复位而设定的。上电自动复位是在单片机接通电源时，对电容充电来实现的，电路如图 2-13（a）所示。上电瞬间，RST 端的电位与 V_{CC} 相同。随着充电电流的减小，RST 端的电位逐渐下降，只要在 RST 端有足够长的时间保持阈值电压，8051 单片机便可自动复位。

按键手动复位实际上是上电复位兼按键手动复位。当手动开关常开时，为上电复位。按键手动复位分为电平方式和脉冲方式两种，其中，按键电平复位是通过使 RST 端经电阻与 V_{CC} 电源接通而实现的，电路如图 2-13（b）所示。而按键脉冲复位则是利用微分电路产生的正脉冲实现的，电路如图 2-13（c）所示。

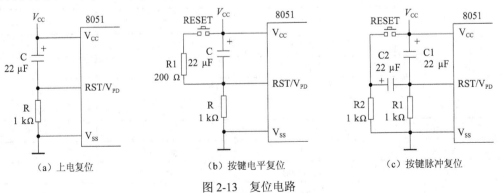

（a）上电复位　　　　（b）按键电平复位　　　　（c）按键脉冲复位

图 2-13　复位电路

上述电路图中的电阻、电容参数适于 6 MHz 的晶振。

2. 单步执行方式

单步执行就是通过外来脉冲控制程序的执行，使之达到一个脉冲就执行一条指令的目的，而外来脉冲是通过按键产生的，因此单步执行实际上就是按一次键执行一条指令。

单步执行是借助单片机的外部中断功能实现的。假定利用外部中断 0 实现程序的单步执行，应事先做好两项准备工作。

（1）设计单步执行的外部控制电路，以按键产生脉冲作为外部中断 0 的中断请求信号，经 $\overline{INT0}$ 端输入，并把电路设计成不按按键为低电平，按下按键产生一个高电平，此外，还需要在初始化程序中定义 $\overline{INT0}$ 低电平有效。

（2）编写外部中断 0 的中断服务程序，即：

```
JNB  P3.2,$        ; 若INT0=0,则"原地踏步"
JB   P3.2,$        ; 若INT0=1,则"原地踏步"
RETI               ; 返回主程序
```

这样在没有按下按键的时候，$\overline{INT0}=0$，中断有效，单片机响应中断，但转入中断服务程序后，只能在它的第一条指令上"原地踏步"，只有按一次单步键，产生正脉冲 $\overline{INT0}=1$，才能通过第一条指令而到第二条指令上去等待。当正脉冲结束后，再结束第二条指令并通过第三条指令返回主程序。而 MCS-51 的中断机制有这样一个特点，即当一个中断服务程序正在执行时，又来了一个同级的新的中断请求，这时 CPU 不会立即响应中断，只有当原中断服务程序结束并返回主程序后，至少还要执行一条指令，然后才能再响应新的中断。即单片机从中断服务程序返回主程序后，能且只能执行一条指令，因为这时 $\overline{INT0}$ 已为低电平，$\overline{INT0}$ 请求有效，单片机就再一次响应中断，并进入中断服务程序去等待，从而实现主程序的单步执行。

3. 程序执行方式

程序执行方式是单片机的基本工作方式。由于复位后 PC = 0000H，因此程序执行总是从地址 0000H 开始，为此就要在 0000H 开始的存储单元中存放一条无条件转移指令，以便跳转到实际程序的入口去执行。

2.5　MCS-51 单片机最小系统

MCS-51 系列单片机有 87C51、89C51、87C52、89C52（内部设有 EPROM 或 E²PROM）等芯片。将 MCS-51 单片机以及与之相匹配的时钟电路、复位电路组合在一起，形成 MCS-51 单片机最小系统。

MCS-51 单片机最小系统电路原理图，如图 2-14 所示。在原理图中，C3、R 构成自上电复位电路，C3、R 参数的选取取决于单片机时钟电路中晶体振荡频率的大小。一般情况，当晶体振荡频率为 6 MHz 时，复位信号持续时间应不小于 4 μs，当晶体振荡频率为 12 MHz 时，复位信号持续时间应不小于 2 μs。C1、

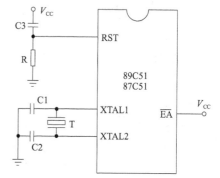

图 2-14　MCS-51 单片机最小系统
电路原理图

C2、T（石英晶体）以及单片机芯片内部的时钟电路构成 MCS-51 单片机最小系统的时钟。T

（石英晶体）的选取应符合所选单片机芯片的要求，一般在 1.2 MHz～12 MHz。C1、C2 的选取应符合 T（石英晶体）的要求，一般在 30 pF 左右。

习 题 二

1. MCS-51 单片机共有几个工作寄存器组？如何选择？

2. MCS-51 的 $\overline{EA}$ 信号有何功能？在使用 8031 时 $\overline{EA}$ 信号引脚如何处理？

3. MCS-51 单片机有哪些信号需要芯片引脚以第二功能的方式提供？

4. 程序状态字 PSW 的作用是什么？常用的状态位有哪几位？作用是什么？

5. 开机复位后，CPU 使用哪一组工作寄存器？它们的地址是什么？

6. SP 表示什么？有几位？作用是什么？复位后 SP 的内容是什么？

7. RAM 低 128 单元划分为哪 3 个主要部分？各部分的主要功能是什么？

8. 使单片机复位有几种方式？复位后机器的初始状态如何？

第 3 章

教学目的和要求

指令就是能完成特定功能的命令。CPU 所能执行的各种指令的集合称为指令系统。MCS-51 系列单片机的指令系统功能完善，使用灵活方便。本章主要介绍 MCS-51 系列单片机的寻址方式、指令系统及汇编语言程序设计。寻址方式和指令系统是学习和使用单片机的基础和工具，是必须掌握的重要内容。

3.1 MCS-51 指令系统简介

MCS-51 的基本指令共 111 条，其中单字节指令 49 条，双字节指令 45 条，三字节指令 17 条。从指令的执行时间来看，单机器周期（12 个时钟振荡周期）指令 64 条，双机器周期（24 个时钟振荡周期）指令 45 条，只有乘、除两条指令的执行时间为 4 个机器周期（48 个时钟振荡周期）。

单字节指令只有一个字节，操作码和操作数信息同在这一字节中；双字节指令包括两个字节，其中第一个字节为操作码，第二个字节是操作数；三字节指令中，操作码占一个字节，操作数占两个字节，其中操作数既可能是数据，也可能是地址。

MCS-51 单片机的一大特点是在硬件结构中有一个位处理器，对应这个位处理器，指令系统中相应地设计了一个处理位变量的指令子集，这个子集在设计需大量处理位变量的程序时十分方便有效。

MCS-51 的指令系统按指令功能划分可分为五大类。

- 数据传送类
- 算术运算类
- 逻辑运算类
- 控制转移类
- 位操作类

读者应熟练掌握这些指令的使用，以适应在不同场合下的需要。

3.2 MCS-51 指令系统的寻址方式

所谓寻址方式是指 CPU 用何种方式寻找参与运算的操作数或操作数地址的方法。寻址方式越多，计算机指令功能越强，灵活性越大。MCS-51 采用了 7 种寻址方式，每种寻址方式以及它们的寻址空间如表 3-1 所示。

表 3-1　寻址方式及有关寻址空间

序 号	方 式	利用的变量	使用的空间
1	寄存器寻址	R0～R7、A、B、Cy、DPTR	片内

续上表

序　号	方　式	利用的变量	使用的空间
2	直接寻址	Direct、SFR	内部 RAM 和特殊功能寄存器
3	寄存器间接寻址	@R0、@R1、SP	内部 RAM
		@R0、@R1、@DPTR	外部 RAM 与 I/O 口
4	立即寻址	—	程序存储器/数据存储器
5	变址寻址	@A+DPTR、@A+PC	程序存储器/数据存储器
6	相对寻址	PC+偏移量	程序存储器/数据存储器
7	位寻址	bit	内部 RAM 的 20H~2FH 及部分特殊功能寄存器

3.2.1　寄存器寻址

寄存器寻址方式可用于访问选定寄存器区的 8 个工作寄存器 R0~R7。由指令操作码的低 3 位指示所用的寄存器，寄存器 A、B、DPTR 和 C 位（位处理器的累加器）也可作为寻址对象。

在这种寻址方式中，被寻址寄存器中的内容就是操作数。如指令 "MOV　A, Rn（n＝0~7）" 表示把寄存器 Rn 的内容传送给累加器 A，其中源操作数就是 Rn 的内容。例如，指令

```
MOV A, R7    ；机器码为 EFH
```

该指令功能是把寄存器 R7 的内容送给累加器 A，指令执行示意图如图 3-1 所示。

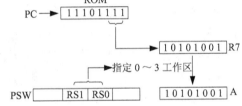

图 3-1　寄存器寻址（MOV　A, R7）示意图

3.2.2　直接寻址

直接寻址是访问特殊功能寄存器的唯一方法。它也用于访问内部 RAM（低 128 个字节）。采用直接寻址方式的指令是双字节指令，其中第一个字节是操作码，第二个字节是内部 RAM 或特殊功能寄存器的直接地址。

例如指令 "MOV A, 3FH" 表示把内部 RAM 中 3FH 单元的内容传送给 A，指令执行示意图如图 3-2 所示。源操作数采用的是直接寻址方式，对于特殊功能寄存器，在助记符指令中可直接用符号来代替地址，如 "MOV　A, P0" 表示把 P0 口（地址为 80H）的内容传送给累加器 A。这种写法与 "MOV　A, 80H" 等同。但使用 "MOV　A, P0" 更容易理解和阅读。

图 3-2　直接寻址（MOV A, 3FH）示意图

3.2.3　寄存器间接寻址

寄存器间接寻址方式可用于访问内部 RAM 或外部数据存储器。这种寻址方式由指令指定某一寄存器的内容作为操作数的地址。

访问内部 RAM 或外部数据存储器的低 256 个字节时，可采用 R0 或 R1 作为间址寄存器。

例如指令"MOV　A,@Ri"（i = 0 或 1），其中 (Ri) = 40 H，则这条指令表示从 Ri 中找到源操作数所在单元的地址，把该地址中的内容传送给 A。即把内部 RAM 中 40H 单元的内容送到累加器 A 中，该指令执行示意图如图 3-3 所示。访问外部数据存储器的低 256 字节时，只要把 MOV 改为 MOVX 就行了。

访问外部数据存储器，还可用数据指针 DPTR 作为间址寄存器，DPTR 是 16 位寄存器，故它可对整个外部数据存储器空间（64 KB）寻址。例如"MOVX　A,@DPTR"指令是把数据指针 DPTR 所指的某一外部存储单元的内容送给累加器 A。

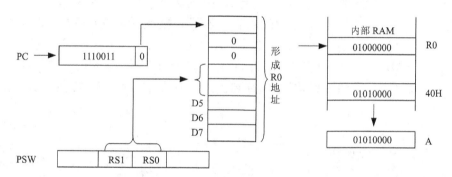

图 3-3　寄存器间接寻址（MOV A, @R0）示意图

3.2.4　立即寻址

采用立即寻址方式的指令是双字节的。第一个字节是操作码，第二个字节就是操作数。因此，操作数就是存放在程序存储器内的常数。

例如指令"MOV　A,#5AH"表示把立即数 5AH（应冠以前缀#号，以便与地址相区别）送给累加器 A。5AH 这个常数是指令代码的一部分。该指令执行示意图如图 3-4 所示。

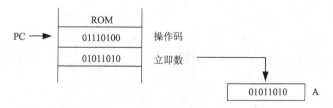

图 3-4　立即寻址（MOV　A,#5AH）示意图

3.2.5　基址寄存器加变址寄存器间接寻址

这种寻址方式用于访问程序存储器的一个单元，该单元的地址是基址寄存器（DPTR 或 PC）的内容与变址寄存器 A 的内容之和。例如，指令"MOVC　A,@A+DPTR"，其中 A 的

原有内容为 05H，DPTR 的内容为 4000H，该指令执行的结果是把程序存储器 4005H 单元的内容传送给累加器 A。该指令执行示意图如图 3-5 所示。

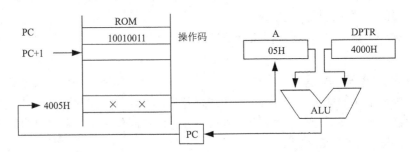

图 3-5 基址寄存器加变址寄存器间接寻址（MOVC A, @A+DPTR）示意图

3.2.6 相对寻址

相对寻址用于访问程序存储器，它只出现在相对转移指令中。相对寻址是将程序计数器 PC 中的当前值与指令第二字节所给出的数据（该数据也称为偏移量）相加，其和为跳转指令的转移地址。转移地址也称为转移目的地址。偏移量是一个有符号数，其取值范围为-128～+127。例如"SJMP 20H"，其指令代码为 80H、20H 两个字节。假设当前的值为指令所在地址 2100 + 2 即 PC = 2102H，则程序将转移到 2122H 地址去执行。该指令执行示意图如图 3-6 所示。

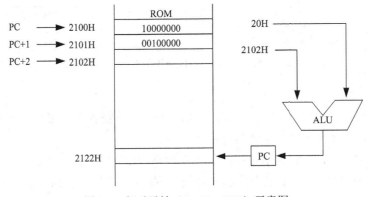

图 3-6 相对寻址（SJMP 20H）示意图

3.2.7 位寻址

位寻址是指对片内 RAM 的位寻址区（20H～2FH）和可以位寻址的专用寄存器进行位操作时的寻址方式。这种寻址方式与直接寻址方式的形式和执行过程基本相同。在进行位操作时，借助于进位位 C 作为操作的位累加器，操作数直接给出该位的地址，然后根据操作码的性质对其进行位操作。

例如指令"MOV C, 24H.0"，该指令是把 24H 字节中的第 0 位传送给 C。位寻址指令执行示意图如图 3-7 所示。

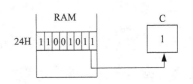

图 3-7 位寻址（MOV C, 24H.0）示意图

3.3　MCS-51 指令系统及一般说明

在介绍指令之前，先对指令中使用的一些符号意义进行简单的说明。

① direct——直接地址，即 8 位的内部数据存储器单元或特殊功能寄存器的地址。

② #data——包含在指令中的 8 位常数。

③ #data16——包含在指令中的 16 位常数。

④ rel——8 位带符号的偏移量。用于 SJMP 及所有的条件转移指令中。偏移量按相对于下一条指令的第一个字节地址与跳转后指令的第一个字节地址之差计算，在 -128～+127 范围内取值。

⑤ DPTR——数据指针，可用作 16 位的地址寄存器。

⑥ bit——内部 RAM 或特殊功能寄存器中的直接寻址位。

⑦ Cy——进位标志或进位位，或位处理器中的累加器。

⑧ @——间址寄存器或基址寄存器的前缀。如@Ri、@A+DPTR。

⑨ (X)——X 中的内容。

⑩ ((X))——由 X 寻址的单元中的内容。

⑪ addr11——低 11 位目标地址。

⑫ addr16——16 位目标地址。

⑬ $——当前指令地址。

3.3.1　数据传送类指令

数据传送类指令是把源操作数传送到目的操作数。指令执行后，源操作数不改变，目的操作数修改为源操作数。若要求在进行数据传送时，不丢失目的操作数，则可以用交换型的传送类指令。

数据传送类指令不影响标志，这里所说的标志是指 Cy、Ac 和 OV，但不包括检验累加器奇偶性的标志位 P。

1. 内部数据传送指令

指令格式：

```
MOV  <目的操作数>, <源操作数>
```

这类指令的源操作数和目的操作数都在单片机内部。它们既可以是片内 RAM 地址，也可以是特殊功能寄存器 SFR 的地址。当然源操作数也可以是立即数。

（1）以累加器为目的操作数的指令

这组指令的功能是把源操作数的内容送入累加器 A，源操作数有寄存器寻址、直接寻址、间接寻址和立即寻址等方式。

```
MOV  A,Rn        ; (A)←(Rn),其中 n=0~7
MOV  A,@Ri       ; (A)←((Ri)),其中 i=0,1
MOV  A,direct    ; (A)←(direct),其中 direct 为内部 RAM 或 SFR 的地址
MOV  A,#data     ; (A)←#data,其中 data 为 8 位的立即数
```

【例 3-1】以累加器为目的操作数的指令举例。

```
MOV  A,R4        ; 寄存器寻址: 寄存器 R4 的内容送到累加器 A 中
MOV  A,20H       ; 直接寻址: 内部 RAM 20H 单元的内容送到累加器 A 中
```

```
MOV  A,@R0              ; 间接寻址：R0 内容所指定的内部 RAM 单元的内容送到累加器 A 中
MOV  A,#20H             ; 立即寻址：立即数 20H 送到累加器 A 中
```

（2）以 Rn 为目的操作数的指令

```
MOV  Rn,A              ; (Rn)←(A)，其中 n=0~7
MOV  Rn,direct         ; (Rn)←(direct)
MOV  Rn,#data          ; (Rn)←#data
```

这组指令的功能是把源操作数的内容送入当前工作寄存器区的 R0~R7 中的某一个寄存器中。

【例 3-2】以 Rn 为目的操作数的指令应用举例。

```
MOV  R3,A              ; 累加器 A 中的内容送到寄存器 R3 中
MOV  R6,32H            ; 内部 RAM 32H 单元的内容送到寄存器 R6 中
MOV  R1,#0FFH          ; 立即数 0FFH 送到寄存器 R1 中
```

（3）以直接地址为目的操作数的指令

```
MOV  direct,A          ; (direct)←(A)
MOV  direct,Rn         ; (direct)←(Rn)，其中 n=0~7
MOV  direct1,direct2   ; (direct1)←(direct2)
MOV  direct,@Ri        ; (direct)←((Ri))，其中 i=0,1
MOV  direct,#data      ; (direct)←#data
```

这组指令的功能是把源操作数送入直接地址指定的存储单元。其中 direct 指内部 RAM 或 SFR 的地址。

【例 3-3】以直接地址为目的操作数的指令应用举例。

```
MOV  22H,A             ; 累加器 A 的内容送到内部 RAM 22H 单元中
MOV  22H,50H           ; 内部 RAM 50H 单元的内容送到内部 RAM 22H 单元中
MOV  SP,#65H           ; 立即数 65H 送到特殊功能寄存器 SP（地址为 81H）中
```

（4）以寄存器间接地址为目的操作数的指令

```
MOV  @Ri,A             ; ((Ri))←(A)，其中 i=0,1
MOV  @Ri,direct        ; ((Ri))←(direct)
MOV  @Ri,#data         ; ((Ri))←#data
```

这组指令的功能是把源操作数内容送入 R0 或 R1 指定的存储单元中。例如：假设寄存器 R0 中的内容为 28H，则下面的指令将完成把立即数 0AAH 送到内部 RAM 的 28H 单元中。

```
MOV  @R0,#0AAH
```

（5）16 位数据传送指令

```
MOV  DPTR,#data16      ; (DPTR)←#data16
```

这条指令的功能是把 16 位常数送入 DPTR，这是整个指令系统中唯一的一条 16 位数据传送指令，用来设置地址指针。地址指针 DPTR 由 DPH 和 DPL 组成。这条指令执行的结果把高 8 位立即数送入 DPH，低 8 位立即数送入 DPL。

对于所有 MOV 类指令，累加器 A 是一个特别重要的 8 位寄存器，CPU 对它具有其它寄存器所没有的操作指令。后面将要介绍的加、减、乘、除指令都是以 A 作为操作数的。由此也产生了累加器的瓶颈问题，这是 MCS-51 指令系统的缺陷。寄存器 Rn 指的是寄存器组中的 R0~R7，直接地址指出的存储单元为内部 RAM 的 00H~7FH 和特殊功能寄存器（地址范围为 80H~FFH）。在间接地址中，@Ri 表示用 R0 或 R1 作地址指针，访问内部 RAM 的 00H~7FH 共 128 个单元。

2．堆栈操作指令

在 MCS-51 内部 RAM 中可以设定一个后进先出 LIFO（Last In First Out）的区域作为堆栈区。在特殊功能寄存器中有一个堆栈指针 SP，它指出栈顶的位置，在指令系统中有两条用于数据操作的堆栈操作指令。

（1）进栈指令

```
PUSH  direct                ; (sp)←(sp)+1,((sp))←(direct)
```

这条指令的功能是首先将堆栈指针 SP 加 1，然后把直接地址指出的内容送到堆栈指针 SP 指示的内部 RAM 单元中。

【例 3-4】当 (SP) = 60H，(A) = 30H，(B) = 70H 时，执行下列指令的结果是什么？

```
PUSH  A                     ; (SP)+1=61H→(SP),(A)→(61H)
PUSH  B                     ; (SP)+1=62H→(SP),(B)→(62H)
```

结果：(61H) = 30H，(62H) = 70H，(SP) = 62H

（2）出栈指令

```
POP   direct                ; (direct)←((sp)),(sp)←(sp)-1
```

这条指令的功能是堆栈指针 SP 指示的内部 RAM 单元的内容送入直接地址指出的字节单元中，然后堆栈指针 SP 减 1。

【例 3-5】当 (SP) = 52H，(52H) = 20H，(51H) = 30H 时，执行下列指令的结果是什么？

```
POP   DPH                   ; ((SP))→DPH,(SP)-1→(SP)
POP   DPL                   ; ((SP))→DPL,(SP)-1→(SP)
```

结果：(DPTR) = 2030H，(SP) = 50H

3．累加器 A 与外部数据存储器传送指令

这组指令的功能是累加器 A 和外部 RAM 或 I/O 的数据相互传送。外部 RAM 数据传送指令与内部 RAM 数据传送指令相比，在指令助记符中增加了 "X"，"X" 是代表外部的意思。外部 RAM 的数据传送只能通过累加器 A 进行。当用 DPTR 作数据指针时，该指令可寻址外部 RAM 64KB 的范围。

```
MOVX  A,@DPTR               ; ((DPTR))→(A),读外部 RAM 或 I/O
MOVX  A,@Ri                 ; ((Ri))→(A),读外部 RAM 或 I/O
MOVX  @DPTR,A               ; (A)→((DPTR)),写外部 RAM 或 I/O
MOVX  @Ri,A                 ; (A)→((Ri)),写外部 RAM 或 I/O
```

当用 @Ri 间接寻址时，若外部扩展较大的 RAM 区域，须用 P2 口输出高 8 位地址，用 @Ri 表示低 8 位地址，P0 口分时作低 8 位地址线和数据线，P2 口应事先预置。若设计循环程序，@Ri 被加到 0 或减到 0 时必须考虑对 P2 口高 8 位地址进位或借位的关系。

4．查表指令

（1）`MOVC  A,@A+PC`　　　　; (A)←((A)+(PC))

这条指令以 PC 作为基址寄存器，A 的内容作为无符号整数和 PC 的内容（下一条指令的起始地址）相加后得到一个 16 位的地址，由该地址指出的程序存储单元的内容送到累加器 A。

【例 3-6】(A) = 20H，执行地址 2000H 处的指令 "MOVC　A,@A+PC" 后，结果如何？

本指令占用一个单元，下一条指令的地址为 2001H，(PC) = 2001H 再加上 A 中的 20H，得 2021H，将程序存储器 2021H 中的内容送入 A。这条指令的缺点是表格只能存放在该条查

表指令后面的 256 个单元之内，表格的大小受到限制。

（2）MOVC A,@A+DPTR   ; (A)←((A)+(DPTR))

这条指令以 DPTR 作为基址寄存器，A 的内容作为无符号数和 DPTR 的内容相加得到一个 16 位的地址，由该地址指出的程序存储器的单元内容送到累加器 A。

【例 3-7】假设 (DPTR) = 8000H，(A) = 20H，则执行指令"MOVC A,@A+DPTR"后，累加器 A 中的内容是什么？

该指令首先将累加器 A 的内容和特殊功能寄存器 DPTR 的内容相加，把相加后的结果作为地址，然后将该地址单元中的内容送到累加器 A 中，即将程序存储器中 8020H 单元的内容送入累加器 A。这条查表指令的执行结果只和指针 DPTR 及累加器 A 的内容有关，与该指令存放的地址及常数表格存放的地址无关，因此表格的大小和位置可以在 64KB 程序存储器中任意安排，一个表格可以为多个程序块公用。

5．字节交换指令

```
XCH  A,Rn                ; (A)←→(Rn)
XCH  A,direct            ; (A)←→(direct)
XCH  A,@Ri               ; (A)←→((Ri))
```

这组指令的功能是将累加器 A 的内容和源操作数的内容相互交换。源操作数有寄存器寻址、直接寻址和寄存器间接寻址等方式。

【例 3-8】若已知 (A) = 80H，(R7) = 08H，(40H) = 0F0H，(R0) = 30H，(30H) = 0FH，执行下面的指令后，累加器 A、寄存器 R7、内部 RAM 中 40H 和 30H 单元的内容分别是多少？

```
XCH  A,R7                ; (A)←→(R7)
XCH  A,40H               ; (A)←→(40H)
XCH  A,@R0               ; (A)←→((R0))
```

结果：(A) = 0FH，(R7) = 80H，(40H) = 08H，(30H) = F0H

6．半字节交换指令

```
XCHD  A,@Ri              ; (A)₀~₃←→((Ri))₀~₃
```

累加器的低 4 位与内部 RAM 所指单元的低 4 位交换。

【例 3-9】已知(R0) = 60H，(60H) = 3EH，(A) = 59H，执行完"XCHD A,@R0"指令后的结果如何？

执行完半字节交换指令后，(A) = 5EH，(60H) = 39H。

3.3.2 算术操作类指令

在 MCS-51 指令系统中，有单字节的加、减、乘、除法指令，数据运算功能比较强。算术操作指令执行的结果将使进位标志位（Cy）、辅助进位位（Ac）、溢出标志位（OV）及奇偶标志位（P）置位或复位，但是加 1 和减 1 指令不影响这些标志。在下面对每种指令的介绍过程中，详细地说明了每条指令对标志的影响。

1．加法指令

```
ADD  A,Rn                ; (A)←(A)+(Rn)
ADD  A,direct            ; (A)←(A)+(direct)
ADD  A,@Ri               ; (A)←(A)+((Ri))
ADD  A,#data             ; (A)←(A)+data
```

这组加法指令的功能是把所指出的字节变量与累加器 A 的内容相加，其结果放在累加器 A 中。

如果位 7 有进位输出，则进位标志位 Cy 置 "1"，否则 Cy 清 "0"；如果位 3 有进位输出，辅助进位标志 Ac 置 "1"，否则 Ac 清 "0"（Ac 为 PSW 寄存器中的一位）；如果位 6 有进位输出而位 7 没有进位，或者位 7 有进位输出而位 6 没有，则溢出标志位 OV 置 "1"，否则 OV 清为 "0"。源操作数有寄存器寻址、直接寻址、寄存器间接寻址和立即寻址等方式。

【例 3-10】已知(A) = 53H，(R0) = 0FCH，求两数之和，并说明 PSW 有关标志位的内容。

```
ADD  A,R0
```

结果为：　0 1 0 1 0 0 1 1
　　　　＋1 1 1 1 1 1 0 0
　　　　────────────
和为：　1 0 1 0 0 1 1 1

(A) = 4FH，(Cy) = 1，(Ac) = 0，(OV) = 0，(P) = 1（A 中结果 "1" 的个数为奇数）。

【例 3-11】若(A) = 85H，(R0) = 20H，(20H) = 0AFH，求执行加法指令后，各标志位的状态。

```
ADD  A,@R0        ; 该指令把累加器的内容和内部 RAM 中 20H 单元的内容相加
```

结果为：　1 0 0 0 0 1 0 1
　　　　＋1 0 1 0 1 1 1 1
　　　　────────────
和为：　1 0 0 1 1 0 1 0 0

(A) = 34H，(Cy) = 1，(Ac) = 1，(OV) = 1，(P) = 1

2. 带进位加法指令

```
ADDC  A,Rn        ;  (A) ← (A)+(Rn)+(Cy)
ADDC  A,direct    ;  (A) ← (A)+(direct)+(Cy)
ADDC  A,@Ri       ;  (A) ← (A)+((Ri))+(Cy)
ADDC  A,#data     ;  (A) ← (A)+data+(Cy)
```

这组带进位加法指令的功能是同时把所指出的字节变量、进位标志与累加器 A 内容相加，结果放在累加器 A 中。如果位 7 有进位输出则进位标志位 Cy 置为 "1"，否则 Cy 清为 "0"；如果位 3 有进位输出，则辅助进位标志位 Ac 置为 "1"，否则 Ac 清为 "0"；如果位 6 有进位输出，而位 7 没有或者位 7 有进位输出而位 6 没有，则溢出标志位 OV 置为 "1"，否则 OV 清为 "0"。寻址方式和 ADD 指令相同。

【例 3-12】设 (A) = 85H，(20H) = 0FFH，Cy = 1，求两数之和及 PSW 相关位的内容。

```
ADDC  A, 20H
```

结果为：　1 0 0 0 0 1 0 1
　　　　1 1 1 1 1 1 1 1
　　　＋　　　　　　　1
　　　────────────
和为：　1 1 0 0 0 0 1 0 1

(A) = 85H，(Cy) = 1，(Ac) = 1，(OV) = 0，(P) = 1

3. 带进位减法指令

```
SUBB  A,Rn        ; (A) ← (A)-(Rn)-(Cy)
SUBB  A,direct    ; (A) ← (A)-(direct)-(Cy)
SUBB  A,@Ri       ; (A) ← (A)-((Ri))-(Cy)
SUBB  A,#data     ; (A) ← (A)- data -(Cy)
```

这组带进位减法指令是从累加器 A 中减去指定的变量和进位标志，结果存在累加器中。

如果位 7 需借位则 Cy 置位，否则 Cy 清为 "0"；如果位 3 需借位则 Ac 置位，否则 Ac 清为 "0"；如果位 6 需借位而位 7 不需要借位，或者位 7 需借位，位 6 不需借位，则溢出标志位 OV 置为 "1"，否则 OV 清为 "0"。源操作数允许有寄存器寻址、直接寻址、寄存器间接寻址和立即寻址方式。

【例 3-13】设 (A) = 0A9H，(R2) = 98H，(Cy) = 1，计算两数之差，并说明执行减法指令后各标志位的状态。

```
SUBB  A,R2
```

结果为： 1 0 1 0 1 0 0 1

$\quad\quad\quad\quad$ 1 0 0 1 1 0 0 0

$\quad\quad\quad -\quad\quad\quad\quad\quad\quad 1$

差为： $\quad\quad$ 0 0 0 1 0 0 0 0

(A) = 10H，(Cy) = 0，(Ac) = 0，(OV) = 0，(P) = 1。

4. 加 1、减 1 指令

（1）加 1 指令

```
INC  A          ;(A)←(A)+1
INC  Rn         ;(Rn)←(Rn)+1
INC  direct     ;(direct)←(direct)+1
INC  @Ri        ;(9Ri)←((Ri))+1
INC  DPTR       ;(DPTR)←(DPTR)+1
```

这组增量指令的功能把所指出的变量加 1，若原来为 0FFH，将溢出为 00H（指前 4 条指令），不影响任何标志位（INC A 指令除外，它影响奇偶标志位）。第 5 条指令 INC DPTR，这是 16 位数加 1 指令。

（2）减 1 指令

```
DEC  A          ;(A)←(A)-1
DEC  Rn         ;(Rn)←(Rn)-1
DEC  direct     ;(direct)←(direct)-1
DEC  @Ri        ;((Ri))←((Ri))-1
```

这组指令的功能是使指定的变量减 1。若原来为 00H，减 1 后下溢为 0FFH，不影响标志位（除 DEC A 指令影响 P 标志位外）。

【例 3-14】已知 (A) = 0FH，(R7) = 19H，(30H) = 00H，(R1) = 40H，(40H) = 0FFH，请指出执行下面指令后的结果。

```
DEC  A
DEC  R7
DEC  30H
DEC  @R1
```

结果为：(A) = 0EH，(R7) = 18H，(30H) = 0FFH，(40H) = 0FEH，(P) = 1，不影响其它标志位。

5. 十进制调整指令

```
DA  A
```

这条指令对累加器 A 前两个变量（压缩的 BCD 码）相加的结果进行十进制调整，使 A 中的结果为两位 BCD 码的十进制数。调整规律如下：若 Ac = 1 或 $(A)_{0\sim3}$ > 9，则 (A)←(A) + 06H；若 Cy = 1 或 $(A)_{7\sim4}$ > 9，则 (A)←(A) + 60H。

【例 3-15】设 (A) = 58H，(R5) = 67H，计算两数进行 BCD 码加法的结果。

```
ADD  A,R5
DA   A
```

结果为：(A) = 25H，(Cy) = 1

6. 乘法指令

```
MUL  AB
```

这条指令的功能是把累加器 A 和寄存器 B 中的 8 位无符号整数相乘，其 16 位积的低字节存放在累加器 A 中，高字节存放在 B 中。如果积大于 255，则溢出标志位 OV 置 "1"，否则 OV 清为 "0"。进位标志位总是为 "0"。

【例 3-16】设 (A) = 90H，(B) = 62H，请指出执行下面指令后的结果。

```
MUL  AB
```

结果为：(A) = 20H，(B) = 37H，(OV) = 1，(Cy) = 0，(P) = 1

7. 除法指令

```
DIV  AB
```

该指令的功能是将累加器 A 中 8 位无符号整数除以 B 中的 8 位无符号整数，所得的商（为整数）存放在累加器 A 中，余数存放在寄存器 B 中，Cy 和溢出标志位 OV 清为 "0"。如果 B 中的内容为 "0"（除数为 "0"），则结果 A、B 中的内容不定，并且溢出标志位 OV 置为 "1"。

【例 3-17】设 (A) = 0FBH，(B) = 12H，请指出执行下面指令后的结果。

```
DIV  AB
```

结果为：(A) = 0DH，(B) = 11H，(Cy) = 0，(OV) = 0，(P) = 1

3.3.3　逻辑运算指令

逻辑运算类指令包括 "与"、"或"、"异或"、"清零"、"求反"、"左右移位" 等逻辑操作。在这类指令中，除以累加器 A 为目的寄存器外，均不影响 PSW 中的标志位。

1. 累加器 A 的逻辑操作指令

针对累加器 A 的逻辑操作类指令共有 7 条。其中环移指令的执行示意图，如图 3-8 所示。

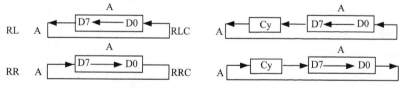

图 3-8　累加器环移指令示意图

（1）清零指令

```
CLR  A          ;(A)←00H
```

该条指令的功能是将累加器 A 清 "0"，不影响 Cy、Ac、OV 等标志位。

（2）取反指令

```
CPL  A          ;(A)← (A̅)
```

该条指令的功能是将累加器 A 的内容按位逻辑取反，不影响标志位。

（3）左环移指令

RL A

这条指令的功能是累加器 A 的 8 位内容向左循环移位，$ACC._7$ 循环移入 $ACC._0$，不影响标志位。

（4）带进位左环移指令

RLC A

这条指令的功能是将累加器 A 的内容和进位标志位一起向左环移一位，$ACC._7$ 移入进位标志位 Cy，Cy 移入 $ACC._0$，不影响其它标志位。

（5）右环移指令

RR A

这条指令的功能是累加器 A 的内容向右环移一位，$ACC._0$ 移入 $ACC._7$，不影响其它标志位。

（6）带进位右环移指令

RRC A

这条指令的功能是累加器 A 的内容和进位标志位 Cy 一起向右环移一位，$ACC._0$ 移入 Cy，Cy 移入 $ACC._7$。

【例 3-18】利用循环移位指令将累加器 A 的内容乘以 10。

```
MOV   A,#01H
RL    A              ; 把累加器 A 的内容乘以 2
MOV   R2,A
RL    A              ; 把累加器 A 的内容乘以 4
RL    A              ; 把累加器 A 的内容乘以 8
ADD   A,R2
```

（7）累加器高低半字节交换指令

```
SWAP  A              ; (A)_{0~3} ←→ (A)_{4~7}
```

这条指令的功能是将累加器 A 的高半字节（$A_{4~7}$）和低半字节（$A_{0~3}$）互换。

【例 3-19】设 (A) = 0C5H，请指出执行下面指令后的结果。

```
SWAP  A
```

结果为：(A) = 5CH

2．两个操作数的逻辑运算指令

（1）逻辑"与"指令

这组指令的功能是在指出的变量之间以位为基础进行逻辑"与"操作，结果存放到累加器中或直接地址指出的存储单元中。源操作数有寄存器寻址、直接寻址、寄存器间接寻址和立即寻址等方式。

```
ANL  A,Rn            ; (A) ← (A) ∧ (Rn)
ANL  A,direct        ; (A) ← (A) ∧ (direct)
ANL  A,#data         ; (A) ← (A) ∧ data
ANL  A,@Ri           ; (A) ← (A) ∧ ((Ri))
ANL  direct,A        ; (direct) ← (direct) ∧ (A)
ANL  direct,#data    ; (direct) ← (direct) ∧ data
```

【例 3-20】(A) = 27H, (R0) = 0F0H, 执行下面指令, 并指出运行结果。

```
ANL  A,R0
```

结果为：　　　　0 0 1 0 0 1 1 1

　　　　　∧ 1 1 1 1 0 0 0 0

　　　　　　(A) = 0 0 1 0 0 0 0 0 B

通常用"与"的方法将某一单元或某一单元的若干位清零, 称为屏蔽。本例就是用 0F0H 屏蔽累加器 A 的低 4 位。指令执行结果 (A) = 20H。

（2）逻辑"或"指令

```
ORL  A,Rn          ; (A)←(A)∨(Rn)
ORL  A,direct      ; (A)←(A)∨(direct)
ORL  A,#data       ; (A)←(A)∨data
ORL  A,@Ri         ; (A)←(A)∨((Ri))
ORL  direct,A      ; (direct)←(direct)∨(A)
ORL  direct,#data  ; (direct)←(direct)∨data
```

这组指令的功能是在所指出的变量之间执行以位为基础的逻辑"或"操作, 结果存到累加器 A 中或直接地址指出的存储单元中。源操作数有寄存器寻址、直接寻址、寄存器间接寻址和立即寻址等方式。

【例 3-21】设 (A) = 33H, data = 0FH, 执行下面指令, 并指出运行结果。

```
ORL  A,#data
```

结果为：　　　　0 0 1 1 0 0 1 1

　　　　　∨ 0 0 0 0 1 1 1 1

　　　　　　(A)=0 0 1 1 1 1 1 1 B

某位与 0 "或", 则该位保持不变; 与 1 "或"则该位被置"1"。(A) = 3FH。

3. 逻辑"异或"指令

```
XRL  A,Rn          ; (A)←(A)⊕(Rn)
XRL  A,direct      ; (A)←(A)⊕(direct)
XRL  A,@Ri         ; (A)←(A)⊕((Ri))
XRL  A,#data       ; (A)←(A)⊕data
XRL  direct,A      ; (direct)←(direct)⊕(A)
XRL  direct,#data  ; (direct)←(direct)⊕data
```

这组指令的功能是在所指出的变量之间执行以位为基础的逻辑"异或"操作, 结果存到累加器 A 中或直接地址指出的存储单元中。源操作数有寄存器寻址、直接寻址、寄存器间接寻址和立即寻址等方式。

【例 3-22】(A) = 99H, (R3) = 0F0H, 执行下面指令, 并指出运行结果。

```
XRL  A,R3
```

结果为：　　　　1 0 0 1 1 0 0 1

　　　　　⊕ 1 1 1 1 0 0 0 0

　　　　　　(A) = 0 1 1 0 1 0 0 1 B

某位与 1 "异或"则该位取反, 与 0 "异或"则该位保持不变。(A) = 69H。

3.3.4 控制转移类指令

控制转移类指令用于改变程序计数器 PC 的值,以控制程序走向,因此,其作用区域必然是程序存储器空间。

1. 无条件转移指令

(1) 短跳转指令

```
AJMP  addr11          ; (PC)←(PC)+2, (PC10~PC0)←addr11
```

这是 2 KB 范围内的无条件跳转指令。指令中提供低 11 位地址,与 PC 当前值的高 5 位共同组成 16 位目标地址,程序无条件转向目标地址。AJMP 把 MCS-51 的 64 KB 程序存储器空间划分为 32 个区,每个区为 2 KB,转移目标地址必须与 AJMP 下一条指令的第一个字节在同一 2 KB 范围内(即转移目标地址必须与 AJMP 下一条指令地址的 $A_{15} \sim A_{11}$ 相同),否则,将引起混乱,如果 AJMP 正好落在区底的两个单元内,程序就转移到下一个区中去了,这时不会出现问题。

执行该指令时,先将 PC 加 2 (使 PC 指向下一条指令),然后把 addr11 送入 PC10~PC0,PC15~PC11 保持不变,程序转移到指定的地方。

如果短跳转指令在 2FFFH 处,即可表示成:

```
2FFFH  AJMP  L1
```

当前 (PC) = 2FFFH + 2 = 3001H;转移地址 PC = 00110XXX XXXXXXXX,保持高 5 位不变。若 L1=35A8H (5 页),则指令码为 0A1A8H。

(2) 相对转移指令

```
SJMP  rel             ; PC←(PC)+2+rel
```

rel 为地址偏移量,为 8 位带符号二进制数,常用补码表示,范围 −128~+127。这是无条件跳转指令,执行时在 PC 加 2 (使 PC 指向下一条指令)之后,把偏移量 rel 加到 PC 上,并计算出转移的目标地址。因此,转向的目标地址可以在这条指令前 128 字节到后 127 字节之间。

【例 3-23】设相对转移指令位于地址 1000H 处,则执行下面指令后程序转移到何处?

```
1000H  SJMP  89H
```

则转移地址 (PC) = 1000 + 2 + 89 = 1002 + FF89 = 0F8BH。

(3) 长跳转指令

```
LJMP  addr16          ; (PC)←addr16
```

这条指令执行时把指令的第二和第三字节分别装入 PC 的高位和低位字节中,无条件地转向指定地址。转移的目标地址可以在 64 KB 程序存储器地址空间的任何地方。

(4) 间接跳转指令

```
JMP  @A + DPTR        ; (PC)←(A)+(DPTR)
```

指令的功能是把累加器 A 中 8 位无符号数与数据指针 DPTR 的 16 位数相加,结果作为下一条指令的地址送入 PC,不改变累加器和数据指针 DPTR 的内容,也不影响标志位。

【例 3-24】累加器中为 0~6 的偶数,从 JMP_TBL 开始的转移表共有 4 条 AJMP 指令,执行下面的指令序列将转向 4 条指令之一。

```
        MOV  DPTR,#JMP_TBL
        JMP  @A+DPTR
```

```
JMP_TBL: AJMP  LABEL0
         AJMP  LABEL1
         AJMP  LABEL2
         AJMP  LABEL3
```

2. 条件转移指令

条件转移指令是依某种特定条件转移的指令。条件满足时转移（相当于一条相对转移指令），条件不满足时则按顺序执行下面一条指令。转移的目标地址在以下一条指令地址为中心的 256 个字节范围内（−128～+127）。当条件满足时，把 PC 加到指向下一条指令的第一个字节地址，再把有符号的相对偏移量加到 PC 上，计算出转向地址。

（1）累加器判零转移指令

```
JZ   rel              ; 若(A)=0,则(PC)←(PC)+2+rel;若(A)≠0,(PC)←(PC)+2
JNZ  rel              ; 若(A)≠0,则(PC)←(PC)+2+rel;若(A)=0,(PC)←(PC)+2
```

（2）比较转移指令

格式：CJNE <目的字节>,<源字节>,rel

指令功能是对目的字节和源字节两个操作数进行比较，若它们的值不相等则转移，在 PC 加到下一条指令的起始地址后，通过把指令最后一个字节有符号的相对偏移量加到 PC 上，计算出转移的目标地址。如果第一操作数（无符号整数）小于第二操作数（无符号整数），则进位标志位 Cy 置位，否则 Cy 清为 "0"，相等则按顺序继续执行下一条指令。指令运行后不影响任何一个操作数的内容。操作数有寄存器寻址、直接寻址、寄存器间接寻址和立即寻址等方式。

```
CJNE  A,direct,rel    ; (A)=(direct),(PC)←(PC)+3, Cy←0
                      ; (A)>(direct),(PC)←(PC)+rel+3,Cy←0
                      ; (A)<(direct),(PC)←(PC)+rel+3,Cy←1
CJNE  A,#data,rel     ; (A)=data,(PC)←(PC)+3,Cy←0
                      ; (A)>(data),(PC)←(PC)+rel+3,Cy←0
                      ; (A)<(data),(PC)←(PC)+rel+3,Cy←1
CJNE  Rn,#data,rel    ; (Rn)=data,(PC)←(PC)+3,Cy←0
                      ; (Rn)>(data),(PC)←(PC)+rel+3,Cy←0
                      ; (Rn)<(data),(PC)←(PC)+rel+3,Cy←1
CJNE  @Ri,#data,rel   ; ((Ri))=data,(PC)←(PC)+3,Cy←0
                      ; ((Ri))>(data),(PC)←(PC)+rel+3,Cy←0
                      ; ((Ri))<(data),(PC)←(PC)+rel+3,Cy←1
```

（3）减 1 不为 0 转移指令

这组指令将源操作数（Rn，direct）减 1，结果送回到源操作数寄存器或存储器中去。如果结果不为 0 则转移。源操作数有寄存器寻址和直接寻址方式。允许程序员把内部 RAM 单元用作程序循环计数器。

```
DJNZ  Rn,rel          ; (Rn)←(Rn)-1
                      ; 若(Rn)=0,则(PC)←(PC)+2
                      ; 若(Rn)≠0,则(PC)←(PC)+2+rel
DJNZ  direct,rel      ; (direct)←(direct)-1
                      ; 若(direct)=0,则(PC)←(PC)+3
                      ; 若(direct)≠0,则(PC)←(PC)+3+rel
```

【例 3-25】 若 (R5)=01H, (R6)=00H, (R7)=02H，则执行下面的程序段后，程序转到哪里？

```
DJNZ    R5,LOOP1
DJNZ    R6,LOOP2
DJNZ    R7,LOOP3
```

执行第一条指令后 (R5) = 0，程序不转移，顺序执行第二条指令。执行第二条 DJNZ 后，(R6) = 0FFH≠0，因此程序跳转到标号为 LOOP2 处继续执行。

3．子程序调用和返回指令

（1）短调用指令

这是 2 KB 范围内的调用子程序的指令。执行时先把 PC 加 2 获得下一条指令地址，把此子程序返回地址压入堆栈中保护，即栈指针 SP 加 1，PCL 进栈，SP 再加 1，PCH 进栈。最后把 PC 的高 5 位和 addr11 连接获得子程序入口地址并送入 PC，转向执行子程序。所调用的子程序地址必须与 ACALL 指令下一条指令的第一个字节在同一个 2 KB 区内，否则将引起程序转移混乱。如果 ACALL 指令正好落在区底的两个单元内，程序就转移到下一个区中去了。因为在执行调用操作之前 PC 先加了 2。目标地址的形成方法与绝对转移指令 AJMP 相同。指令的执行不影响标志。

```
ACALL   addr11      ; (PC)←(PC)+2
                    ; (SP)←(SP)+1,((SP))←(PC)₇~(PC)₀
                    ; (SP)←(SP)+1,((SP))←(PC)₁₅~(PC)₈
                    ; (PC)₁₀~(PC)₀←addr11
```

$$(PC) \leftarrow (PC)+2$$
$$(SP) \leftarrow (SP)+1, ((SP)) \leftarrow (PC)_7 \sim (PC)_0$$
$$(SP) \leftarrow (SP)+1, ((SP)) \leftarrow (PC)_{15} \sim (PC)_8$$
$$(PC)_{10} \sim (PC)_0 \leftarrow addr11$$

（2）长调用指令

```
LCALL   addr16
```

$$(PC) \leftarrow (PC)+3$$
$$(SP) \leftarrow (SP)+1, ((SP)) \leftarrow (PC)_7 \sim (PC)_0$$
$$(SP) \leftarrow (SP)+1, ((SP)) \leftarrow (PC)_{15} \sim (PC)_8$$
$$(PC) \leftarrow addr16$$

这条指令无条件地调用位于指定地址的子程序。为实现子程序调用，该指令共完成两项工作。第一项是断点保护，断点保护是自动完成的，即把加 3 后的 PC 值自动送入堆栈区保护起来，待子程序返回时再送回 PC；第二项是构造目的地址，即把指令中提供的 16 位子程序入口地址送入 PC。LCALL 指令可以调用 64 KB 范围内程序存储器中的任何一个子程序，执行后不影响任何标志位。

（3）子程序的返回指令

```
RET
```

$$(PC)_{15} \sim (PC)_8 \leftarrow ((SP)), (SP) \leftarrow (SP)-1$$
$$(PC)_7 \sim (PC)_0 \leftarrow ((SP)), (SP) \leftarrow (SP)-1$$

这组指令的功能是从堆栈中退出 PC 的高位和低位字节，把堆栈指针减 2，从 PC 值开始继续执行程序，不影响任何标志位。

（4）中断返回指令

```
RETI
```

$$(PC)_{15} \sim (PC)_8 \leftarrow ((SP)), (SP) \leftarrow (SP)-1$$
$$(PC)_7 \sim (PC)_0 \leftarrow ((SP)), (SP) \leftarrow (SP)-1$$

这条指令的功能和 RET 指令相似，不同的是清除 MCS-51 内部的中断状态标志。

4．空操作指令

```
NOP
```

空操作指令也算一条控制指令，只执行 (PC)←(PC) + 1 的操作。控制 CPU 不作任何操作，只消耗一个机器周期。

3.3.5　位操作指令

MCS-51 单片机内部有一个位处理器，对位地址空间具有丰富的位操作指令。位操作指令的操作数是字节中的某一位，每位取值只能是 0 或 1，故又称为布尔变量操作指令。布尔处理器的累加器 Cy 在指令中可简写成 C。

1．数据位传送指令

```
MOV  C,bit              ; (C)←(bit)
MOV  bit,C              ; (bit)←(C)
```

这组指令的功能是把由源操作数指出的位变量送到目的操作数指定的单元中去。其中一个操作数必须为位累加器，另一个操作数是位地址。不影响其它寄存器或标志位。

【例 3-26】数据位传送指令应用示例。

```
MOV  C,06H              ; C←(20H).6
```

注意：这里的 06H 是位地址，20H 是内部 RAM 的字节地址。

2．位变量修改指令

```
CLR  C                  ; (Cy)←0
CLR  bit                ; (bit)←0
CPL  C                  ; (Cy)←(Cy̅)
CPL  bit                ; (bit)←(bit̅)
SETB C                  ; (Cy)←1
SETB bit                ; (bit)←1
```

这组指令将操作数指出的位清 "0"、取反、置 "1"，不影响其它标志位。

3．位变量逻辑与指令

```
ANL  C,bit              ; (Cy)←(Cy)∧(bit)
ANL  C,bit̅              ; (Cy)←(Cy)∧(bit̅)
```

这组指令的功能是：如果源操作位的布尔值是逻辑 "0"，则进位标志位清 "0"，否则进位标志保持不变。操作数上的横杠 "—" 表示用寻址位的逻辑非操作源值，但不影响源位本身的值，也不影响其它标志位。源操作数只有直接位寻址方式。

4．位变量逻辑或指令

```
ORL  C,bit              ; (Cy)←(Cy)∨(bit)
ORL  C,bit̅              ; (Cy)←(Cy)∨(bit̅)
```

这组指令的功能是：如果源位的位值为 "1"，则进位标志位置位，否则进位标志位保持原来状态。操作数上的横杠 "—" 表示逻辑非。

5．条件转移类指令

```
JC   rel                ; 若(Cy)=1,则(PC)←(PC)+2+rel
                        ;   (Cy)=0,则(PC)←(PC)+2
JNC  rel                ; 若(Cy)=0,则(PC)←(PC)+2+rel
                        ;   (Cy)=1,则(PC)←(PC)+2
JB   bit,rel            ; 若(bit)=1,则(PC)←(PC)+3+rel
                        ;   (bit)=0,则(PC)←(PC)+3
```

```
      JNB  bit,rel                  ;若(bit)=0,则(PC)←(PC)+3+rel
                                    ;  (bit)=1,则(PC)←(PC)+3
      JBC  bit,rel                  ;若(bit)=0,则(PC)←(PC)+3
                                    ;  (bit)=1,则(PC)←(PC)+3+rel,(bit)←0
```

【例 3-27】有一个温度控制系统,采集的温度值放在累加器 A 中,此外,在内部 RAM 54H 单元存放温度下限值,在 55H 单元存放温度上限值。若温度大于上限值,程序转向 JW(降温处理程序);若温度小于下限值,则程序转向 SW(升温处理程序);若温度介于上、下限之间,则程序转向 FH。

实现该控制系统的程序片段如下:

```
            CJNE  A,55H,LOOP1
            AJMP  FH
LOOP1:      JNC   JW              ;若(Cy)=0,表明温度大于上限值,转降温处理程序
            CJNE  A,54H,LOOP2
            AJMP  FH
LOOP2:      JC    SW              ;若(Cy)=1,表明温度小于下限值,转升温处理程序
    FH:     RET                   ;温度介于上、下限之间,返回主程序
```

以上详细地介绍了 MCS-51 指令系统,深刻理解和熟练掌握这些内容是应用 MCS-51 系列单片机的重要前提。

3.4 汇编语言程序设计

学习了一种计算机的指令系统以后,便可以开始试编或练习分析别人已编制的该计算机的汇编语言程序。汇编语言程序设计在整个单片机系统中占有非常重要的地位,程序设计的优劣程度会对系统的存储容量和工作效率造成比较大的影响,因此,本节内容是本书软件部分的关键,至于编程技巧应通过实践积累经验,并不断提高。所谓程序设计,就是人们把欲解决的问题用计算机能接受的语言,按一定的步骤描述出来。在接触比较完整的程序段之前,读者还须先知道汇编语言源程序的书写格式和伪指令。

3.4.1 汇编语言源程序的格式

汇编语言是在机器语言的基础上发展起来的一种程序设计语言,由助记符、关键字和伪指令组成,人们很容易理解、阅读和记忆。由于这种语言的指令系统都是由特定意义的符号组成,所以,有时也称为符号语言。采用汇编语言编写的源程序不能直接在机器上运行,必须经过汇编程序翻译成机器语言程序(即目标代码)后才能运行。这个翻译的过程称为汇编。

汇编语言是一种面向机器的程序设计语言,所以,它是一种底层的语言。采用汇编语言编写程序,可以直接操作计算机系统内的很多硬件,且实时性很强,这是很多高级语言不能做到的。采用 MCS-51 系统的汇编语言指令系统,用户能够很容易地操作单片机内部的数据存储器单元和内部的工作寄存器,这能使用户合理分配和充分利用计算机内部的可用资源。所以,计算机发展到今天,用汇编语言编写程序仍然是实用小型系统中最广泛使用的方法。

运用汇编语言编写的源程序,只有经过汇编变成机器语言,才能被计算机识别和执行。完成由汇编语言到机器代码的翻译有两种方法,其一是当编好源程序后,根据指令表格每一

条指令人工翻译成对应的机器代码，向机器输入机器码，这个过程叫做人工汇编；其二是把汇编语言编写的源程序直接输入到计算机中，由计算机中一个软件将汇编语言源程序翻译成机器代码，这个软件叫汇编程序，这个过程叫机器汇编。为了让机器能够识别和正确进行汇编，编写源程序必须严格遵循汇编语言的格式和语法规则。

汇编语言是面向机器的，因此，语言格式因机器不同而不同。对 MCS-51 系统来说，汇编语言中每条语句的格式包括下列 4 项内容：

　　标号: 操作码　操作数;注释

汇编语句中，标号和操作码要用冒号"："隔开；操作码和操作数之间的分隔符是空格，多个操作数之间用"，"分隔；操作数与注释之间用"；"分隔；操作码是必选项，其余都是可选项，即任何语句都必须包含操作码，其它部分因语句不同而不同。

标号一般用来作为一条指令或一段程序的标记，实际又是这条指令或这段程序的符号地址。标号通常由 1～8 个字符组成，第一个字符必须是英文字母，随后的可以是字母或数字。没有必要每条指令前都采用标号，为了便于编程或阅读程序，一般在一段程序的入口处给予标号，即起始地址要给予标号，在作为转移目标地址的指令前也应给予标号，另外，用户编程时，绝对不允许把指令的关键字、寄存器符号及伪指令字符作为语句的标号，以避免机器将标号作为指令来处理，从而使汇编过程出现错误。还有，同一标号在同一程序单位中只能出现一次。

操作码用指令的英文缩写表示，便于辨识指令的功能，也便于记忆，称为助记符。操作码用于指示计算机进行何种操作，因此，是任何一条语句中的必选项。

操作数是参与该指令操作的数据或操作数所在的地址。少数指令没有操作数，多数指令有 1～3 个操作数。

注释是对程序的解释或说明。必要的注释有助于程序的理解、阅读和交流。汇编程序对注释段将不作任何处理。

除了上面这 4 项内容外，有的汇编语言程序在标号的前面还有两项内容，依次为每条指令在程序存储器中的存储单元地址与机器码。

汇编语言语句一般分为指令性语句和指示性语句两类。其中，指令性语句是采用助记符构成的汇编语言语句，必须符合汇编语言的语法规则。对于 MCS-51 单片机系统来说，指令性语句一共有 111 条，数量较多，是汇编语言语句的主体，也是进行汇编语言源程序设计所使用的基本语句，指令性语句在汇编时都能产生与之对应的机器码，供 CPU 识别，从而执行相应的功能。

下面讨论构成汇编语言的另外一类语句——指示性语句。

指示性语句又称为伪指令语句，简称伪指令。伪指令不是真正的指令，虽然与指令的形式类似，但在汇编时不产生供 CPU 执行的任何机器代码。伪指令是在机器汇编时供汇编程序识别和执行的命令，用于在汇编过程中对数据的存储环境或汇编实施一定的控制。

在 MCS-51 单片机系统中，常用的伪指令共有 8 条。

1. ORG 伪指令

ORG 伪指令称为起始汇编伪指令，一般用于汇编语言源程序或某数据块的开头，格式为：

　　[标号]: ORG　16 位的地址或标号

格式中的"标号"为可选项，一般情况下省略。汇编过程中，机器检测到该语句时，便确认了汇编的起始地址，然后把 ORG 伪指令下一条指令的首字节机器码存入 16 位的地址或标号所指示的存储单元内，其它的后续指令字节或数据连续依次存入后面的存储单元中，如下面的程序段所示：

```
      ORG   3000H
START: MOV   A,#45H      ;机器码占两个字节,分别为 74H 和 45H
      MOV   R0,A         ;机器码为 0F8H
      END
```

ORG 伪指令规定了 START 标号地址为 3000H，则第一条指令及其后续指令汇编后的机器码便从 3000H 单元开始存放。即 3000H 单元存放 74H，3001H 单元存放 45H，3002H 单元存放 0F8H，依此类推。

2．END 伪指令

END 伪指令称为汇编结束伪指令，经常用在汇编语言源程序的末尾，用来指示源程序结束汇编的位置，即表明程序的结束。一般格式为：

```
[标号]: END
```

上述格式中，标号除非特别需要，否则一般情况下省略。汇编程序检测到该语句时，认为汇编语言源程序已经结束，END 后面的指令语句将不被汇编成机器码，因此，一个汇编语言源程序可能由几个程序单位组成，包括主程序和若干个子程序，但只能有一个 END 语句，它在所有程序单位的最末尾。

3．EQU 伪指令

EQU 伪指令称为赋值伪指令，用于为左边的"字符名"赋值。此伪指令的格式为：

```
字符名   EQU   数据或汇编符号
```

汇编过程中，EQU 伪指令被汇编程序识别，然后自动将 EQU 后面的"数据或汇编符号"赋给左边的"字符名"，即以数据或汇编符号取代字符名称。用 EQU 定义的字符必须先定义后使用，这些被定义的字符名称，在程序中就可以作为一个数据，也可以作为一个地址，所以，被赋的值可以是 8 位的数据或地址，也可以是 16 位的数据或地址。

例如，下面的程序语句在汇编时都认为是合法的：

```
      ORG    0000H
REG   EQU    R7
HT1   EQU    20H
DISP  EQU    2000H
      MOV    R,#HT1      ; 把立即数 20H 送入 R1 中
      MOV    A,REG       ; 把 R7 的内容送入 A 中
      LCALL  DISP        ; 调用首地址为 2000H 的子程序
      END
```

如上所示，REG 赋值后当作寄存器 R7 来用，HT1 被赋为一个 8 位数据，在程序中用作立即数，DISP 被赋成 16 位的地址。

注意：使用 EQU 伪指令时应注意以下几点。

（1）"字符名"不是标号，故它和 EQU 之间不能用"："隔开。

（2）"字符名"必须先赋值后使用，因此 EQU 伪指令通常放在源程序的开头。

4. DATA 伪指令

DATA 伪指令称为数据地址赋值伪指令，它用来为左边的"字符名"赋值。其一般格式为：

```
字符名   DATA   数据或表达式
```

此伪指令的功能与 EQU 伪指令的功能类似，可把右边"表达式"的值赋给左边的"字符名"，这里的表达式既允许是一个数据或地址，也可以是包含被定义的"字符名"在内的表达式，但不能是汇编符号，如 R0～R7 等。

```
        ORG    2000H
INDAT   DATA   8000H
        LCALL  INDAT            ;调用 8000H 子程序
        END
```

汇编后 INDAT 的值为 8000H。

另外，使用 DATA 伪指令时，还应注意它与 EQU 伪指令的区别：DATA 定义的字符名称作为标号登记在符号表中，故可先使用后定义；而 EQU 定义的字符名必须先定义后使用，其原因是 EQU 不定义在符号表中。所以，DATA 伪指令可以放在源程序的开头或结尾，也可以放在程序的其它位置，比 EQU 伪指令要灵活。

5. BIT 伪指令

BIT 伪指令称为位地址符号伪指令，用来为符号形式的位地址赋值，此伪指令的格式为：

```
字符名   BIT   位地址
```

BIT 伪指令的功能含义是：将右边的"位地址"赋给左边的"字符名"。

例如：

```
A1    BIT    30H
A2    BIT    P1.7
```

则汇编后，位地址 30H、P1.7 分别赋给标号段的字符 A1、A2，在编程过程中可将字符 A1、A2 当位地址使用。

注意：有些汇编程序不允许使用 BIT 伪指令，用户只能用 EQU 伪指令定义位地址变量，但是用这种方式定义时，EQU 语句右边只能是实际的物理地址，而不能是符号位地址。例如，上面程序中定义 A2 所代表的位地址，用 EQU 语句只能写成如下形式：

```
A2    EQU    97H
```

6. DB 伪指令

DB 伪指令称为定义字节伪指令，它的功能是从指定单元开始定义（存储）若干个字节的数据或字符，字符若用引号括起来则表示 ASCII 码。其一般格式为：

```
标号: DB   字节常数或字符
```

其中，标号为可选项，伪指令的含义是把右边"字节常数或字符"中的数据依次存入以左边标号地址起始的程序存储器中。"字节常数或字符"可以是一个 8 位二进制数，也可以是一串 8 位二进制数。此时，二进制数之间要用逗号隔开，8 位二进制数有二、十、十六进制和 ASCII 码等多种表示形式。

例如：

```
        ORG   8000H
TABLE:  DB    78H,100,00110101B,'A','9',-1
```

这里数据块的首地址由 ORG 伪指令定义，即 TABLE = 8000H，汇编后则有：

```
(8000H)=78H
(8001H)=64H
(8002H)=35H
(8003H)=41H
(8004H)=39H
(8005H)=0FFH
```

由 DB 伪指令确定单元地址有两种方法：

（1）若 DB 伪指令是在其它源程序之后，则源程序的最后一条指令地址之后就是 DB 定义的数据或数据表格地址。

（2）由 ORG 伪指令定义数据块首地址。

7. DW 伪指令

DW 伪指令称为定义字伪指令，其功能为在程序存储器中从指定单元开始，定义若干个字，一个字相当于两个字节。此伪指令的一般格式为：

标号： DW   字常数或字表

其中，"标号"为可选项。DW 伪指令与 DB 伪指令的功能类似，区别仅在于 DB 定义的是字节，DW 定义的是字，即 2 个字节。

例如：

```
    ORG 1000H
TB:  DW  6754H, 7AH,12
```

上面的程序汇编后，从 1000H 起始的单元中，依次存放如下数据：

```
(1000H) = 67H
(1001H) = 54H
(1002H) = 00H
(1003H) = 7AH
(1004H) = 00H
(1005H) = 0CH
```

8. DS 伪指令

DS 伪指令称为定义存储空间伪指令，其一般格式为：

标号： DS   表达式

其中，"标号"为可选项，"表达式"一般为一个数值，DS 伪指令的含义是指示汇编程序从它的标号地址（或实际物理地址）起留出一定量的内存空间。

例如：

```
    ORG    8000H
SPP: DS    10
    DB    30H,56H
```

上述源程序在汇编过程中，汇编程序遇到 DS 伪指令时，自动从 SPP 标号地址开始留出 10 个地址单元，即 8000H～8009H 单元保留备用。因此，30H 应放在 SPP 起始的第 11 个单元中，即 (800AH) = 30H、(800BH) = 56H。

3.4.2 MCS-51 单片机汇编语言程序设计举例

1. 简单程序设计

程序的简单和复杂只是相对而言，这里所说的简单是一种顺序执行的程序。简单程序从第一条指令开始依次执行每一条指令，直到程序执行完毕，中间没有转移指令，没有分支，只有一个入口和一个出口。这种程序虽然比较简单，但它是复杂程序的基础。

【例 3-28】将一个字节内的两位压缩 BCD 码拆开并转换成相应的 ASCII 码，存入两个 RAM 单元中。

分析：设两位压缩 BCD 码已放在内部 RAM 的 20H 单元中，转换后的 ASCII 码放在 21H 和 22H 单元中。根据 ASCII 码表，字符 0~9 对应的 ASCII 码为 30H~39H。因此，转换时，只需把 20H 单元中两位压缩 BCD 码拆开后，将 BCD 的高 4 位置成 "0011" 即可，相应程序如下：

```
ORG    1000H
MOV    R0,#20H
MOV    A,@R0           ; 两位 BCD 码送入 A
PUSH   ACC
ANL    A,#0FH          ; 取低位 BCD 码
ORL    A,#30H          ; 完成低位转换
INC    R0
MOV    @R0,A           ; 低位 BCD 码的转换结果存入 21H 单元中
POP    ACC
ANL    A,#0F0H         ; 取高位 BCD 码
SWAP   A
ORL    A,#30H          ; 完成高位转换
INC    R0
MOV    @R0,A           ; 存数
SJMP   $               ; 结束
END
```

这种转换也可借用除法指令一次完成。将两位压缩 BCD 码除以 10H 取余，就相当于右移 4 位而得到商，即在 A 中留下高位 BCD 码，而余数即低位 BCD 码则进入 B 寄存器，从而完成拆字，然后再在高位添上 0011B，即可完成转换，相应程序如下：

```
ORG    1000H
MOV    A,20H
MOV    B,#10H
DIV    AB
ORL    A,#30H
MOV    22H,A
ORL    B,#30H
MOV    21H,B
SJMP   $
END
```

【例3-29】将8位无符号二进制数转换成三位压缩BCD码。

分析：将被转换数除以 100（64H），得到的商就是百位的 BCD 码，然后再把余数除以 10（0AH），得到的商就是十位的 BCD 码，余数即为个位的 BCD 码。设被转换数存放在累加器 A 中，结果存入 20H 和 21H 单元中。单元参考程序如下：

```
ORG     1000H
MOV     B,#100          ; 除数为100
DIV     AB              ; 确定百位数
MOV     20H,A
MOV     A,#10
XCH     A,B
DIV     AB              ; 确定个位数和十位数
SWAP    A
ORL     A,B
MOV     21H,A
SJMP    $
END
```

另外一种算法则是连续除以 10，也就是先除以 10，余数则为个位数，再将商除以 10 可得百位数（商）和十位数（余数）。

2. 分支程序设计

在一个实际的应用程序中，程序不可能始终是顺序执行的，通常需根据实际问题中给定的条件，判断条件是否满足，从而产生一个或多个分支，以决定程序的流向。分支程序的特点就是程序中含有转移指令。根据不同的条件，条件分支程序执行不同的程序段。MCS-51 中直接用来判断分支条件的指令有 JZ、JNZ、CJNE、JC、JNC、JB、JNB 等。正确合理地运用条件转移指令是编写条件分支的关键。

【例3-30】设变量 X 存放在 R2 中，函数值 Y 存放在 R3 中，试按照下式的要求给 Y 赋值：

$$Y = \begin{cases} X+1 & X > 20 \\ 0 & 20 \geq X \geq 10 \\ -1 & X < 10 \end{cases}$$

分析：这是一个 3 分支的条件转移程序，可采用 CJNE 和 JC 或 JNC 指令进行判断。程序流程图如图 3-9 所示。

```
        ORG     0500H
        MOV     A,R2            ; (A)←自变量
        CJNE    A,#10,L1        ; (A)与10比较
L1:     JC      L2              ; 若X<10,则转到L2
        ADD     A,#01H
        MOV     R3,A            ; 设X>20,Y=1
        CJNE    A,#21,L3
L3:     JNC     L4              ; X>20,则转到L4
        MOV     R3,#0           ; 20≥X≥10,Y=0
        SJMP    L4
L2:     MOV     R3,#0FFH
L4:     SJMP    $
        END
```

【例 3-31】设内部 RAM 的 20H、21H 两个单元中存放两个无符号数,试比较它们的大小,并将较大者存入 20H 单元中,较小者存入 21H 单元中。

分析:两个无符号数的比较可将两数相减后的 Cy 标志作为判断标志,若 Cy=1,则被减数小于减数。程序流程图如图 3-10 所示。

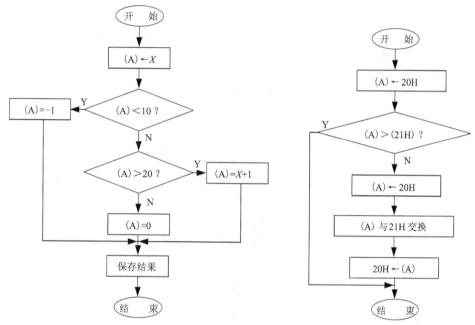

图 3-9　例 3-30 程序流程图　　　　图 3-10　例 3-31 程序流程图

相关程序如下:

```
        ORG    1000H
        CLR    C
        MOV    A,20H
        SUBB   A,21H
        JNC    MAX          ; 若(20H)大,则转移
        MOV    A,20H
        XCH    A,21H
        MOV    20H,A
MAX:    SJMP   MAX
        END
```

以上程序都是根据判断某一条件成立与否而使程序转向两个分支。有时,需要根据某种输入或运算的结果,分别转向多个处理程序。这种程序设计的方法也称为散转程序设计。使用 MCS-51 指令"JMP　@A+DPTR",可以很容易地实现散转功能。

【例 3-32】N 路分支程序,设 $N \leqslant 255$,根据程序运行中产生的 R2 值,来决定转向各处理程序。

本题给出两种求解方案。

① 使用转移指令表:如果程序入口和散转表均在 2 KB 范围内,可以使用散转指令实现转移。

(R2) = 0,转向 PRG0。

(R2) = 1,转向 PRGl。

(R2) = n,转向 PRGn

程序如下：

```
              MOV    DPTR,#TAB          ; 表首地址
              MOV    A,R2               ; 输入标志单元号
              ADD    A,R2               ; 乘2与转移指令双字节相对应
              JNC    NADD
              INC    DPH                ; (R2)×2>256
NADD:         JMP    @A+DPTR
TAB:          AJMP   PRG0               ; TAB表中存放的是短跳转指令"AJMP"的机器码
              AJMP   PRG1
              AJMP   PRGn
```

这个程序由于使用了 AJMP 指令，因此所有的处理程序入口 PRG0、PRG1、…、PRGn 和散转表 TAB 都必须在同一个 2 KB 范围内。若改用长转移 LJMP 指令，则入口地址可安排在 64 KB 程序存储器的任何一个区域。

这个散转程序使用的 AJMP 指令为 2 字节指令，所以存放在 R2 中的标志号需要乘以 2 才能保证正确地实现散转。若使用 3 字节的 LJMP 指令，存放在 R2 中的标志号需要乘以 3。如果(R2)乘以 3 大于 255，则需要修改 DPTR 的高 8 位的值。

② 使用转向地址表实现 64 KB 范围的多分支转移。

当转向范围较大时，可以把各处理程序的入口地址直接存放在转向地址表中，通过查表直接得到各个转向程序的入口，把它存放在 DPTR 中，然后累加器 A 清"0"，再用"JMP @A+DPTR"指令直接转向相应的处理程序。参考程序如下：

```
              MOV    DPTR,#TABLE
              MOV    A,R2
              ADD    A,R2
              JNC    NADD
              INC    DPH
NADD:         MOV    R3,A               ; 暂存
              MOVC   A,@A+DPTR
              XCH    A,R3               ; 转移地址高8位
              INC    A
              MOVC   A,@A+DPTR
              MOV    DPL,A              ; 转移地址低8位
              MOV    DPH,R3
              CLR    A
              JMP    @A+DPTR
TABLE:        DW     PRG0               ; 表中存放的是转向程序的入口地址
              DW     PRG1
              DW     PRGn
PRG0:         …
PRGn:         …
```

用这种方法可以实现 64 KB 范围内的转移，但散转数 N 应小于 256。如 N 大于 256 则应采用双字节加法运算来修改 DPTR。

3. 循环程序设计

前面介绍的简单程序和分支程序中，每条指令一般执行一次。而在一些实际应用中，往往某一种操作要重复执行多次，这种有规可循又反复处理的问题，可采用循环结构的程序来

解决。通过使用循环程序，重复执行同一条指令许多次来完成重复操作，就大大简化了程序。重复次数越多，运行效率越高。循环程序一般由以下几部分组成。

（1）循环初始化部分：循环初始化程序段位于循环程序的开头，用于对各循环变量、其它变量和常量赋初值，以完成循环前的准备工作。

（2）循环体部分：这部分由重复执行部分和循环控制部分组成，这部分是循环程序的主体。循环程序重复执行的部分，要求编写得尽可能简洁，以提高程序的执行速度。循环控制也在循环体内，由修改循环控制变量和条件转移语句等组成，用于控制循环执行的次数。

（3）循环结束部分：这部分程序用于存放执行循环程序所得结果以及恢复各单元的初值。

循环程序的关键是对各循环变量的修改和控制，尤其是循环次数的控制。一般在循环次数已知的情况下，用计数方法控制循环的终止。在循环次数未知时，往往需要根据问题给定的某种条件判断是否终止循环。

【例 3-33】在内部 RAM 的 20H～2FH 连续 16 个单元中存放单字节无符号数，求 16 个无符号数之和。

解：这是重复相加问题。16 个单字节数的和最大不会超过两个字节，设和存放在 31H、30H 中。用 R0 作加数指针，R7 作循环次数计数器。程序流程图如图 3-11 所示。

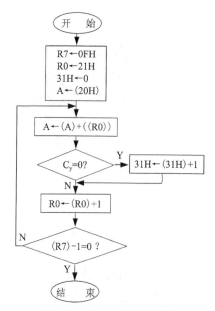

图 3-11　例 3-33 程序流程图

```
        ORG   1000H
        MOV   R7,#0FH
        MOV   R0,#21H
        MOV   31H,#00H
        MOV   A,20H
LOOP1:  ADD   A,@R0
        MOV   30H,A
        JNC   LOOP2
        INC   31H
LOOP2:  INC   R0
        DJNZ  R7,LOOP1
        SJMP  $
        END
```

对多字节的加法，同样存在最高位的进位问题。如果最高位有进位，则和的字节数要比加数或被加数的字节数多一个。

【例 3-34】试编写程序统计从片内 RAM 的 20H 单元起 16 个单元中所存放的"0"的个数。

参考程序如下：

```
        ORG   1000H
        MOV   R0,#20H
        MOV   R7,#16
        MOV   R2,#00H
```

```
TOG:      MOV   R6,#08H
          CLR   C
          MOV   A,@R0
TOG1:     RLC   A
          JC    TOG2          ; 如判断该位为"1",则转去判断下一位
          INC   R2            ; 判断该位为"0",则计数器加1
TOG2:     DJNZ  R6,TOG1       ; 判断一个字节是否统计完
          INC   R0
          DJNZ  R7,TOG        ; 判断16个字节是否统计完
STOP:     SJMP  STOP
```

【例3-35】设计一个软件延时子程序，延时时间为10 ms。设晶振频率为6 MHz。

分析：延时程序的延时时间主要与两个因素有关，一个是所用晶振，一个是延时过程中的循环次数。一旦晶振确定之后，则主要是如何设计与计算给定的延时循环次数。本题已知晶振为6 MHz，则可知一个机器周期T为2 μs。用双重循环即可实现10 ms的延时。源程序如下：

```
          ORG   1000H         ; 机器周期数
          MOV   R6,#0AH        ; 1T
DL2:      MOV   R7,#XUTH       ; 1T
DL1:      NOP                  ; 1T
          NOP                  ; 1T
          DJNZ  R7,DL1         ; 2T
          DJNZ  R6,DL2         ; 2T
          RET                  ; 2T
```

内循环的初值尚需计算。因为各条指令的执行时间是确定的，需要延时的总时间也已确定，所以XUT可计算如下：

$$(1 + 1 + 2) \times 2 \times XUT = 1\,000 \text{ μs}$$

$$XUT = 125 = 7DH$$

因此，用7DH代替上述程序中的XUT，则该程序执行后，能实现10 ms的延时。

若考虑其它指令的时间因素，则该程序的精确延时时间应计算如下：

$$2 \times 1 + \{(1 + 2) \times 2 + (1 + 1 + 2) \times 2 \times 125\} \times 10 + 2 \times 2 = 10\,066 \text{ μs}$$

若需要延时更长时间，可采用更多重的循环。如1 s延时可用3重循环，而7重循环可延时1年。

【例3-36】试编写压缩BCD码减法运算程序。

分析：MCS-51指令系统中只有十进制加法调整指令"DA A"。该指令只有紧跟在加法指令（ADD、ADDC）后才能得到正确的结果。为了使用"DA A"指令对十进制减法进行调整，必须采用对减数求补相加的方法。设被减数低字节地址存放在R1中，减数低字节地址存放在R0中，字节数存放在R2中，差的低字节地址存放在R0中，差的字节数存放在R3中。

程序如下：

```
          ORG    3000H
SUBCD:    MOV    R3,#00H       ; 差字节数存放单元清"0"
          SETB   C             ; Cy置"1"
SUBCD1:   MOV    A,#00H
          ADDC   A,#99H        ; 减数对模100求补
          SUBB   A,@R0
          ADD    A,@R1         ; 补码相加
```

```
        DA      A
        MOV     @R0,A                   ; 存结果
        INC     R0
        INC     R1
        INC     R3
        DJNZ    R2,SUBCD1               ; 未减完转向 SUBCD1,减完向下执行
        JC      SUBCD2                  ; 无借位返回主程序,否则继续
        SETB    F0H                     ; 有借位,符号位置"1"
SUBCD2: RET
        END
```

4. 查表程序设计

查表程序是根据查表算法设计的。所谓查表法,即对一些复杂的函数运算,如对数、指数、三角函数运算等,事先把其可能范围的答案按一定规律编成表格存放在计算机的程序存储器中,当程序中需要用到这些函数时,可根据输入的参数值,从表中取得结果。这种方法节省了运算步骤,使程序更简便、执行速度更快。尤其是在非数值计算的处理上,利用查表法可完成数据补偿、计算和转换等功能。在控制应用场合或在智能仪器仪表中,经常使用查表法。采用 MCS-51 汇编语言查表非常方便,它有两条专门的查表指令:

```
MOVC    A,@A+DPTR
MOVC    A,@A+PC
```

第一条查表指令采用 DPTR 存放数据表格的地址,查表过程比较简单。查表前需要把数据表格的首地址存入 DPTR,然后把所要查得的数在表中相对表的首地址的偏移量送入累加器 A,最后使用 "MOVC A, @A+DPTR" 指令完成查表。该指令可灵活设置数据地址指针 DPTR 的内容,可在 64KB 程序存储器范围内查表。

采用 "MOVC A, @A+PC" 指令查表,只能查找距本指令 256 个字节范围以内的表格数据,且所需操作也有所不同,可分为 3 步:

(1)用传送指令把所查数据的项数(即在表格中的位置是第几项)送入累加器 A。

(2)使用 "ADD A, #data" 指令对累加器 A 进行修正,data 值由 PC 当前值与数据表的首地址确定,即 data 值等于查表指令和数据表格之间的字节数。

(3)用指令 "MOVC A, @A+PC" 完成查表。

编程时可以方便地利用伪指令 DB 或 DW 把表格的数据存入程序存储器中。

查表程序主要用于代码转换、代码显示、实时值查表计算和按命令号实现转移等。

【例 3-37】设计一个将十六进制数转换成 ASCII 码的子程序。设十六进制数存放在 R0 中的低 4 位,要求将转换后的 ASCII 码送回 R0 中。

本题给出以下两种求解方案。

① 计算求解。由 ASCII 码字符表可知 0~9 的 ASCII 码为 30H~39H,A~F 的 ASCII 码为 41H~46H,因此,计算求解的思路是:若 (R0) ≤ 9,则 R0 的内容只需加 30H;若 (R0)>9,则 R0 的内容需加 37H。相应程序如下:

```
        ORG     1000H
        MOV     A, R0                   ; 取转换值到 A
        ANL     A,#0FH                  ; 屏蔽高 4 位
        CJNE    A,#10,NEXT1
```

```
NEXT1:   JNC    NEXT2              ; 若 A>9,则转向 NEXT2
         ADD    A,#30H             ; 若 A<10,则 A←(A)+30H
         SJMP   DONE
NEXT2:   ADD    A,#37H             ; A←(A)+37H
DONE:    MOV    R0,A               ; 存结果
         SJMP   $
         END
```

② 查表求解。求解时,两条查表指令任选其一。现以"MOVC A,@A+PC"指令为例,给出相应的程序:

```
地址 机器码                    ORG    1000H
1000     E8               MOV    A,R0        ; 取转换值
1001  54 0F               ANL    A,#0FH      ; 屏蔽高 4 位
1003     24 03            ADD    A,#03H      ; 计算偏移量
1005     83               MOVC   A,@A+PC     ; 查表
1006     F8               MOV    R0,A        ; 存结果
1007     80 FE            SIMP   $
1009     30 31 32 33  ASCTAB: DB   30H,31H,32H,33H
100D     34 35 36 37          DB   34H,35H,36H,37H
1011     38 39 41 42          DB   38H,39H,41H,42H
1015     43 44 45 46          DB   43H,44H,45H,46H
                              END
```

本例中,因为"MOVC A,@A+PC"指令与表格首地址相隔 3 个字节,故变址调整值为 3。

【例 3-38】温控系统中,检测的电压与温度成非线性关系,为此要作线性化补偿。测得的电压已由 A/D 转换器转换为 10 位二进制数。根据实验测得的数据构成一个表,表中存放温度值,Y 为输出,采样电压值 X 为输入。X 放在 R2、R3 中,用程序把它转换成线性温度值,仍存放在 R2、R3 中,程序如下:

```
CHAB:  MOV   DPTR,#TAB          ; (DPTR)←表格首地址
       MOV   A,R3              ; (R2R3)←(R2R3)×2
       CLR   C
       RLC   A
       MOV   R3,A
       XCH   A,R2
       RLC   A
       XCH   A,R2
       ADD   A,DPL             ; (DPTR)←(R2R3)+(DPTR)
       MOV   DPL,A
       MOV   A,DPH
       ADDC  A,R2
       MOV   DPH,A
       CLR   A
       MOVC  A,@A+DPTR         ; 查 Y 值高字节
       MOV   R2,A
       CLR   A
       INC   DPTR
       MOVC  A,@A+DPTR         ; 查 Y 值低字节
       MOV   R3,A
       RET
TAB:   DW    …
```

上述查表程序的表格长度不能超过 256 个字节，且表格只能存放于"MOVC A, @A+PC"指令以下 256 个单元中。如果表格的长度超过 256 个字节，且需要把表格放在 64KB 程序存储器空间的任何地方，则在程序中应使用"MOVC A, @A+DPTR"指令。

5. 子程序设计

在较复杂的程序设计中，常常遇到这样的问题：在一个程序中往往有许多相同的运算或相同的操作。这时就可以采用子程序的设计方法。子程序是指完成某一确定任务并能被其它程序反复调用的程序段。采用子程序结构，可使程序简化，提高编程效率，而且程序逻辑结构简单，便于阅读和调试，既节省了程序空间，又可实现程序模块化。

注意：子程序在结构上应具有通用性和独立性，在编写子程序时应注意以下几点。

（1）程序第一条指令的地址称为入口地址，该指令前必须有标号，最好以子程序任务名作为标号，例如显示程序常以 DIR 作为标号。

（2）调用子程序指令设在主程序中，在子程序的末尾一定要有返回指令。一般说来，子程序调用指令和子程序返回指令要成对使用，子程序应只有一个出口。

（3）子程序调用和返回指令能自动保护和恢复断点地址，但对需要保护的寄存器和内存单元的内容，必须在子程序开始和末尾（RET 指令前）安排保护和恢复它们的指令。

（4）调用子程序时，要了解子程序的入口信息和出口信息，即进入子程序前应给哪些变量赋值，子程序返回时结果存在何处，以便主程序应用这些结果。这就是所谓的参数传递。一般称传入子程序的参数为入口参数，由子程序返回的参数为出口参数。

在调用汇编语言子程序时会遇到主程序与子程序之间的参数传递问题。参数传递一般可采用以下方法。

① 传递的数据（参数）通过工作寄存器 R0～R7 或者累加器来传送。即在调用子程序之前把数据送入寄存器或者累加器。调用以后就用这些寄存器或者累加器中的数据进行操作。子程序执行后，结果仍由寄存器或累加器送回。

② 传递地址。数据存放在数据寄存器中，参数传递时只通过 R0、R1、DPTR 传递数据所存放的地址。调用结束时，子程序运算的结果也可以存放在内存单元中，传送回来的也只是放在作指针的寄存器中的地址。

③ 通过堆栈传递参数。调用前先把要传送的参数压入堆栈，进入子程序后，再将压入堆栈的参数弹出到工作寄存器或者其它内存单元。

注意：在调用子程序时，断点处的地址也要压入堆栈，占用两个单元。在弹出参数时，注意不要把断点地址传送出去。另外，在返回主程序时，要把堆栈指针指向断点地址，以便能正确地返回。

④ 通过位地址传送参数。

同一个问题可以采用不同的方法来传递参数，相应的程序也会略有差别。

【例 3-39】用程序实现 $C = a^2 + b^2$。设 a、b 均小于 10。a 存放在 21H 单元，b 存放在 22H 单元，结果 C 存放在 20H 单元。

分析：因为本题中两次用到求平方的运算，因此把求平方的运算编成子程序。依题意编写主程序和子程序如下：

```
        ORG    1000H
MAIN:   MOV    SP,#60H        ; 设堆栈指针
        MOV    A,21H          ; 取 a 值
        LCALL  SQR            ; 求 a²
        MOV    20H,A          ; a² 值送入 20H 单元
        MOV    A,22H          ; 取 b 值
        LCALL  SQR            ; 求 b²
        ADD    A,20H          ; 求 a²+b²
        MOV    20H,A          ; 结果存入 20H 单元
        SJMP   $
        ORG    2000H
SQR:    MOV    B,A            ; 求平方子程序
        MUL    AB
        RET
```

【例 3-40】编写多字节二进制数转换为 BCD 数的程序。

分析：二进制数转换为 BCD 数的一般方法是把二进制数连续除以 10 的各次幂取商法。这种算法在被转换数较大时，需进行多字节除法运算，运算速度较慢，且程序通用性较差。

一般一个二进制数可用多项式表示，若一个二进制数为 n 位，则

$$B = b_{n-1} \times 2^{n-1} + b_{n-2} \times 2^{n-2} + \cdots + b_1 \times 2 + b_0$$

可改写为：

$$B = B \times 2 + b_i$$
$$i = i-1$$

其中：初值 $B = 0$；$i = n-1$；结束条件为 $i < 0$。

根据上述表达式的计算方法画出的程序流程图，如图 3-12 所示。

入口参数：(R0) = 二进制数低位地址，(R20) = 二进制数字节数。

出口参数：(R1) = BCD 数个位地址。

程序如下：

```
        ORG    2000H
        CLR    A
        MOV    30H,R2         ; 暂存二进制数字节数
        MOV    31H,R1         ; 暂存 BCD 数个位地址
        MOV    32H,R0         ; 暂存二进制数低位地址
        INC    R2
BB0:    MOV    @R1,A          ; 清 BCD 数单元
        INC    R1
        DJNZ   R2,BB0
        MOV    A,30H
        MOV    B,#08H
        MUL    AB
        MOV    R3,A           ; 存放二进制数位数
BB3:    MOV    R2,30H         ; 取二进制数字节数
        MOV    R0,32H         ; 取二进制数低位地址
```

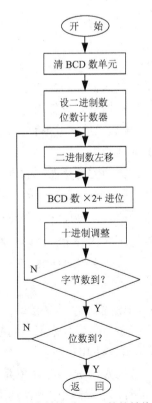

图 3-12　二进制数到 BCD 数的转换流程图

```
        CLR   C
BB1:    MOV   A,@R0
        RLC   A
        MOV   @R0,A
        INC   R0
        DJNZ  R2,BB1              ; 二进制数左移
        MOV   R2,30H
        INC   R2
        MOV   R1,31H
BB2:    MOV   A,@R1
        ADDC  A,@R1              ; BCD 数乘 2
        DA    A
        MOV   @R1, A
        INC   R1
        DJNZ  R2,BB2
        DJNZ  R3,BB3
        RET
```

在这个子程序中，并没有把二进制数直接传送到子程序中，而是把 R0 中的二进制数的存储地址传送到子程序中。在子程序的末尾，转换完的 BCD 数的存放地址也是通过指针 R1 传回主程序。

【例 3-41】在 20H 单元存放着两位十六进制数，编程将它们分别转换成 ASCII 码并存入 21H、22H 单元。

分析：由于要进行两次转换，故可调用子程序来完成。为进一步说明在子程序调用过程中如何利用堆栈，采用堆栈来传递参数。

主程序如下：

```
        ORG   2000H
        MOV   SP,#50H            ; 设堆栈指针初值
        MOV   DPTR,#TAB          ; ASCII 码表头地址送入数据指针
        PUSH  20H                ; 第一个十六进制数进栈
        ACALL HASC               ; 调用转换子程序
        POP   21H                ; 第一个 ASCII 码送入 21H 单元
        MOV   A,20H
        SWAP  A                  ; 高 4 位低 4 位交换
        PUSH  Acc                ; 第二个十六进制数进栈
        ACALL HASC               ; 再次调用转换子程序
        POP   22H                ; 第二个 ASCII 码送入 22H 单元
        SJMP  $
```

子程序如下：

```
        ORG   2200H
HASC:   DEC   SP
        DEC   SP                 ; 修改 SP 到参数位置
        POP   ACC                ; 把待处理参数弹入 A
        ANL   A,#0FH             ; 屏蔽高 4 位
        MOVC  A,@A+DPTR          ; 查表
        PUSH  Acc                ; 参数进栈
        INC   SP                 ; 修改 SP 到返回地址
        INC   SP
        RET
```

```
TAB:    DB      '01234567'
        DB      '89ABCDEF'
        END
```

以上程序是通过堆栈将要转换的十六进制数传送到子程序，子程序转换的结果也是通过堆栈再送回到主程序。在这种参数传送方式中，使用者只需知道子程序入出参数的数目（在本例中各为一个），并在调用前把入口参数压入堆栈，在调用后把返回参数弹出堆栈即可。至于从哪个内存单元压入堆栈，或从堆栈弹出到什么位置则都是随意选择的。

子程序开始的两条 DEC 指令和结束时的两条 INC 指令是为了将 SP 调整到合适的位置，以免将返回地址作为参数弹出，或返回到错误的位置。

如果通过堆栈传送的数据只是一个，则在子程序中通过堆栈交换数据也可以不用 PUSH 和 POP 指令，而用其它方法来达到同样的目的，如以上子程序可以改为：

```
HASC:   MOV     R0,SP               ; 用 R0 代替 SP 指针
        DEC     R0
        DEC     R0                  ; 指向参数位置
        MOV     A,@R0               ; 取出参数到 A
        ANL     A,# 0FH
        MOVC    A,@A + DPTR         ; 查表
        MOV     @R0,A               ; 查表结果送回堆栈
        RET
        END
```

在这个子程序中，用 R0 代替堆栈指针 SP 进行参数的进栈和出栈操作，而实际的 SP 位置并未改变。因此，在退出子程序前不必做 (SP)←(SP) + 2 的操作，整个程序的指令数和指令字节数都可以减少，但要在返回主程序后，将堆栈中已无用的数据清除。

上面对常用的各种编程方法作了比较详细的介绍，并对各种方法举例进行了说明。但要想真正掌握汇编语言程序设计的方法和技巧，必须经过大量的练习和实践，也只有这样才能提高解决实际问题的能力。

习 题 三

1. 什么是指令系统？MCS-51 指令系统有几种寻址方式？

2. 简述 MOVX 和 MOVC 指令的异同点。

3. MCS-51 汇编语言的主要伪指令有几条？它们分别具有什么功能？

4. 判断下列指令是否合乎规定，并说明理由。

```
MOV   R2,R7
MOV   A,@R2
DEC   DPTR
CPL   2FH
MOV   20H.7,F0
PUSH  DPTR
MOV   PC,#2000H
```

5. 下述程序执行后，SP=？A=？B=？解释每条指令的作用。

```
ORG   2000H
MOV   SP,#40H
```

```
        MOV     A,#30H
        LCAL    2400H
        L       A,#20H
        ADD     B,A
ZY:     MOV     ZY
        SJMP    2400H
        ORG     DPTR,#200AH
        MOV     DPL
        PUSH    DPH
        PUSH
```

6. 分析下列指令，哪些超出寻址范围？

```
1230H   AJMP    1620H
2780H   AJMP    2830H
1230H   LJMP    8FFFH
1750H   ACALL   1A00H
2330H   SJMP    2340H
2800H   SJMP    27FAH
37FEH   SJMP    3730H
```

7. 用布尔指令求解逻辑方程。

$P3.0 = A_{CC.7} \wedge \overline{(B.0 \vee B.6)} \vee P1.0 \wedge \overline{(P1.5 \vee \overline{20H.7})}$

$PSW.5 = \overline{P1.5 \wedge B.0} \vee A_{CC.0} \wedge A_{CC.7}$

8. 已知 (SP) = 60H，(PC) = 37FEH，执行 "ACALL 3A00H" 指令后堆栈指针 SP、堆栈中内容以及程序计数器 PC 中的内容是什么？

9. 在内部 RAM 的 20H～23H 单元中存放一个加数，在 24H～27H 单元中存放另一个加数，试编写一段实现字节加法的子程序，和的进位存放在位地址 00H 中。

10. 若上题中存放在内存中的数是 BCD 码，试编写十进制数加法程序。

11. 从 20H 单元开始存放一组带符号数，其个数已存放在 1FH 单元中，要求统计出大于 0、小于 0 和等于 0 的个数并存放在 ONE、TWO、THREE 三个单元中。

12. 若晶振为 12 MHz，试编写延时 2 ms 和 1 s 的子程序。

13. 试编一段数据块搬迁程序。将外部 RAM 2000H～202FH 单元中的内容，移入内部 RAM 20H～4FH 单元中。

14. 试编写程序将 R2R3 中的二进制数转换成 BCD 码，并存入 R0 指向的单元中。

15. 请将片外数据存储器地址为 2000H～2080H 的数据块，全部存到 2800H～2880H 中，并将原数据块区域全部清 "0"。

16. 设自变量 X 为一个无符号数，存放在内部 RAM 的 VAX 单元中，函数 Y 存放在 FUNC 单元中，请编写满足如下关系的程序：

$$Y = \begin{cases} X+15 & X > 50 \\ X & 50 \geqslant X > 20 \\ 5X & X \leqslant 20 \end{cases}$$

17. 将存放在内存单元 20H 开始的单元中的 30 个单字节无符号数按从小到大的顺序排序。

18. 程序存储区自 STRING 单元开始有一个字符串（字符串以 00H 结尾），试编写一段程序，在此字符串中查找字符 "$"，将 "$" 的个数存入 num 单元。

第 4 章 中 断

教学目的和要求

本章重点介绍中断技术的基本概念、MCS-51 中断系统功能、CPU 响应中断的工作过程以及中断扩展的方法。要求掌握中断技术的基本概念、MCS-51 中断系统结构、中断控制寄存器、CPU 响应中断的工作过程。

4.1 中 断 技 术

中断技术方式是 CPU 等待外部设备请求服务的一种 I/O 方式，对于外部设备何时发出中断请求，CPU 预先是不知道的，因此，中断具有随机性。

4.1.1 为什么应用中断技术

当 CPU 与外部设备交换信息时，若用查询的方式，则 CPU 就要浪费时间去等待外设。为了解决快速 CPU 和慢速外设之间的矛盾，提高 CPU 和外设的工作效率，引入了中断技术。中断技术是现代计算机中一项很重要的技术，它能使计算机的功能更强，效率更高。

计算机引入中断技术有以下优点。

1. 同步工作

有了中断功能，就可以使 CPU 和外设之间同步工作，CPU 在启动外设工作后，继续执行主程序，同时外设也在工作，当外设把数据准备好后，发出中断请求，请求 CPU 中断主程序的执行，当 CPU 响应这一中断请求后，转去执行输入/输出中断处理程序，中断处理程序执行完后，CPU 恢复执行主程序，外设也继续工作。有了中断功能，CPU 可命令多个外设同步工作。这样就大大提高了 CPU 和外设的工作效率。

2. 实时处理

当计算机用于实时控制时，中断是一个十分重要的功能。现场采集到的各种数据可在任何时间发出中断申请，要求 CPU 处理，若中断是开放的，CPU 就可以马上响应对数据进行处理，这样的实时处理在查询工作方式下是做不到的。

3. 故障处理

计算机在运行过程中，往往出现事先预料不到的情况或故障（如掉电、存储出错、运算溢出等），计算机可以利用中断系统自行处理，而不必停机或报告工作人员。

4.1.2 中断系统的功能

1. 实现中断及返回

当某一中断源发出中断申请时，CPU 能决定是否响应这个中断请求（当 CPU 在执行更紧急、更重要的工作时，可以暂不响应中断），若允许响应这一中断请求，CPU 必须在现行的指令执行完后，把断点处的 PC 值（即下一条应执行的指令地址）、各个寄存器的内容和标志位的状态，压入堆栈保留下来，这就称为保护断点和现场，然后转到需要处理的中断源的服务程序的入口。当中断处理结束后，再恢复被保留下来的各个寄存器的内容和标志位的状态（称为恢复现场），再恢复 PC 值（称为恢复断点），使 CPU 返回断点处，继续执行主程序。

2．实现优先权排队

在系统中有多个中断源，经常会出现两个以上中断源同时提出中断请求的情况，这样就需要设计者事先根据轻重缓急为每一个中断源确定一个中断级别（优先权），当多个中断源同时发出中断申请时，CPU 能找到优先权级别最高的中断源，响应它的中断请求，在优先权级别最高的中断源处理完后，再响应级别较低的中断源。

3．高级中断源能中断低级中断处理

当 CPU 响应某一中断源的请求，在进行中断处理时，若有优先权级别更高的中断源发出中断申请，则 CPU 要能中断正在进行的中断服务程序，保留这个程序的断点和现场，响应高级中断，在高级中断处理完以后，再继续进行被中断的中断程序。若发出新的中断请求的中断源的优先级别与正在处理的中断源同级或更低时，CPU 不响应这个中断请求，直到正在处理的中断服务程序执行完后，才去处理新的中断请求。

4.2　MCS-51 中断系统

由图 4-1 所示结构可知，MCS-51 单片机有 5 个中断源，4 个用于中断控制的寄存器 IE、IP、TCON（用 6 位）和 SCON（用 2 位）——用于控制中断的类型、中断的开/关和各种中断源的优先级别。5 个中断源有 2 个中断优先级，每个中断源可以编程为高优先级或低优先级中断，可以实现二级中断服务程序的嵌套。

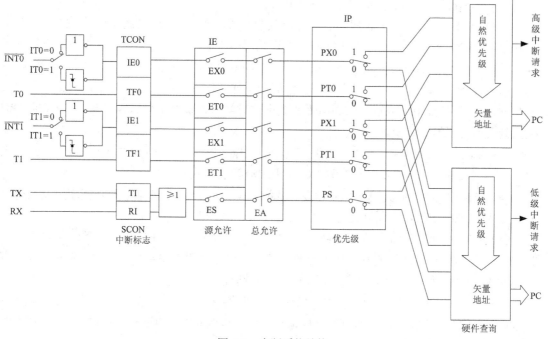

图 4-1　中断系统结构

4.2.1 MCS-51 中断源

8051 单片机的 5 个中断源包括：$\overline{INT0}$、$\overline{INT1}$ 引脚输入的外部中断源，3 个内部中断源（定时器 T0、T1 的溢出中断源和串行口的发送/接收中断源）。这些中断源分别由特殊功能寄存器 TCON 和 SCON 的相应位锁存。

1. 定时器/计数器控制寄存器 TCON（88H）

TCON 为定时器/计数器 T0、T1 的控制器，同时也锁存了 T0、T1 的溢出中断源和外部中断源，与中断有关的位如下。

	8FH		8DH		8BH	8AH	89H	88H
TCON（88H）	TF		TF0		IE1	IT1	IE0	IT0

（1）IE1：外部中断 1（$\overline{INT1}$）请求标志位。当 CPU 检测到在 $\overline{INT1}$ 引脚上出现的外部中断信号（低电平或脉冲下降沿）时，由硬件置位 IE1 = 1，请求中断，CPU 响应中断进入中断服务程序后，IE1 位被硬件自动清"0"（指脉冲边沿触发方式，电平触发方式时 IE1 不能由硬件清"0"）。

（2）IT1：外部中断 1（$\overline{INT1}$）请求类型（触发方式）控制位。由软件来置"1"或清"0"，以控制外部中断 1 的触发类型。

① IT1 = 0：外部中断 1 程序控制为电平触发方式，当 $\overline{INT1}$（P3.3）输入低电平时，置位 IE1 = 1，申请中断。CPU 在每个机器周期的 S5P2 期间采样 $\overline{INT1}$（P3.3）的输入电平，当采样到低电平时，置位 IE1 = 1。采用电平触发方式时，外部中断源（输入到 $\overline{INT1}$）必须保持低电平有效，直到该中断被 CPU 响应。同时，在该中断服务程序执行完之前，外部中断源有效电平必须被撤销，否则将产生另一次中断。

② IT1 = 1：外部中断 1 程序控制为边沿触发方式，CPU 在每个机器周期的 S5P2 期间采样 $\overline{INT1}$（P3.3）的输入电平，若相继的两次采样，一个周期采样为高电平，接着下个周期采样为低电平，置位 IE1 = 1，表示外部中断 1 正在向 CPU 申请中断，直到该中断被 CPU 响应时，IE1 由硬件自动清"0"。因为每个机器周期采样一次外部中断输入电平，因此，采用边沿触发方式时，外部中断源输入的高电平和低电平时间必须保持 1 个机器周期，才能保证 CPU 检测到由高到低的负跳变。

（3）IE0：外部中断 0（$\overline{INT0}$）请求标志位。IE0 = 1，外部中断 0 向 CPU 请求中断，当 CPU 响应外部中断时，IE0 由硬件清"0"（指边沿触发方式）。

（4）IT0：外部中断 0（$\overline{INT0}$）触发方式控制位。IT0 = 0，外部中断 0 程序控制为电平触发方式；IT0 = 1 外部中断 0 为边沿触发方式，其功能和 IT1 类似。

（5）TF0：定时器 T0 的溢出中断申请位。TF0 实际上是 T0 中断触发器的一个输出端，T0 被允许计数以后，从初值开始加 1 计数，当产生溢出时置 TF0 = 1，向 CPU 请求中断，直到 CPU 响应该中断时才由硬件清"0"（也可由查询程序清"0"）。

（6）TF1：定时器 T1 的溢出中断申请位。定时器 T1 被允许计数以后，从初值开始加 1 计数，当产生溢出时置 TF1 = 1，向 CPU 请求中断，直到 CPU 响应该中断时才由硬件清"0"（也可由查询程序清"0"）。

2. 串行口控制寄存器 SCON（98H）

SCON（98H）为串行口控制寄存器，SCON 的低 2 位锁存串行口接收中断和发送中断标志 RI 和 TI，其格式如下。

RI 和 TI：串行口内部中断申请标志位。串行口接收中断标志 RI 和发送中断标志 TI 逻辑或以后作为内部的一个中断源。当串行口发送或接收完一帧数据时，将 SCON 中的 TI 或 RI 位置 "1"，向 CPU 申请中断。在 CPU 响应串行口的中断时，并不复位 TI 和 RI 中断标志，TI 和 RI 必须由软件清 "0"。

4.2.2　MCS-51 中断控制

1. 中断允许寄存器 IE（A8H）

MCS-51 单片机中，特殊功能寄存器 IE 为中断允许寄存器，控制 CPU 对中断源的开放或屏蔽，以及每个中断源是否允许中断，其格式如下。

（1）EA：CPU 中断开放标志位。EA = 1，CPU 开放中断；EA = 0，CPU 屏蔽所有的中断请求。

（2）ES：串行中断允许位。ES = 1，允许串行口中断；ES = 0，禁止串行口中断。

（3）ET1：T1 溢出中断允许位。ET1 = 1，允许 T1 中断；ET1 = 0，禁止 T1 中断。

（4）EX1：外部中断 1（$\overline{INT1}$）允许位。EX1 = 1，允许外部中断 1 中断；EX1 = 0，禁止外部中断 1 中断。

（5）ET0：T0 溢出中断允许位。ET0 = 1，允许 T0 中断；ET0 = 0，禁止 T0 中断。

（6）EX0：外部中断 0（$\overline{INT0}$）允许位。EX0 = 1，允许外部中断 0 中断；EX0 = 0，禁止外部中断 0 中断。

MCS-51 单片机复位后，IE 中各位均被清 "0"，即禁止所有中断。

2. 中断源优先级设定寄存器 IP（B8H）

8051 单片机具有 2 个中断优先级，每个中断源可编程为高优先级中断或低优先级中断，并可实现 2 级中断嵌套。

特殊功能寄存器 IP 为中断优先级寄存器，锁存各种中断源优先级的控制位，用户可用软件设定，其格式如下。

（1）PS：串行口中断优先级控制位。PS = 1，设定串行口为高优先级中断；PS = 0，为低优先级中断。

（2）PT1：T1 中断优先级控制位。PT1 = 1，设定定时器 T1 为高优先级中断；PT1 = 0，为低优先级中断。

（3）PX1：外部中断 1 中断优先级控制位。PX1 = 1，设定外部中断 1 为高优先级中断；PX1 = 0，为低优先级中断。

（4）PT0：T0 中断优先级控制位。PT0 = 1，设定定时器 T0 为高优先级中断；PT0 = 0，为低优先级中断。

（5）PX0：外部中断 0 中断优先级控制位。PX0 = 1，设定外部中断 0 为高优先级中断；PX0 = 0，为低优先级中断。

当系统复位后，IP 各位均为 0，所有中断设置为低优先级中断。

3. 优先级结构

设置 IP 寄存器把各中断源的优先级分为高低两级，它们遵循两条基本原则。

（1）低优先级中断可以被高优先级中断所中断，反之不能。

（2）一种中断一旦得到响应，与它同级的中断不能再中断它。

当 CPU 同时收到几个同一优先级别的中断请求时，哪一个中断请求将得到响应，取决于内部的硬件查询顺序，CPU 将按自然优先级顺序确定该响应哪个中断请求，其自然优先级由硬件形成，排列如表 4-1 所示。

表 4-1　中断源及优先级

中　断　源	同级内部优先级
外部中断 0 定时器 T0 溢出中断 外部中断 1 定时器 T1 溢出中断 串行口中断	最高级 ↓ 最低级

MCS-51 的 CPU 在每一个机器周期顺序检查每一个中断源，在任意机器周期的 S6 状态采样并按优先级处理所有被激活的中断请求，在下一个机器周期的 S1 状态，只要不受阻断就开始响应其中优先级最高的中断请求。若发生下列情况，中断响应会受到阻断。

（1）同级或高优先级的中断正在进行。

（2）现在的机器周期不是所执行指令的最后一个机器周期。

（3）正执行的指令是 RETI 或是访问 IE 或 IP 的指令，也就是说，CPU 在执行 RETI 或访问 IE、IP 的指令后，至少需要再执行其他一条指令之后才会响应中断请求。

如果上述条件中有一个存在，CPU 将丢弃中断查询的结果；若上述条件均不存在，接着的下一机器周期，中断查询结果变为有效。

CPU 响应中断，由硬件自动将响应的中断矢量地址装入程序计数器 PC，转入该中断服务程序进行处理。对于有些中断源，CPU 在响应中断后会自动清除中断标志位，如定时器溢出标志位 TF0、TF1，以及边沿触发方式下的外部中断标志位 IE0、IE1；而有些中断标志位不会自动清除，只能由用户用软件清除，如串行口的接收发送中断标志位 RI、TI；在电平触发方式下的外部中断标志位 IE0 和 IE1 则是根据引脚 $\overline{\text{INT0}}$ 和 $\overline{\text{INT1}}$ 的电平变化的，CPU 无法直接干预，需在引脚外加硬件（如 D 触发器）使其自动撤销外部中断请求。

CPU 执行中断服务程序之前，自动将程序计数器 PC 内容（断点地址）压入堆栈保护（但不保护状态寄存器 PSW 的内容，更不保护累加器 A 和其他寄存器的内容），然后将对应的中断矢量装入程序计数器 PC，使程序转向该中断矢量地址单元中，以执行中断服务程序。各中断源及与之对应的矢量地址如表 4-2 所示。

表 4-2　中断源及其对应的矢量地址

中　断　源	中断矢量地址
外部中断 0（$\overline{\text{INT0}}$）	0003H
定时器 T0 溢出中断	000BH
外部中断 1（$\overline{\text{INT1}}$）	0013H
定时器 T1 溢出中断	001BH
串行口中断	0023H

中断服务程序从矢量地址开始执行，一直到返回指令"RETI"为止。"RETI"指令的操作，一方面告诉中断系统该中断服务程序已经执行完毕，另一方面把原来压入堆栈保护起来的断点地址从栈顶弹出，装入程序计数器 PC，使程序返回到被中断的程序断点处，以便继续执行。

注意：在编写中断服务程序时应注意以下几点。

（1）在中断矢量地址单元处放一条无条件转移指令（如 JMP xxxxH），使中断服务程序可灵活地安排在 64KB 程序存储器空间的任何位置。

（2）在中断服务程序中，用户应注意用软件保护现场，以免中断返回后，丢失原寄存器、累加器中的信息。

（3）若要在执行当前中断程序时禁止更高优先级中断，可以先用软件关闭 CPU 中断，或禁止某中断源中断，在中断返回前再开放中断。

4.3　MCS-51 中断处理过程

MCS-51 单片机的中断处理过程可分为 3 个阶段，即中断响应、中断处理和中断返回。

4.3.1　中断响应

1. 响应条件

CPU 响应中断的条件有：

（1）有中断源发出中断请求；

（2）中断总允许位 EA = 1，即 CPU 开中断；

（3）申请中断的中断源的中断允许位为 1。

满足以上条件，CPU 响应中断；如果中断受阻，CPU 不会响应中断。

2. 响应过程

单片机一旦响应中断，首先置位相应的优先级有效触发器，然后执行一个硬件子程序调用，把断点地址压入堆栈保护，然后将对应的中断入口地址装入程序计数器 PC，使程序转向该中断入口地址，以执行中断服务程序。

4.3.2 中断处理

CPU 响应中断结束后即转到中断服务程序的入口处，从中断服务程序的第一条指令开始执行一直到返回指令为止，这个过程称为中断处理或中断服务。中断处理包括两部分内容：一是保护现场，二是为中断源服务。

现场通常有 PSW、工作寄存器、专用寄存器等，如果在中断服务程序中要用这些寄存器，则在进入中断服务之前应将它们的内容保护起来，称为保护现场；同时在中断结束，执行 RETI 指令之前应恢复现场。

中断服务是针对中断源的具体要求进行的处理。

4.3.3 中断返回

中断处理程序的最后一条指令是中断返回指令 RETI。它的功能是将断点弹出送回 PC，使程序能返回到原来被中断的主程序继续执行。

4.3.4 中断应用举例

利用外部中断 0 向 CPU 申请中断，中断服务将 P1 口作为输出驱动。

程序设计：

```
                ORG         0000H
                AJMP        MAIN        ; 转向主程序
                ORG         0003H       ; 外部中断 0 入口地址
                AJMP        WINT        ; 转向中断服务程序
                ORG         0100H       ; 主程序
MAIN:           SETB        IT0         ; 选择边沿触发方式
                SETB        EX0         ; 允许外部中断 0
                SETB        EA          ; CPU 允许中断
HERE:           AJMP        HERE        ; 主程序踏步
```

中断服务程序：

```
                ORG         0200H
WINT:           MOV         A,#0FFH
                MOV         P1,A        ; 输出驱动
                RETI                    ; 中断返回
                END
```

外部中断 0 的入口地址在 0003H 单元，而中断服务子程序则可放在程序存储器的任何地方，但必须在 0003H 单元放一条跳转指令，指向中断服务子程序的起始地址。中断服务子程序最后一条指令必须是 RETI 指令，以便在结束时能返回到被中断的主程序。

单片机 CPU 执行程序由 0000H 单元自动跳到主程序执行，主程序完成中断初始化程序之后，立即进入到指令：

```
HERE:           AJMP        HERE
```

这是一条跳转指令，每执行一次，仍然跳回到原处，因此是一个踏步动作，它相当于一个很长的主程序，一直执行下去，等待中断的到来。

单片机在每个机器周期的 S5P2 期间对 $\overline{INT0}$ 信号采样（此处选择为边沿触发方式），如果连续采样到一个周期为高电平，下一个周期紧接着为低电平，则硬件自动将 TCON 寄存器的中断请求标志位 IE0 置位，由 IE0 标志请求中断（保存中断请求）。

当单片机检查到外部中断 0 有中断请求时，在当前指令执行完毕之后，下一个机器周期

的 S1 期间开始响应中断，在响应期间单片机自动完成以下一系列动作。

（1）将相应的优先级有效触发器置位，清除中断请求标志（IE0 = 0）

（2）执行一个硬件子程序，把程序计数器的内容（主程序被中断处的地址）压入堆栈。

（3）把请求中断的相应中断入口地址（此处为 0003H）装入 PC。

（4）由 0003H 再跳到中断服务程序入口地址 0200H。

（5）中断服务程序的指令全部执行完毕，最后执行 RETI 指令，把保存在堆栈中的主程序返回地址重新装入 PC，使主程序继续执行下去。

4.3.5 中断请求标志的撤销

CPU 响应某中断请求后，在中断返回（RETI）之前，应该撤销该中断请求，否则会引起另一次中断。MCS-51 各中断源请求撤销的方法各不相同，分别为：

（1）定时器 0 和定时器 1 的溢出中断，CPU 在响应中断后，由硬件自动清除 TF0 或 TF1 标志位，即中断请求自动撤销，无需采取其他措施；

（2）外部中断请求的撤销与设置的中断触发方式有关。对于边沿触发方式的外部中断，CPU 在响应中断后，也是由硬件自动将 IE0 或 IE1 标志位清除，也无需采取其他措施；

对于电平触发方式的外部中断，在硬件上，CPU 对 $\overline{\text{INT0}}$ 和 $\overline{\text{INT1}}$ 引脚的信号完全没有控制（在专用寄存器中，没有相应的中断请求标志位），也不像某些微处理器那样，响应中断后会自动发出一个响应信号，因此，在 MCS-51 的用户系统中，要另外采取撤销外部中断请求的措施。如图 4-2 所示是一种可行的方案之一。外部中断请求信号不直接加在 $\overline{\text{INTi}}$ 引脚上，而是加在 D 触发器的 CLK 时钟端。由于 D 端接地，当外部中断请求的正脉冲信号出现在 CLK 端时，D 触发器置"0"使 $\overline{\text{INTi}}$ 有效，向 CPU 发出中断请求。CPU 响应中断后，利用一根端口线作为应答线，图中的 P1.0 接 D 触发器的 $\overline{\text{S}}$ 端，在中断服务程序中用下面两条指令撤销中断请求：

```
ANL    P1,#0FEH        ; P1.0 输出 0
ORL    P1,#01H         ; P1.0 输出 1
```

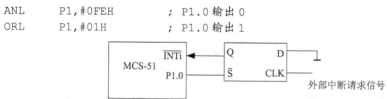

图 4-2 撤销外部中断请求方案之一

这两条指令执行后，使 P1.0 输出一个负脉冲，其持续时间为 2 个机器周期，足以使 D 触发器置位，而撤销端口外部中断请求。

第二条指令是不可少的，否则，D 触发器的 $\overline{\text{S}}$ 端始终有效，而 $\overline{\text{INTi}}$ 端始终为 1，无法再次中断。

（3）串行口的中断，CPU 响应后，硬件不能自动清除 TI 和 RI 标志位，因此在 CPU 响应中断后，必须在中断服务程序中，用软件来清除相应的中断标志位，以撤销中断请求。

4.4 扩充外部中断的方法

MCS-51 单片机有两个外部中断请求输入端 $\overline{INT0}$ 和 $\overline{INT1}$，在实际应用中，若有两个以上外部中断源，就需要扩充外部中断源。

4.4.1 用定时器扩充外部中断

MCS-51 单片机有两个定时器，具有两个内部中断标志和外部计数输入引脚。当定时器设置为计数方式，计数初值设为满量程 FFH 时，一旦外部信号从计数器引脚输入一个负跳变信号，计数器加 1 产生溢出中断，从而可以转去处理该外部中断源的请求，因此可以把外部中断源作边沿触发输入信号，接至定时器的 T0（P3.4）或 T1（P3.5）引脚，该定时器的溢出中断标志及中断服务程序作为扩充外部中断源的标志和中断服务程序。

4.4.2 中断与查询相结合

利用 MCS-51 的两根外部中断输入线，每一根中断输入线可以通过线或的关系连接多个外部中断源，同时利用输入端端口线作为各中断源的识别线。具体线路见图 4-3 多外部中断源连接方法。

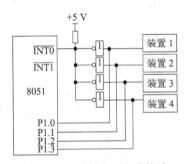

图 4-3 多外部中断源连接法

图中的 4 个外部装置通过集电极开路的 OC 门构成线或关系，4 个装置的中断请求输入均通过 $\overline{INT0}$ 发给 CPU。无论哪一个外设提出中断请求，都会使 $\overline{INT0}$ 引脚变为低电平，究竟是哪个外设申请中断，可以通过程序查询 P1.0～P1.3 的逻辑电平获知。这 4 个中断源的优先级，设为装置 1 最高，装置 4 最低。软件查询时由最高至最低的顺序查询。

有关中断服务程序如下：

```
        ORG     0003H
        LJMP    INTRP0          ; INT0 中断服务程序入口
        ...     ...
INTRP0: PUSH    PSW             ; 中断查询程序
        PUSH    A
        JB      P1.0,DV1
        JB      P1.1,DV2
        JB      P1.2,DV3
        JB      P1.3,DV4
EXIT:   POP     A
        POP     PSW
        RETI
DV1:    ...
装置 1 的中断服务程序
        AJMP    EXIT
DV2:    ...
装置 2 的中断服务程序
        AJMP    EXIT
DV3:    ...
```

装置 3 的中断服务程序
```
        AJMP    EXIT
DV4:    ...
```
装置 4 的中断服务程序
```
        AJMP    EXIT
```

习 题 四

1. MCS-51 系列单片机的中断系统由哪些功能部件组成？

2. MCS-51 系列单片机有几个中断源，各中断标志是如何产生的？

3. MCS-51 系列单片机有几个外部中断和内部中断？

4. MCS-51 系列单片机的中断系统中有几个优先级？

5. MCS-51 系列单片机的中断矢量地址分别是多少？

6. 简述 MCS-51 中断响应的过程？

7. 中断响应后，怎样保护断点和保护现场？

8. CPU 响应中断有哪些条件？

9. MCS-51 中若要扩充中断源，可采用哪些方法？

第 5 章 定时器/计数器

教学目的和要求

本章主要介绍两个定时器/计数器的结构、原理、工作方式及使用方法。重点掌握 MCS-51 系列单片机内部定时器/计数器的各种工作方式，学会对定时器/计数器编程以及定时器/计数器在 MCS-51 系列单片机应用系统中的应用。

5.1 定时器/计数器概述

在实时控制系统中，经常需要有实时时钟以实现定时、延时控制，也常需要有计数功能以实现对外界脉冲（事件）进行计数。MCS-51 系列单片机内部提供了两个可编程的定时器/计数器 T0 和 T1，它们可以用于定时或者对外部脉冲（事件）计数，还可以作为串行口的波特率发生器。定时器达到预定定时时间或者计数器计满数时，给出溢出标志，还可以产生内部中断。

5.1.1 定时器/计数器内部结构

MCS-51 单片机内部的定时器/计数器逻辑结构如图 5-1 所示，它由 6 个 SFR 特殊功能寄存器组成，其中 TMOD 为方式控制寄存器，用来设置两个 16 位定时器/计数器 T0 和 T1 的工作方式；TCON 为控制寄存器，主要用来控制定时器/计数器 T0 和 T1 的启动和停止。两个 16 位的定时器/计数器 T0（TH0 和 TL0）和 T1（TH1 和 TL1），用于设置定时或计数的初值。

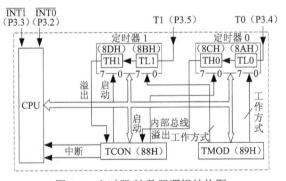

图 5-1 定时器/计数器逻辑结构图

5.1.2 定时器/计数器的工作原理

MCS-51 单片机内部设置的两个 16 位可编程的定时器/计数器 T0 和 T1 均有定时和计数功能。T0 和 T1 的工作方式、定时时间、启动方式等均可以通过编程对相应特殊功能寄存器 TMOD 和 TCON 设置来实现，计数器值也由软件命令进行设置存放在 16 位计数寄存器中（TH0、TL0 或 TH1、TL1），计数器的工作是加 1 计数器。选择 T0 和 T1 工作在定时方式时，计数器对内部时钟机器周期数进行计数，即每个机器周期等于 12 个晶体振荡周期；选择 T0 和 T1 工作在计数方式时，计数脉冲来自外部输入引脚 T0 和 T1，用于对外部事件进行计，当外部输入信号由 1→0 跳变时，计数器的值加 1。

5.1.3 定时器/计数器的控制字

定时器/计数器 T0 或 T1 是可编程的，因此，在使用前必须对其初始化，CPU 向 TMOD 和 TCON 两个 8 位特殊功能寄存器写入控制字，用来设置 T0 和 T1 的工作方式。

1. 方式控制寄存器 TMOD（89H）

TMOD 用于控制 T0 和 T1 的工作方式，其各位的定义格式如图 5-2 所示。

8 位的方式寄存器 TMOD，低 4 位用于控制 T0，高 4 位用于控制 T1。

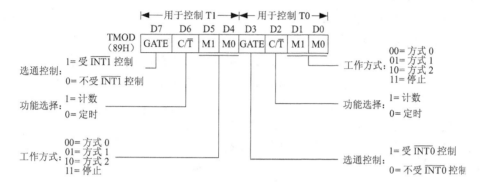

图 5-2 TMOD 各位定义

（1）M1M0：工作方式控制位，对应 4 种工作方式，如表 5-1 所示。

表 5-1 定时器/计数器的工作方式

M1	M0	工 作 方 式	功 能 描 述
0	0	方式 0	13 位计数器
0	1	方式 1	16 位计数器
1	0	方式 2	8 位自动重装计数初值计数器
1	1	方式 3	仅适用于 T0，分为 2 个独立的 8 位计数器

（2）C/$\overline{T}$：定时器/计数器功能方式选择位。

① C/$\overline{T}$ = 0 为定时器方式，计数脉冲由内部提供，定时器采用晶体脉冲的十二分频信号作为计数信号，也就是对机器周期进行计数。

② C/$\overline{T}$ = 1 为计数器方式，当用作外部事件计数时，计数脉冲来自外部引脚 T0（P3.4）或 T1（P3.5），当输入脉冲电平由高到低负跳变时，计数器加 1。

（3）GATE：门控位。

① GATE = 1 时，定时器/计数器的启动要由外部中断引脚 $\overline{INTi}$ 和 TRi 位共同控制。只有 $\overline{INT0}$（或 $\overline{INT1}$）引脚为高电平，TR0 或 TR1 置 "1" 才能启动定时器/计数器。

② GATE = 0 时，定时器/计数器由软件设置 TR0 或 TR1 来控制启动。TRi = 1，定时器/计数器启动工作；TRi = 0，定时器/计数器停止工作。

2. 控制寄存器 TCON

TCON 用于控制定时器/计数器的启、停、溢出标志和外部中断信号触发方式，如图 5-3 所示。TCON 各位作用如下。

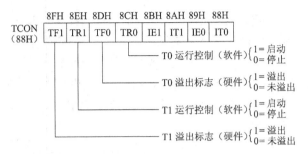

图 5-3　TCON 各位定义

（1）TF1：T1 溢出标志位。当定时器/计数器计满数产生溢出时，由硬件自动使 TF1 置"1"，并向 CPU 申请中断，进入中断服务程序后，TF1 又被硬件自动清"0"。TF1 也可作为程序查询的标志位，在查询方式下由软件清"0"。

（2）TR1：T1 运行控制位。TR1 由软件置"1"使定时器/计数器 T1 开始启动计数；软件使 TR1 清"0"，定时器/计数器 T1 停止工作。

（3）TF0：T0 溢出标志位，其功能如同 TF1。

（4）TR0：T0 运行控制位，其功能如同 TR1。

（5）IE1、IT1、IE0、IT0：外部中断 $\overline{INT1}$ 和 $\overline{INT0}$ 请求方式控制位。

5.2　定时器/计数器的工作方式及应用

5.2.1　定时器/计数器的初值计算

使用定时器/计数器时必须计算初值。定时器/计数器通过软件对 TMOD 的 M_1M_0 位设置 4 种不同的工作方式，每一种工作方式对应的最大计数值如表 5-2 所示。

表 5-2　最大计数值选择表

M1	M0	工 作 方 式	最大计数值
0	0	方式 0	$2^{13} = 8\,192$
0	1	方式 1	$2^{16} = 65\,536$
1	0	方式 2	$2^8 = 256$
1	1	方式 3	$2^8 = 256$

注：方式 3 时，定时器 T0 分成两个独立的 8 位计数器。

单片机的两个定时器/计数器均有两种功能，定时和计数功能，通过软件设置 TMOD 的 $C/\overline{T}$ 位选择定时或计数功能。

1. 定时功能的初值计算

选择定时功能时，由内部提供计数脉冲，对机器周期进行计数。假设用 T 表示定时时间，对应的初值用 X 表示，所用计数器位数为 N，设系统时钟频率为 f_{osc}，则它们满足下列关系式。

$$(2^N - X) \times 12/f_{osc} = T$$
$$X = 2^N - f_{osc}/12 \times T$$

2．计数功能的初值计算

选择计数功能时，计数脉冲由外部 T0 或 T1 端引入，对外部（事件）脉冲进行计数，因此计数值根据要求确定。N 是所用计数器的位数，它由 TMOD 中 M_1M_0 两位设置确定。

其计数初值 $X = 2^N -$ 计数值。

5.2.2 定时器/计数器的 4 种工作方式及应用

1．工作方式 0

方式 0 为 13 位定时器/计数器。此时，16 位计数寄存器 TH0、TL0（TH1、TL1）中，TH0（TH1）和 TL0（TL1）的低 5 位存放计数值，TL0（TL1）中的高 3 位不用，从而构成了 13 位计数。

由图 5-4 可知，当 $C/\overline{T} = 0$ 为定时方式时，多路开关与连接振荡器的 12 分频器输出连通，此时 T0 对机器周期进行计数，其定时时间 T 为：

$$T = (2^{13} - X) \times 12 / f_{osc} = (2^{13} - X) \times 机器周期$$

其中 X 为计数初值。

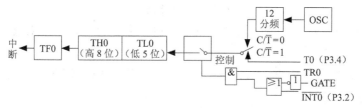

图 5-4 T0（或 T1）的方式 0 结构

当 $C/\overline{T} = 1$ 为计数方式时，多路开关与定时器的外部引脚连通，外部计数脉冲由 T0 引脚输入。当外部信号电平发生由 1→0 的跳变时，计数器加 1，这时 T0 成为外部事件的计数器。其计数初值 $X = 2^{13} -$ 计数值。

【例 5-1】应用定时器 T0 产生 1 ms 定时，并使 P1.0 输出周期为 2 ms 的方波，已知晶体振荡频率 6 MHz。

设定时器的计数初值为 X，则：

$$(2^{13} - X) \times 2 \times 10^{-6} = 1 \times 10^{-3}$$

$$X = 7\ 692$$

13 位二进制数表示为：

$$X = 1111000001100$$

$$TH0 = 0F0H$$

$$TL0 = 0CH$$

利用查询 TF0 状态来控制 P1.0 端输出周期 2 ms 的方波。

程序设计如下：

```
ORG   2000H
MOV   TMOD,#00H        ;写入方式控制字
MOV   TL0,#0CH         ;计数初值写入
MOV   TH0,#0F0H
SETB  TR0              ;启动 T0
```

```
LOOP:    JBC     TF0,PE              ; TF0=1溢出转到PE,同时清除TF0
         AJMP    LOOP                ; 没有溢出
PE :     MOV     TL0,#0CH            ; 重装计数初值
         MOV     TH0,#0F0H
         CPL     P1.0               ; 求反
         AJMP    LOOP                ; 无条件转到LOOP
         END
```

2. 工作方式1

方式1是16位定时器/计数器，其结构几乎与方式0完全相同，唯一的区别是计数器的长度为16位。

定时功能定时时间 T 为：

$$T = (2^{16}-X) \times 12 / f_{osc}$$

计数初值 X 为：

$$X = 2^{16} - T \times f_{osc} / 12$$

计数功能计数初值 X 为：

$$X = 2^{16} - 计数值$$

【例5-2】用定时器T1产生一个25 Hz的方波，由P1.0输出，采用查询方式进行控制，设晶体振荡频率为12 MHz。

分析：25 Hz方波，周期为 $1/25 = 40$ ms，采用定时器T1定时20 ms，将P1.0取反一次，即可得到25 Hz的方波信号。

设定时20 ms的计数初值为 X，则有：

$$T = (2^{16}-X) \times 1 \times 10^{-6} = 20 \times 10^{-3}$$

$$X = 45\,536 = B1E0H$$

程序设计如下：

```
         ORG     2000H
         MOV     TMOD,#10H           ; T1定时功能工作方式1
         MOV     TH1,#0B1H           ; 写入初值
         MOV     TL1,#0E0H
         SETB    TR1                 ; 启动T1
LOOP:    JBC     TF1,LP              ; TF1=1,溢出转移,同时TF1清"0"
         AJMP    LOOP
LP:      MOV     TH1,#0B1H           ; 重装初值
         MOV     TL1,#0E0H
         CPL     P1.0               ; P1.0取反
         SJMP    LOOP
         END
```

3. 工作方式2

当方式0、方式1用于循环重复定时计数时，每次计满溢出，寄存器全部为0，第二次计数还要重新装入计数器初值。方式2是能自动重装计数初值的8位计数器。方式2中把16位的计数器拆成两个8位计数器，低8位作计数器用，高8位用以保存计数初值，当低8位计数产生溢出时，将TFi置位"1"，同时又将保存在高8位中的计数初值重新装入低8位计数器中，又继续计数，循环重复不止。方式2的逻辑结构如图5-5所示。

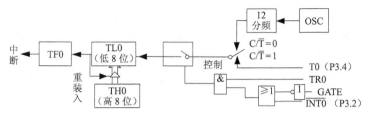

图 5-5　T0（或 T1）的方式 2 结构

定时功能计数初值：

$$X = 2^8 - T \times f_{osc} / 12。$$

式中 T 为定时时间。

计数功能计数初值：

$$X = 2^8 - 计数值。$$

初始化编程时，THi 和 TLi 都装入此 X 值。

【例 5-3】用定时器 T1，采用工作方式 2 计数，要求每计满 156 次，将 P1.7 取反。

分析：T1 工作于计数方式，外部计数脉冲由 T1（P3.5）引脚引入，每来一个由 1→0 的跳变计数器加 1，由程序查询 TF1 的状态。

计数初值：

$$X = 2^8 - 156 = 100 = 64H$$

$$TH1 = TL1 = 64H$$

$$TMOD = 60H（计数方式，方式 2）$$

程序设计如下：

```
        ORG   2000H
        MOV   TMOD,#60H        ; T1 方式 2,计数方式
        MOV   TH1,#64H         ; T1 计数初值
        MOV   TL1,#64H
        SETB  TR1              ; 启动 T1
LOOP:   JBC   TF1,REP          ; TF1=1 转移
        SJMP  LOOP             ; 等待
REP:    CPL   P1.7             ; 取反输出
        SJMP  LOOP
```

【例 5-4】由 P3.4 引脚（T0）输入一个低频脉冲信号（其频率 < 0.5 kHz），要求 P3.4 每发生一次负跳变时，P1.0 输出一个 200 μs 的同步负脉冲，同时 P1.1 输出一个 400 μs 的同步正脉冲。已知 $f_{osc} = 6\ MHz$。

按题意画出信号的波形如图 5-6 所示。

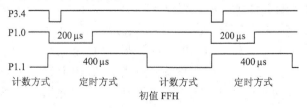

图 5-6　波形示意图

分析：设初态 P1.0 输出高电平（系统复位时即为高），P1.1 输出低电压，设 T0 为方式 2，计

数工作方式（初值为 FFH）。当加在 P3.4 上的外部脉冲产生由 1→0 的负跳变时，使 T0 计数器加 1 而产生溢出，程序查询到 TF0 为 1 时，改变为 200 μs 定时工作方式，并且使 P1.0 输出为 0，P1.1 输出为 1。当 T0 第一次定时 200 μs 到时，计数器溢出后，使 P1.0 恢复为 1，T0 继续第二次 200 μs 定时的计数，产生溢出后恢复 P1.1 为 0，然后 T0 又恢复对外部脉冲的计数方式，如此循环。

200 μs 定时的计数初值 X 为：

$$X = 256 - 200 \times 6 / 12 = 156$$

程序设计如下：

```
START:  MOV   TMOD,#06H         ; T0 方式 2,计数方式
        MOV   TH0,#0FFH         ; 计数初值
        MOV   TL0,#0FFH
        CLR   P1.1              ; P1.1 初态为 0
        SETB  TR0               ; 启动 T0
LOOP:   JBC   TF0,LP1           ; 检测外部信号负跳变
        SJMP  LOOP              ; 等待
LP1:    CLR   TR0               ; 关定时器
        MOV   TMOD,#02H         ; T0 改变为定时 200μs 方式 2
        MOV   TH0,#156          ; 定时的计数初值
        MOV   TL0,#156
        SETB  P1.1              ; P1.1 输出为 1
        CLR   P1.0              ; P1.0 输出 0
        SETB  TR0               ; 启动 T0 定时
LOOP1:  JBC   TF0,LP2           ; 第一个 200μs 到否?
        SJMP  LOOP1             ; 未到等待
LP2:    SETB  P1.0              ; 到了 P1.0 恢复为 1
LOOP2:  JBC   TF0,LP3           ; 第二个 200 μs 到否?
        SJMP  LOOP2
LP3:    CLR   P1.1              ; P1.0 恢复为 0
        CLR   TR0               ; 关定时器
        AJMP  START
```

4．方式 3

工作方式 3 对 T0 和 T1 是大不相同的。

若将 T0 设置为方式 3，TL0 和 TH0 被分成两个互相独立的 8 位计数器。其中 TL0 用原 T0 的各控制位、引脚和中断源，即 C/$\overline{\text{T}}$，GATE、TR0、TF0 和 T0（P3.4）引脚、$\overline{\text{INT0}}$（P3.2）引脚。TL0 除仅用 8 位寄存器外，其功能和操作与方式 0（13 位计数器）、方式 1（16 位计数器）完全相同。TL0 也可设置为定时器方式或计数器方式。

TH0 只有简单的内部定时功能。它占用了定时器 T1 的控制位 TR1 和 T1 的中断标志位 TF1，其启动和关闭仅受 TR1 的控制，如图 5-7 所示。

定时器 T1 无工作方式 3 状态，若将 T1 设置为方式 3，就会使 T1 立即停止计数，保持原有的计数值，其作用相当于使 TR1 = 0，封锁与门，断开计数开关 K。

在定时器 T0 用作方式 3 时，T1 仍可设置为方式 0～2。由于 TR1 和 TF1 被定时器 T0（TH0）占用，计数器开关 K 已被接通，此时仅用 T1 控制位 C/$\overline{\text{T}}$ 切换其定时器或计数器工作方式即可使 T1 运行。寄存器（8 位、13 位或 16 位）溢出时，只能将输出送入串行口或用于不需要中断的场合。一般情况下，当定时器 T1 用作串行口波特率发生器时，定时器 T0 才设置为工

作方式 3。此时，常把定时器 T1 设置为方式 2，用作波特率发生器，如图 5-8 所示。

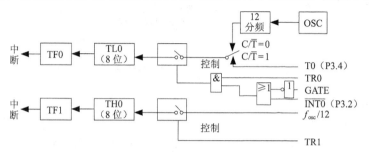

图 5-7 T0 的方式 3 结构

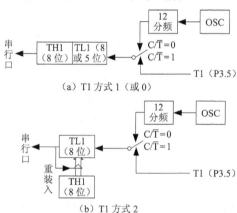

（a）T1 方式 1（或 0）

（b）T1 方式 2

图 5-8 T0 方式 3 下的 T1 结构

【例 5-5】应用 T0 方式 3，分别设定 200 μs 和 400 μs 定时，并使 P1.0 和 P1.1 分别产生周期为 400 μs 和 800 μs 的方波，已知晶体振荡频率为 6 MHz。本题采用中断控制方式。

定时 200 μs 计数初值，则：

$$(2^8-X) \times 2 \times 10^{-6} = 200 \text{ μs} \times 10^{-6}$$
$$X = 156 = 9\text{CH}$$

定时 400μs 计数初值，则：

$$(2^8-X) \times 2 \times 10^{-6} = 400 \text{ μs} \times 10^{-6}$$
$$X = 56 = 38\text{H}$$

程序设计如下：

```
        ORG    2000H
START:  AJMP   MAIN
        ORG    000BH
        AJMP   PIT0        ; 转 T0 中断处理入口
        ORG    001BH
        AJMP   PIT1        ; 转 T1 中断处理入口
        ORG    2100H
MAIN:   MOV    SP,#60H
        MOV    TMOD,#03H   ; 置方式 3
        MOV    TL0,#9CH    ; 定时 200μs 计数初值
        MOV    TH0,#38H    ; 定时 400μs 计数初值
        MOV    TCON,#50H   ; 启动 TL0、TH0 计数
```

```
              MOV     IE,#8AH              ; 中断允许 T0、T1 开放中断
LOOP:         AJMP    LOOP                 ; 等待中断
PIT0:         MOV     TL0,#9CH             ; T0 中断处理程序
              CPL     P1.0
              RETI
PIT1:         MOV     TH0,#38H             ;T1 中断处理程序
              CPL     P1.1
              RETI
```

5. GATE 位的应用

门控位 GATE 设置为 0，定时器的启动只受 TRi 位控制；当 GATE 设置为 1 时，定时器的启动将受 TRi 位和外部中断 $\overline{\text{INTi}}$ 信号的共同控制。只有当 $\overline{\text{INTi}}$ = 1，同时 TRi = 1 时才能启动计数；当 $\overline{\text{INTi}}$ = 0 时，则停止计数。可以利用这一特性测试外部输入脉冲的宽度。

【例 5-6】利用 T0 门控位 GATE 来测试由 $\overline{\text{INT0}}$ 引脚输入的正脉冲宽度，已知 f_{osc} = 12 MHz，所测得的高 8 位值存入片内 RAM 的 21H 单元，低 8 位值存入片内 RAM 的 20H 单元。

分析：设外部脉冲由 $\overline{\text{INT0}}$（P3.2）引脚输入，T0 工作于定时器方式，工作方式 1（16 位计数），GATE 设置为 1，TR0 设置为 1，当 $\overline{\text{INT0}}$ 为高电平时，启动计数；当 $\overline{\text{INT0}}$ 再次变低时，停止计数，此时 T0 中的计数值即为被测正脉冲的宽度。T0 的计数初值设为 0000H，工作过程图如图 5-9 所示。

测试程序如下：

```
              MOV     TMOD,#09H            ; T0 定时,方式 1,GATE=1
              MOV     TH0,#00H             ; T0 的计数初值设为 0000H
              MOV     TL0,#00H
              MOV     R0,#20H              ; RAM 的地址指针
LOOP1:        JB      P3.2,LOOP1           ; 等待 INT0 变低
              SETB    TR0                  ; INT0 变低,启动 T0 准备计数
LOOP2:        JNB     P3.2,LOOP2           ; 等待 INT0 变高,启动计数
LOOP3:        JB      P3.2,LOOP3           ; 等待 INT0 再次变低
              CLR     TR0                  ; INT0 变低即停止计数
              MOV     @R0,TL0              ; 存入计数值
              INC     R0
              MOV     @R0,TH0
```

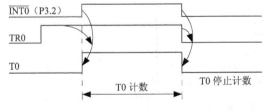

图 5-9　工作过程图

6. 综合应用

【例 5-7】利用定时器实现较长时间定时。设在 P1.7 端接有一个发光二极管，要求利用定时器控制，使 LED 亮一秒灭一秒，周而复始。已知晶体振荡频率为 6 MHz。

（1）定时器/计数器工作方式的选择

定时器/计数器有 4 种工作方式，选择哪一种，根据最大的定时间隔来确定。本例要求定时间隔较长（为 1 s），各种方式都不能满足要求，必须采用复合的办法。

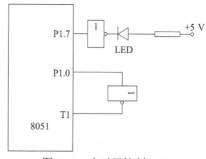

根据题目要求，可将 T0 设定为 100 ms 的定时间隔，采用工作方式 1。当定时时间到后，将 P1.0 输出反相，再加到 T1 输入端作计数脉冲，需要定时两次才能构成一个完整的计数脉冲，因此，设 T1 计数次数为 5 次，就能完成 1 s 的定时，如图 5-10 所示。

图 5-10　定时器控制 LED

$$200 \text{ ms} \times 5 = 1000 \text{ ms} = 1 \text{ s}$$

按这种方案，TMOD 的初值应该是 61H。

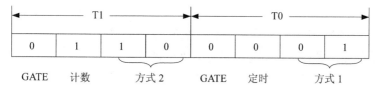

（2）定时器/计数器初值的计算

T0 采用工作方式 1，定时 100 ms 的计数初值为：

$$(2^{16} - X) \times 2 \text{ μs} \times 10^{-6} = 100 \text{ ms} \times 10^{-3}$$

$$X = 15\,536 = 3\text{CB0H}$$

$$\text{TH0} = 3\text{CH}$$

$$\text{TL0} = 0\text{B0H}$$

T1 计数器在方式 2 下是 8 位的，计数 5 次的初值为：

$$(256 - 5) = 251 = \text{FBH}$$

同时装入 TH1 和 TL1，即：

$$\text{TH1} = 0\text{FBH}$$

$$\text{TL1} = 0\text{FBH}$$

程序设计如下：

```
         ORG    2000H
MAIN :   CLR    P1.7
         SETB   P1.0
         MOV    TMOD,#61H
         MOV    TH1,#0FBH
         MOV    TL1,#0FBH
         SETB   TR1
LOOP1:   CPL    P1.7
LOOP2:   MOV    TH0,#3CH
         MOV    TL0,#0B0H
         SETB   TR0
LOOP3:   JBC    TF0,LOOP4
```

```
        SJMP    LOOP3
LOOP4:  CPL     P1.0
        JBC     TF1,LOOP1
        SJMP    LOOP2
        END
```

习 题 五

1. 8051 单片机内部设有几个定时器/计数器?

2. MCS-51 系列单片机的定时器/计数器有哪几种工作方式? 各种工作方式的特点是什么? 如何选择和设定定时器的工作方式?

3. MCS-51 系列单片机中的定时器有哪几个专用寄存器? 它们各自的作用是什么?

4. 怎样计算定时器的计数初值?

5. 编写一个定时间隔为 25 ms 的程序,晶体振荡频率为 6 MHz。

6. 8051 定时器做定时和计数时其计数脉冲分别由谁提供?

7. 8051 定时器的门控信号 GATE 设置为 1 时,定时器如何启动?

8. 已知 8051 单片机的 f_{osc} = 12 MHz,用 T1 定时,试编写由 P1.0 输出周期为 2 ms 的方波的程序。

9. 定时器/计数器的方式 3,分别用 TL0 和 TH0 作为两个独立的 8 位定时器/计数器,产生 100 μs 和 200 μs 的定时中断,使 P1.0 和 P1.1 产生周期为 200 μs 和 400 μs 的方波。已知晶体振荡频率为 6 MHz,试编写程序实现。

第 6 章

MCS-51 单片机存储器的扩展

教学目的和要求

本章介绍 MCS-51 单片机系统存储器的扩展，主要有程序存储器（ROM）扩展、数据存储器（RAM）扩展等。重点掌握 EPROM、E²PROM 及 RAM 与 MCS-51 系列单片机接口电路的设计。

6.1　单片机扩展及系统结构

单片机扩展通常采用总线结构形式，图 6-1 所示就是典型的单片机扩展结构。

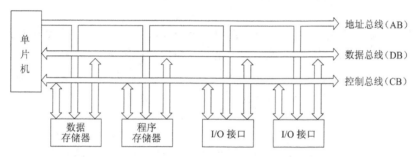

图 6-1　单片机扩展系统结构图

整个扩展系统以单片机为核心，通过总线把各扩展部件连接起来，其形式如各扩展部件"挂"在总线上一样。扩展内容可包括程序存储器 ROM、数据存储器 RAM 和 I/O 接口等。因为扩展是在单片机之外进行的，因此通常把扩展的部件称之为外部 ROM 或 RAM。

所谓总线，就是连接系统中各扩展部件的一组公共信号线，按其功能通常把系统总线分为三组：地址总线、数据总线和控制总线。

1．地址总线

地址总线（Address Bus，AB）用于传送单片机送出的地址信号，以便进行存储单元和 I/O 端口的选择。地址总线的数目决定着可直接访问的存储单元的数目。例如 n 位地址，可产生 2^n 个连续地址编码，因此可访问 2^n 个存储单元，即通常所说的寻址范围为 2^n 地址单元。MCS-51 单片机存储器扩展最多可达 64 KB，即 2^{16} 地址单元，因此，最多需 16 位地址线。这 16 根地址线是由 P0 口和 P2 口构建的，其中 P0 口的 8 位端口线作地址线的低 8 位，P2 口的端口线作地址线的高 8 位。需要注意的是，在进行系统扩展时，P0 口还用做数据线，因此需采用分时复用技术，对地址和数据进行分离。为此在构造地址总线时要增加一个 8 位锁存器，先把这低 8 位地址送锁存器暂存，由地址锁存器为系统提供低 8 位地址，然后把 P0 口作为数据线使用。

2．数据总线

数据总线（Data Bus，DB）用于在单片机与存储器之间或单片机与 I/O 端口之间传送数据。单片机系统数据总线的位数与单片机处理数据的字长一致。如 MCS-51 单片机是 8 位字长，所以数据总线的位数也是 8 位。在系统扩展时，数据总线是由 P0 口构造的。

3. 控制总线

控制总线（Control Bus，CB）是一组控制信号线。这些信号线有的是专用信号线，有的则是第二功能信号线。其中包括地址锁存信号 ALE、程序存储器的读选通信号 PSEN 以及读信号 RD 和写信号 WR 等。

6.2　程序存储器 EPROM 的扩展

MCS-51的程序存储器空间、数据存储器空间是相互独立的。程序存储器寻址空间为 64 KB（0000H～0FFFFH），其中 8051、8751 片内包含有 4 KB 的 ROM 或 EPROM，8752 含有 8 KB 的 EPROM，8031 片内不带 ROM。当片内 ROM 不够使用或采用 8031 芯片时，需扩展程序存储器，用作程序存储器的器件是 EPROM、E²PROM 和闪速存储器（Flash）。

6.2.1　外部程序存储器的扩展原理及时序

MCS-51 单片机扩展外部程序存储器的硬件电路，如图 6-2 所示。从图中可以看出，在进行系统扩展时采用的是总线结构。数据总线由 P0 口提供；地址总线由 P0 口和 P2 口共同提供；控制总线用专用的控制信号。MCS-51 单片机访问外部程序存储器所使用的控制信号有 ALE 和 $\overline{\text{PSEN}}$。其中 ALE 是低 8 位地址锁存控制信号；$\overline{\text{PSEN}}$ 是外部程序存储器的"读选通"控制信号。

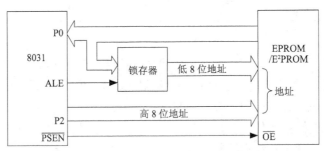

图 6-2　MCS-51 单片机扩展外部程序存储器的硬件电路

在外部程序存储器取指期间，P0 口和 P2 口有 16 根 I/O 线用于输出地址码，用途为，P0 口作为分时复用地址/数据总线，送出程序计数器中的低 8 位地址（PCL），由 ALE 信号选通进入地址锁存器，然后变成浮置状态等待从程序存储器读出指令码，而 P2 口输出的程序计数器中的高 8 位地址（PCH）保持不变。最后，用 $\overline{\text{PSEN}}$ 作为选通 EPROM/E²PROM 的信号，将指令码读入单片机。

CPU 读取的指令有两种情况：一是不访问数据存储器的指令；二是访问数据存储器的指令。因此，外部程序存储器就有两种操作时序，如图 6-3 所示。

从图 6-3 可以看出，MCS-51 单片机的 CPU 在访问外部程序存储器的一个机器周期内，引脚 ALE 上出现两个正脉冲，且在下降沿时锁存 PCL；引脚 $\overline{\text{PSEN}}$ 上出现两个负脉冲，说明在一个机器周期内 CPU 可以两次访问外部程序存储器。因此，MCS-51 单片机的指令系统中有很多双字节单周期指令，这样，使程序的执行速度大大提高。

当应用系统中接有外部数据存储器并执行 MOVX 指令时，程序存储器的操作时序有所变化，16 位地址应转而指向数据存储器；若指令以 DPTR 为间址，此地址就是 DPL（数据指针低 8 位），同时 P2 口上出现 DPH（数据指针高 8 位），在同一机器周期的 S6 状态将不再出现 PSEN 有效信号，下一个机器周期的第一个 ALE 有效信号也不再出现。而当 RD（或 WR）有效时，在 P0 总线上将出现有效的输入数据（或输出数据）。

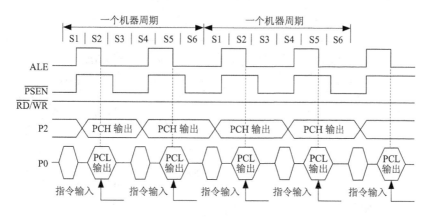

（a）不执行 MOVX 指令时

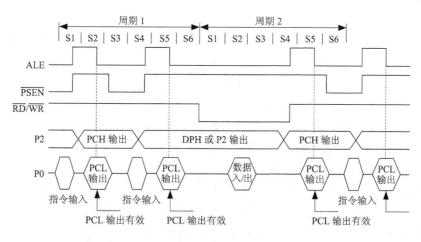

（b）执行 MOVX 指令时

图 6-3　外部程序存储器的操作时序

6.2.2　常用地址锁存器

MCS-51 单片机中的 16 位地址，分为高 8 位和低 8 位。高 8 位由 P2 口输出，低 8 位由 P0 口输出，而 P0 口同时又是数据输入/输出口，故在传送时采用分时方式，先输出低 8 位地址，然后再传送数据。但是，在对外部存储器进行读/写操作时，16 位地址必须保持不变，这就需要选择适当的寄存器存放低 8 位地址，因此在进行程序存储器扩展时，必须利用地址锁存器将地址信号锁存起来。

通常，地址锁存器可使用带三态缓冲输出的 8D 锁存器 74LS373 或 8282，也可使用带清除端的 8D 锁存器 74LS273，地址锁存信号为 ALE。其中 74LS373 的功能如表 6-1 所示。

表 6-1　74LS373 的功能表

$\overline{OE}$	G	功　能
0	1	直通（OUTi = Di）
0	0	保持（OUTi 保持不变）
1	×	输出高阻

如图 6-4 所示为几种地址锁存器的管脚配置与 8031 的连接方法图。

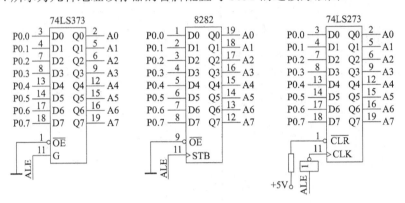

图 6-4　地址锁存器与单片机的连接

74LS373 和 8282 都是透明的带有三态门的 8D 锁存器，可简化成如图 6-5 所示的结构。

当三态门的使能控制信号线 $\overline{OE}$ 为低电平时，三态门处于导通状态，允许 1Q～8Q 输出到 OUT$_{1\sim8}$；当 $\overline{OE}$ 端为高电平时，输出三态门断开，输出线 OUT$_{1\sim8}$ 处于浮空状态。G 称为数据打入线。当 74LS373 用作地址锁存器时，首先应使三态门的使能信号 OE 为低电平，这时，当 G 输入端为高电平时，锁存器输出（1Q～8Q）

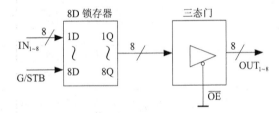

图 6-5　74LS373 和 8282 的内部结构图

状态和输入端（1D～8D）状态相同；当 G 输入端从高电平返回到低电平（下降沿）时，输入端（1D～8D）的数据锁存（1Q～8Q）到 8 位锁存器中。

74LS273 是带清除端的 8D 触发器，只有清除端 CLR 为高电平时才具有锁存功能。锁存控制端为 11 脚 CLK，在上升沿锁存。

当用 74LS373 和 8282 作为地址锁存器时，它们的锁存控制端 G 和 STB 可直接与单片机的锁存控制信号端 ALE 相连，在 ALE 下降沿进行地址锁存，而 74LS273 作为地址锁存器时，单片机 ALE 端输出的锁存控制信号必须经反向器后才能连到 74LS273 的 CLK 端，以满足 CLK 在上升沿的要求。

6.2.3　常用地址译码器

在用多片存储器芯片构成外部存储器时，除了低 8 位地址需要锁存之外，还要由高位地址产生片选信号。产生片选信号有线选法和译码法两种。

所谓线选法就是用某几根多余的高位地址线作为存储器的片选信号，来实现外扩存储器的目的。这种方法由于剩余的高位地址不参加译码，可为任意状态，所以将有很多地址空间重叠。线选法的优点是电路简单；其缺点是不同的高位地址线控制不同的芯片，使地址空间是不连续的，故只适用于外扩芯片数目较少、不太复杂的系统。

所谓译码法是由译码器组成的译码电路，译码电路将地址空间划分为若干块，其输出分别选通各存储器芯片。这样，即充分利用了存储空间，又克服了空间分散的缺点。若全部地址都参加译码，称为全译码；若部分地址参加译码，称为部分译码，这时存在部分地址重叠的情况。

常用的地址译码器是 3-8 译码器 74LS138 和双 2-4 译码器 74LS139。其引脚排列如图 6-6 所示。

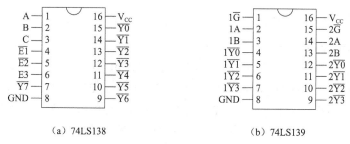

(a) 74LS138　　　　　　　　　(b) 74LS139

图 6-6　译码器引脚图

74LS138 是具有 16 根引线的双列直插式 3-8 译码器，其真值表如表 6-2 所示。由真值表可知，当允许输入端 E3 = 1、$\overline{E2}$ = 0、$\overline{E1}$ = 0 时，输出由选择输入端 C、B、A 的编码决定 Y0～$\overline{Y7}$ 中的一根线为低电平，而其余为高电平，低电平被选中。

表 6-2　74LS138 真值表

| 输　入 | | | | | | 输　出 | | | | | | | |
| 使　能 | | | 选　择 | | | $\overline{Y0}$ | $\overline{Y1}$ | $\overline{Y2}$ | $\overline{Y3}$ | $\overline{Y4}$ | $\overline{Y5}$ | $\overline{Y6}$ | $\overline{Y7}$ |
E3	$\overline{E2}$	$\overline{E1}$	C	B	A								
1	0	0	0	0	0	0	1	1	1	1	1	1	1
1	0	0	0	0	1	1	0	1	1	1	1	1	1
1	0	0	0	1	0	1	1	0	1	1	1	1	1
1	0	0	0	1	1	1	1	1	0	1	1	1	1
1	0	0	1	0	0	1	1	1	1	0	1	1	1
1	0	0	1	0	1	1	1	1	1	1	0	1	1
1	0	0	1	1	0	1	1	1	1	1	1	0	1
1	0	0	1	1	1	1	1	1	1	1	1	1	0
0	×	×	×	×	×	1	1	1	1	1	1	1	1
×	1	×	×	×	×	1	1	1	1	1	1	1	1
×	×	1	×	×	×	1	1	1	1	1	1	1	1

74LS139 是具有 16 根引线的双列直插式双 2-4 译码器，其真值表如表 6-3 所示。由真值表可知，当允许输入端 $\overline{G}$ = 0 时，输出由选择输入端 B、A 的编码决定 Y0～Y3 中的一根线为低电平，其余为高电平。

表 6-3　74LS139 真值表

输　入			输　出			
使　能	选　择		$\overline{Y0}$	$\overline{Y1}$	$\overline{Y2}$	$\overline{Y3}$
$\overline{G}$	B	A				
1	×	×	1	1	1	1
0	0	0	0	1	1	1
0	0	1	1	0	1	1
0	1	0	1	1	0	1
0	1	1	1	1	1	0

6.2.4　典型 EPROM 扩展电路

1．常用的 EPROM 芯片

紫外线擦除可编程只读存储器 EPROM 可作为 MCS-51 单片机的外部程序存储器，其典型产品是 Intel 公司的系列芯片 2716（2 KB×8 bit）、2732（4 KB×8 bit）、2764（8 KB×8 bit）、27128（16 KB×8 bit）、27256（32 KB×8 bit）和 27512（64 KB×8 bit）等。这些芯片上均有一个玻璃窗口，在紫外光下照射 10 分钟左右，存储器中的各位信息均变为 1，此时，可以通过编程器将工作程序固化到这些芯片中。3 种常用 EPROM 芯片引脚图，如图 6-7 所示。

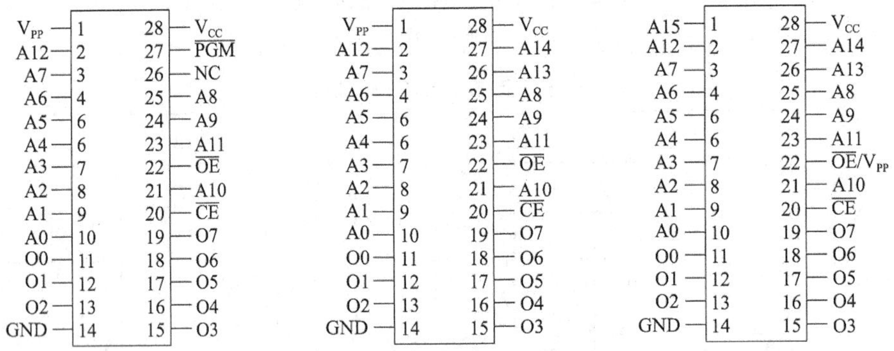

2764（8 KB×8 bit）　　27256（32 KB×8 bit）　　27512（64 KB×8 bit）

图 6-7　常用 EPROM 芯片引脚图

图中 A0～A15 为地址线；O0～O7 为数据输出线；$\overline{CE}$ 是片选线，$\overline{OE}/V_{PP}$ 是数据输出选通/编程电源线，$\overline{PGM}$ 是编程脉冲输入线。

2．使用单片 EPROM 的扩展电路

在程序存储器扩展电路设计中，由于所选择的 EPROM 芯片及地址锁存器不同，电路的连接方式也有所不同。使用不同锁存器时电路的连接可参考图 6-4。图 6-8 给出了 MCS-51 外扩 16 KB EPROM 的 27128 线路图，图中 8031 的无关部分均未给出。存储器扩展的主要工作是地址线、数据线和控制信号的连接。地址线的连接与存储器的容量有关，27128 的存储容量为 16 KB，故需 14 根地址线进行存储单元的选择，因此先把芯片的 14 根地址线一一对应

地接好，即把 A7～A0 引脚与地址锁存器的 8 位地址输出对应连接，高 6 位地址 A13～A8 与 P2 口的 P2.5～P2.0 相连，这样就解决了存储器内的存储单元选择问题。至于芯片的选择，当外部扩展的存储器只有一片时，存储器的片选端可以直接接地。

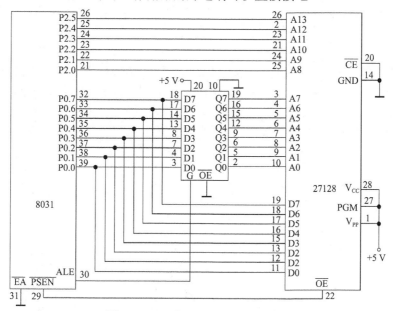

图 6-8　8031 与 27128 的接口电路图

数据线的连接比较简单，只需把存储器的数据线与单片机的 P0 端端口线一一对应地相连即可。

程序存储器扩展时只涉及到一根控制信号线 $\overline{\text{PSEN}}$，把它与存储器的 $\overline{\text{OE}}$ 端相连就完成了控制线的连接。

当需要扩展的程序存储器的容量不同时，只需选择相应容量的存储器芯片即可，扩展电路也基本相同，唯一的区别是：当选择不同的存储器芯片时，所用的地址线条数不同。

3. 扩展多片 EPROM 的扩展电路

与单片 EPROM 扩展电路相比，多片 EPROM 的扩展除片选线 $\overline{\text{CE}}$ 外，其他均与单片扩展电路相同。图 6-9 给出了利用 27128 扩展 64 KB EPROM 程序存储器的方法。片选信号由译码选通法产生。

该电路属于全译码方式，即所有的地址线都参加了译码。每个芯片对应的地址空间根据地址线连接情况确定其最低地址和最高地址，因此，图中 4 片 27128 的地址分别为：0000H～3FFFH；4000H～7FFFH；8000H～0BFFFH；0C000H～0FFFFH

扩展多片程序存储器时，也可采用线选法产生片选信号。具体扩展电路如图 6-10 所示。从图中可以看到，采用线选法时，只能扩展两片 27128，因只有两根剩余的地址线。这两片 27128 的地址分别为：4000H～7FFFH 和 8000H～0BFFFH。

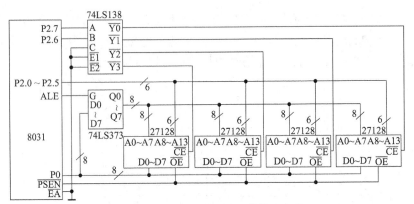

图 6-9　4 片 27128 与 8031 的接口电路

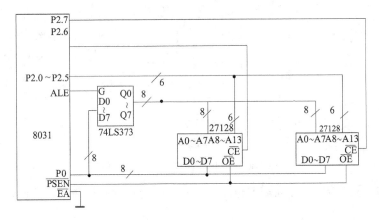

图 6-10　两片程序存储器扩展连接图

6.3　外部数据存储器的扩展

8031 单片机内部有 128 字节的数据存储器。CPU 对内部数据存储器具有丰富的操作指令。但是用于实时数据采集和处理时，仅靠片内提供的 128 个字节的数据存储器是远远不够的。在这种情况下，可利用 MCS-51 的扩展功能扩展外部数据存储器。常用的数据存储器有静态 RAM（简称 SRAM）和动态 RAM（简称 DRAM）两种。动态 RAM 与静态 RAM 相比，具有成本低、功耗小的优点，但它需要刷新电路，以保持数据信息不丢失，其接口电路较复杂；故在单片机系统中没有得到广泛的应用。随着存储器技术的不断发展，近年来出现了一种新型的动态随机存储器——集成动态随机存储器 iRAM，它将一个完整的动态 RAM 系统（包括动态刷新硬件逻辑）集成到一个芯片之内，从而兼有静态 RAM、动态 RAM 的优点。

与动态 RAM 相比，静态 RAM 无须考虑为保持数据而设置的刷新电路，故扩展电路较简单，但它的功耗及价格较动态 RAM 高。尽管如此，目前在单片机系统中最常用的数据存储器还是静态 RAM，故本节主要讨论静态 RAM 与 MCS-51 的接口。

6.3.1　外部数据存储器的操作时序

MCS-51 单片机设置了专门指令 MOVX 来访问外部数据存储器，共有 4 条寄存器间接寻址指令。MCS-51 单片机读写外部数据存储器的时序图如图 6-11 所示。

在如图 6-11（a）所示的外部数据存储器读周期中，P2 口输出外部 RAM 单元的高 8 位地址，P0 口分时传送低 8 位地址及数据。当地址锁存允许信号 ALE 为高电平时，P0 口输出的地址信息有效，ALE 的下降沿将此地址打入外部地址锁存器，锁存后，P0 总线驱动器即进入高阻状态。接着是读外部 RAM 的操作，P0 口变为输入方式，在读信号 $\overline{RD}$ 有效时选通外部 RAM 电路，片外 RAM 中相应存储单元的内容送到 P0 口上，由 CPU 读入累加器。当 $\overline{RD}$ 回到高电平后，被寻址的存储器把其本身的总线驱动器悬浮起来，使 P0 总线进入高阻状态。

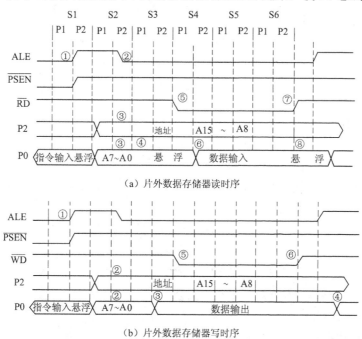

（a）片外数据存储器读时序

（b）片外数据存储器写时序

图 6-11　8031 与外部数据存储器之间数据传送时序图

外部数据存储器写周期时序如图 6-11（b）所示，操作过程与读周期类似。写操作时，在 ALE 下降为低电平以后，$\overline{WD}$ 信号才有效，P0 口上出现的数据写入相应的 RAM 单元。

从图 6-3 的外部程序存储器的操作时序可以看出：在整个取指令周期里，读/写信号（WR/RD）始终为高电平（无效），此时数据存储器 RAM 不会被选通。而在访问外部数据存储器 RAM 的周期内，读信号（$\overline{RD}$）或写信号（$\overline{WR}$）有效时，程序存储器选通信号 $\overline{PSEN}$ 始终为高电平（无效），因此 CPU 只和外部数据存储器 RAM 传送数据，程序存储器不被选通，即数据存储器只使用 $\overline{WR}$、$\overline{RD}$ 控制线而不用 $\overline{PSEN}$ 控制信号线。正因为如此，数据存储器与程序存储器地址可完全重叠，均为 0000H～0FFFFH。但数据存储器与 I/O 口是统一编址的，即任何扩展的 I/O 均占用数据存储器地址。

6.3.2　常用的静态 RAM 芯片

在 8031 单片机应用系统中，静态 RAM 是最常见的，由于这种存储器的设计无需考虑刷新问题，因而它与微处理器的接口很简单。最常用的静态 RAM 芯片有 6116（2 KB×8）、6264（8 KB×8）、62128（16 KB×8）、62256（32 KB×8）等多种，它们都用单一 +5 V 供电，双列直插封装，6116 为 24 引脚封装，6264、62128、62256 为 28 引脚封装。这些静态 RAM 的引脚图，如图 6-12 所示。

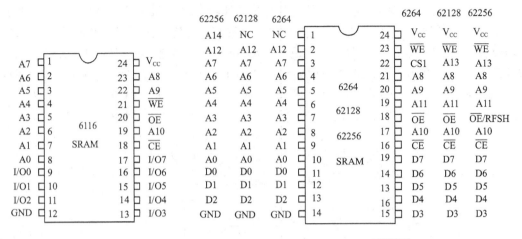

（a）6116 引脚配置　　　　　　　　　　　（b）6264/62128/62256 引脚配置

图 6-12　常用静态 RAM 的引脚图

这些静态 RAM 的引脚功能描述如下。

（1）A0～An：地址输入线。对 6116，n = 10；对 6264，n = 12；其他的类推。

（2）D0～D7：双向数据线。

（3）$\overline{CE}$：片选信号输入线，低电平有效；6264 的 CS1 为高电平，且 $\overline{CE}$ 为低电平时才选中该芯片。

（4）$\overline{WE}$：写允许信号输入线，低电平有效。

（5）$\overline{OE}$：读选通信号输入线，低电平有效。

（6）V_{CC}：工作电源 +5 V。

（7）GND：电源地。

静态 RAM 通常有读出、写入和未选中 3 种工作方式。静态 RAM 的工作方式选择如表 6-4 所示。

表 6-4　SRAM 的工作方式选择表

信号 方式	$\overline{CE}$	$\overline{OE}$	$\overline{WE}$	D0～D7
读	0	0	1	D_{OUT}
写	0	1	0	D_{IN}
维持	1	×	×	高阻态

6.3.3　64KB 以内静态 RAM 的扩展

扩展数据存储器空间地址同外扩程序存储器一样，由 P2 口提供高 8 位地址，P0 口分时提供低 8 位地址和 8 位双向数据总线。片外静态 RAM 的读和写由 8031 的 $\overline{RD}$（P3.1）和 $\overline{WR}$（P3.6）信号控制，片选端（$\overline{CE}$）由地址译码器的译码输出控制。因此，静态 RAM 在与单片机连接时，主要解决地址分配、数据线和控制信号线的连接问题。

图 6-13 给出了线选法扩展 8031 外部数据存储器的电路。图中数据存储器选用 6264，该芯片的地址线有 13 根，故 8031 剩余地址线为 3 根。用线选法可扩展 3 片 6264，3 片 6264 对应的存储器空间如表 6-5 所示。

表 6-5　3 片 6264 对应的存储空间表

P2.7	P2.6	P2.5	选中芯片	地址范围	存储空间
1	1	0	IC1	0C000H～0DFFFH	8 KB
1	0	1	IC2	0A000H～0BFFFH	8 KB
0	1	1	IC3	6000H～7FFFH	8 KB

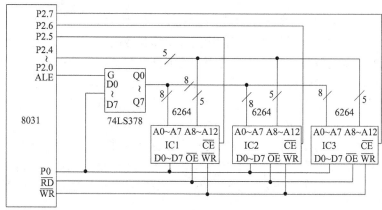

图 6-13　线选法扩展 6264 的线路图

用译码选通法扩展 8031 外部数据存储器的电路如图 6-14 所示。图中数据存储器选用 62128，该芯片地址线为 14 根，剩余 2 根地址线，因此采用 2-4 译码器 74LS139 可扩展 4 片 62128。如果仍选用 6264 RAM 芯片，用 3-8 译码器可扩展 8 片 6264。对应图 6-14 扩展电路中的各芯片，地址分配如表 6-6 所示。

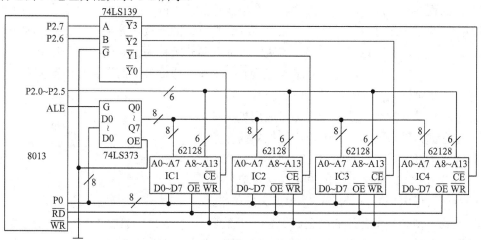

图 6-14　译码选通法扩展 8031 外部数据存储器电路图

表 6-6　各 62128 地址分配表

138 译码器输入		138 译码器有效输出	选中芯片	地址范围	存储容量
P2.7	P2.6				
0	0	Y0	IC1	0000H～3FFFH	16 KB
0	1	Y1	IC2	4000H～7FFFH	16 KB
1	0	Y2	IC3	8000H～0BFFFH	16 KB
1	1	Y3	IC4	0C000H～0FFFFH	16 KB

6.3.4 超过 64KB 静态 RAM 的扩展

MCS-51 系列单片机 64KB 的外部 RAM 空间是由 P0 口和 P2 口提供的 16 根地址线决定的，要想扩大 RAM 空间，可用增加地址线的办法来解决，每增加一根地址线，空间扩大一倍。增加地址线的方法有以下两种：一种是利用 P1 口增加地址线；另一种是利用扩展 I/O 口的方法增加地址线。

所谓利用 P1 口增加地址线的方法就是利用 P1 口作地址线，这样扩展存储器的地址线可增加到 24 根。P1 口的 8 根地址线可直接接到存储器相应的地址线上，也可作为译码器的输入信号线，用来选择芯片。具体用法与前面介绍的高 8 位地址线的用法相同。比如，当选用 64 KB 的存储器芯片（62512）时，可用 P1 口作为每一个 64 KB 存储器芯片的片选信号，即可把 64 KB 看成一页，而页的选择由 P1 口控制，利用 P1 口可选择 256 个 64 KB 的页。利用 P1 口增加地址线的方法很简单，但要占用单片机的 I/O 资源。

利用扩展 I/O 口的方法增加地址线需要一个锁存器，并将此锁存器作为外扩 RAM 的一个单元，分配一个地址，利用 MOVX 指令向锁存器写入一个数，则锁存器的输出可作为新增加的地址线。这样，它就可以和 MCS-51 单片机的 16 根地址线及控制线配合选中不同的 64 KB 字节区。

6.3.5 扩展既可读又可写的程序存储器

在单片机中，程序存储器和数据存储器是严格分开的，它们使用不同的读选通控制信号，通过不同的读指令进行读操作。读程序存储器时产生 $\overline{\text{PSEN}}$ 控制信号，而读数据存储器时产生的是 $\overline{\text{RD}}$ 信号。由于程序存放在 EPROM 中，这就给程序调试带来了困难，因为放在程序存储器中的程序只能运行却不能修改，而在数据存储器中的内容虽然可以修改，但不能运行程序。为解决这一矛盾，可把数据存储器芯片经过特殊的连接，充当程序存储器使用，使之既可以运行程序，又可以修改程序。这时的数据存储器可称为仿真的程序存储器。

从前面的介绍中知道，程序存储器使用 $\overline{\text{PSEN}}$ 作选通信号，而数据存储器使用 $\overline{\text{RD}}$ 作选通信号。如果把这两个信号经过与门综合后，再作为 RAM 存储芯片的读选通信号，即可达到扩展可读写程序存储器的目的。图 6-15 说明了把数据存储器芯片改造为既可读又可写的程序存储器的方法。

按图中的连接，如果 $\overline{\text{RD}}$ 或 $\overline{\text{PSEN}}$ 两个信号中有一个有效（低电平），则与门的输出就为低电平，在 $\overline{\text{OE}}$ 端就可得到一个有效的读选通信号，从而使两个选通信号中任何一个都可以控制该存储芯片。这样，该芯片就既可以作为数据存储器使用，又可以作为程序存储器使用。

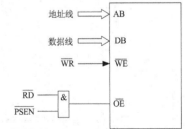

图 6-15　可读写程序存储器的连接示意图

6.4　E²PROM 扩展电路

电擦除可编程只读存储器 E²PROM 是近年来推出的新产品，其主要特点是能在计算机系统中进行在线修改，并能在断电情况下保持修改结果。它既具有 RAM 的随机读写特点，又具有 ROM 的非易失性优点，每个单元可重复进行一万次改写，保留信息的时间长达 20 年，不存在 EPROM 在日光下信息缓慢丢失的问题。因此，自从 E^2PROM 问世以来，在智能化仪器仪表、控制装置、开发系统中得到了广泛应用。

6.4.1　E^2PROM 的应用特性

（1）对硬件电路没有特殊要求，操作十分简单。由于 E^2PROM 片内设有编程所需要的高压脉冲产生电路，因而无需外加编程电源和编程脉冲即可完成写入工作。与 RAM 芯片相比，E^2PROM 的写操作速度慢。

（2）采用 +5 V 电擦除的 E^2PROM 后，通常不需设置单独的擦除操作，可在写入过程中自动擦除（传统 EPROM 芯片的擦除需经紫外线照射）。但它的擦除/写入次数是有限制的，不宜用在数据频繁更新的场合。

（3）将 E^2PROM 作为程序存储器使用时，E^2PROM 应按程序存储器连接方法编址；如果作为数据存储器使用，连接方式较灵活，既可按数据存储器或 I/O 口编址，也可以通过扩展 I/O 口与系统总线相连。

6.4.2　常用的 E^2PROM 芯片介绍

常用的 E^2PROM 芯片有 2816/2816A，2817/2817A，2864A 等。这些芯片的引脚图，如图 6-16 所示。

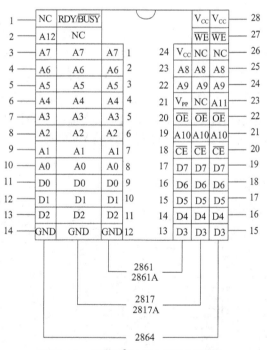

图 6-16　常用 E^2PROM 芯片引脚图

表 6-7 给出了上面几种常见 E^2PROM 的工作方式。E^2PROM 芯片中 $RDY/\overline{BUSY}$ 引脚为开漏输出，应接上拉电阻至 +5 V。当向 2817 发字节写入命令后，2817A 的 $RDY/\overline{BUSY}$ 引脚呈低电平，表示 2817A 正在进行写操作，此时它的数据总线呈高阻状态，因而允许处理器在此期间执行其他任务。一旦一次字节写入操作完毕，2817A 便将 $RDY/\overline{BUSY}$ 线置为高电平。

表 6-7 E²PROM 的工作方式

方式＼引脚	$\overline{CE}$	$\overline{OE}$	$\overline{WE}$	I/O0～I/O7
读	0	0	1	D_{OUT}
写	0	1	0	D_{IN}
维持	1	×	×	高阻
输出禁止	×	1	×	高阻
整片擦除	0	12 ± 0.5 V	0	高阻

6.4.3 2817A 与单片机的接口电路设计

Intel 2817A 是 2KB 的电擦除可编程只读存储器，采用单一 +5 V 电源供电，最大工作电流为 150 mA，维持电流为 55 mA，读出时间最大为 250 ns，写入时间大约为 16 ms，片内设有编程所需的高压脉冲产生电路，无需外加编程电源和写入脉冲即可工作。2817A 在写入一个字节的指令码或数据之前，自动擦除要写入的单元，因而无需进行专门的擦除操作。

2817A 与 8031 的硬件连接电路如图 6-17 所示。图中采用了将外部数据存储器空间和程序存储器空间合并的方法，即将 $\overline{PSEN}$ 信号与 $\overline{RD}$ 信号相与，其输出作为单一的公共存储器读选通信号。这样，8031 就可对 2817A 进行读/写操作了。如果把 2817A 只作为数据存储器使用，可将 $\overline{RD}$ 直接与 2817A 的 $\overline{OE}$ 相连，无需使用 8031 的 $\overline{PSEN}$ 控制端，但掉电后数据不丢失。图 6-17 中 8031 采用查询方式对 2817A 的写操作进行管理。在擦、写操作期间，RDY/$\overline{BUSY}$ 脚为低电平，当字节擦写完毕时，RDY/$\overline{BUSY}$ 脚变为高电平，故可通过 P1.0 来查寻 RDY/$\overline{BUSY}$ 的引脚状态，以便判断字节是否擦写完。8031 也可以通过中断方式对 2817A 的写入进行控制，方法是将 2817A 的 RDY/$\overline{BUSY}$ 引脚信号线经反相后与 8031 的中断输入引脚 INT0/INT1 相连，这样每当 2817A 擦写完一个字节便向单片机提出中断请求。

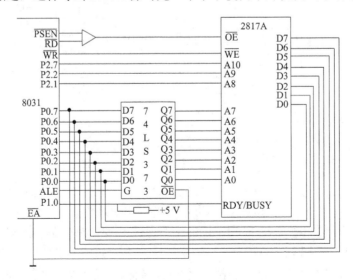

图 6-17 2817A 与 8031 的接口电路

6.4.4　E^{2}PROM 2864A

Intel 2864A 是 8KB 电擦除可编程只读存储器, 单一 +5 V 电源供电, 最大工作电流为 160 mA, 最大维持电流为 60 mA, 典型读出时间为 250 ns。由于芯片内部设有"页缓冲器", 因而允许对其快速写入。2864A 内部可提供编程所需的全部定时, 编程结束可给出查询标志。2864A 引脚与 6264A 完全兼容, 为 28 线双列直插式封装, 其引脚配置如图 6-16 所示。

2864A 有 4 种工作方式。

（1）维持和读出方式

2864A 的维持和读出方式与普通的 EPROM 或静态 RAM 完全相同。维持方式时, 输出线呈高阻状态; 读出方式时, 内部的数据缓冲器打开, 数据送上总线。

（2）写入方式

2864A 提供了两种数据写入操作方式: 字节写入和页面写入。

① 字节写入: 2864A 的字节写入特性与前面介绍的 2817A 字节写入特性完全相同。

② 页面写入: 为了提高写入速度, 2864A 片内设置了 16 B 的页缓冲器并将整个存储器阵列划分成 512 页, 每页 16 B。因此, 页的区分可由地址线的高 9 位（A4～A12）确定。地址线的低 4 位（A0～A3）用以选择页缓冲器中的 16 个地址单元。把数据写入 2864A 的存储单元可分成两步来完成: 第一步, 在软件控制下把数据写入页缓冲器, 此过程称为"页加载"; 第二步, 2864A 在内部定时电路控制下, 在最后一个字节（即第 16 个字节）写入到页缓冲器 20 ns 后自动开始把页缓冲器的内容送到地址指定的 E^{2}PROM 单元内, 此过程即为"页存储"。

（3）数据查询方式

数据查询是指用软件来检测写操作中的"页存储"周期是否完成。

在"页存储"期间, 如对 2864A 执行读操作, 那么读出的是最后写入的字节, 若芯片的转储工作未完成, 则读出数据的最高位是原来写入字节最高位的反码。据此, CPU 可判断芯片的编程是否结束。如果 CPU 读出的数据与写入的数据相同, 表示芯片已完成编程, CPU 可继续向芯片加载下一页数据。

2864A 与单片机的接口电路与 2817A 与单片机的接口电路非常相似, 只是地址线多 2 根。由于查询存储是否完成的方式有所不同, 因此, 2864A 芯片不需要 RDY/$\overline{BUSY}$ 信号线。具体接口电路读者可参照图 6-17 自行设计。

习　题　六

1. MCS-51 单片机可以外接 64 KB 的片外程序存储器和 64 KB 的片外数据存储器。为什么这两种片外存储器共处同一地址空间而不会发生总线冲突?

2. 单片机进行外部扩展时, 为什么 P0 口要接一个 8 位锁存器, 而 P2 口却不接?

3. 为什么当 P2 口作为扩展存储器的高 8 位地址后, 不再适宜做通用 I/O 口?

4. 什么是线选法? 什么是地址译码选通法? 试比较二者的优缺点。

5. 将 8031 芯片外扩展一片 27256 EPROM 组成最小系统, 地址线、数据线至少需要多少根? 画出该系统硬件连接图, 并写出 EPROM 的地址范围。

6. 在一个单片机应用系统中, 拟扩展 16 KB 的程序存储器和 32 KB 的数据存储器, 请设计出该系统的硬件连接图。

第 **7** 章 串 行 口

教学目的和要求

本章首先介绍串行通信的基本概念，然后重点讨论 MCS-51 系列单片机串行口的特点和用法，要求掌握串行口的概念、MCS-51 串行口的结构、原理及应用。

7.1 串行通信的基础知识

CPU 与外部的信息交换称为通信（Communication），在计算机的应用领域中基本的通信有两种：并行通信和串行通信。

7.1.1 并行通信与串行通信

在实际工作中，CPU 与其他外部设备间的信息交换，或一台计算机与另一台计算机之间信息交换均称为通信。

通信的基本方式有两种，即并行通信和串行通信，如图 7-1 所示。

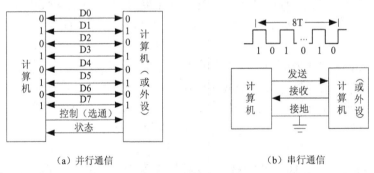

（a）并行通信　　　　　　　　（b）串行通信

图 7-1　并行通信和串行通信

并行通信是数据的各位同时传送。并行通信的特点是传送速度快、效率高，但有多少数据位就需多少根数据线，因此传送成本高，适合近距离传输。在集成电路芯片的内部、同一插件板上各部件之间、同一机箱内各插件板之间的数据传送都是并行的。

串行通信是数据一位一位按顺序传送。串行通信的特点是数据传送按位顺序进行，只需一根传输线即可完成，成本低但速度慢。计算机与远程终端或终端与终端之间的数据传送通常都是串行的。串行通信的距离可以从几米到几千千米。

在单片机中，除远距离的慢速数据传送使用串行方式外，还常用微型计算机编写和汇编单片机的源程序，交叉汇编后再把目标程序传送给单片机，这种传送也是采用串行通信方式进行的。

7.1.2 异步通信和同步通信

串行通信又分为异步通信和同步通信两种方式。在单片机中，主要使用异步通信方式。

1. 异步通信

在异步通信（Asynchronous Communication）中，数据通常是以字符（字节）为单位组成字符帧传送的。字符帧由发送端一帧一帧地发送，通过传输线由接收设备一帧一帧地接收，发送端和接收端可以有各自的时钟来控制数据的发送和接收。

在异步通信中，发送端和接收端依靠字符帧格式规定和波特率来协调数据的发送和接收。字符帧格式和波特率是两个重要指标，由用户根据实际情况选择。由于异步通信每传送一帧有固定的格式，通信双方只需按约定的帧格式来发送和接收数据，所以硬件结构比同步通信方式简单；此外它还能利用校验位检测错误，所以这种通信方式应用较广泛。

一个字符在异步通信中又称为一帧数据，字符帧也叫数据帧，由起始位、数据位、奇偶校验位和停止位 4 部分组成，如图 7-2 所示。

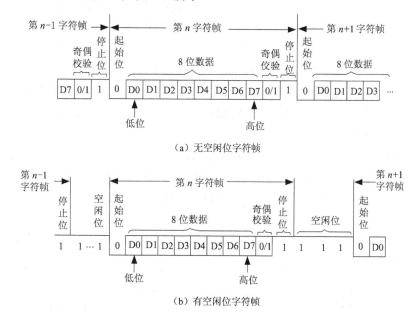

（a）无空闲位字符帧

（b）有空闲位字符帧

图 7-2　异步通信的字符帧格式

起始位：为逻辑 0 信号，位于字符帧开头，占一位，表示发送端开始发送一帧信息。

数据位：紧跟起始位之后就是数据位。在数据位中，低位在前（左），高位在后（右）。根据字符编码方式的不同，数据位可取 5 位、6 位、7 位或 8 位。若传送数据为 ASCII 码，则常取 7 位。

奇偶校验位：此位位于数据位之后，仅占 1 位，用于对字符传送做正确性检查。奇偶校验位有 3 种可能的选择，即奇、偶或无校验，由用户根据需要选定。

停止位：为逻辑 1 信号，此位位于字符帧末尾，表示一帧字符信息已发送完毕。停止位可以是 1、1.5 或 2 位，在实际应用中由用户根据需要确定。

异步通信的优点是不需要传送同步脉冲，字符帧的长度也不受限制，故所需设备简单。缺点是字符帧中因包含有起始位和停止位而降低了有效数据的传输效率。

2. 同步通信

同步通信（Synchronous Communication）是一种连续串行传送数据的通信方式，一次通信只传送一帧信息。这里的信息帧与异步通信中的字符帧不同，通常含有若干个数据字符即数据块。它们都是由同步字符、数据字符和校验字符三部分组成。一旦检测到同步字符，下面就是按顺序传送的数据块。同步通信的缺点是要求发送时钟和接收时钟保持严格同步，故发送时钟除应和发送的波特率保持一致外，还要求把它同时传送到接收端去，故这种方式对硬件要求较高。有关同步传送的方式，在此不做重点叙述。

7.1.3 串行通信的制式

在串行通信中，数据是在两个不同的站之间传送的。按照数据传送的方向，串行通信可分为 3 种制式，即单工、半双工和全双工。

1. 单工（Simplex）制式

如图 7-3（a）所示，A 端（或 B 端）固定为发送站，B 端（或 A 端）固定为接收站，数据只能从 A 站（或 B 站）发至 B 站（或 A 站），数据传送是单向的。因此，只需要一条数据线。

2. 半双工（Half Duplex）制式

如图 7-3（b）所示，数据传送是双向的，但任一时刻数据只能是从 A 站发至 B 站，或者从 B 站发至 A 站，也就是说，只能是一方发送另一方接收。因此，A、B 两站之间只要一条信号线和一条接地线就可以了。收发开关是由软件控制的，通过半双工通信协议进行功能切换。

3. 全双工（Full Duplex）制式

如图 7-3（c）所示，数据传送也是双向的。A、B 两站都可以同时发送和接收数据。因此，工作在全双工制式下的 A、B 两站之间至少需要 3 条传输线：一条用于发送，一条用于接收，一条用于接地。MCS-51 单片机内的串行口采用全双工制式。

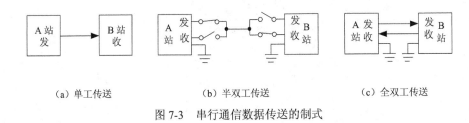

（a）单工传送 （b）半双工传送 （c）全双工传送

图 7-3 串行通信数据传送的制式

7.1.4 波特率

波特率是指每秒钟传送二进制数码的位数（亦称比特数），单位是 b/s。波特率是串行通信的重要指标，用于表征数据传送的速率。波特率越高，数据传输速度越快。字符的实际传送速率与波特率不同。字符的实际传送速率是指每秒钟内所传字符帧的帧数，与字符帧格式有关。

例如，波特率为 2 400 b/s 的通信系统，若采用图 7-2（a）所示的字符帧，则字符的实际传送速率为 2 400/11=218.18 f/s（帧/秒）；若采用图 7-2（b）所示的字符帧，则字符的实际传送速率为 2 400/14=171.43 f/s。

每位的传送时间定义为波特率的倒数。通常，异步通信的波特率在 50 b/s～9 600 b/s 之间。波特率不同于发送时钟和接收时钟，时钟频率常是波特率的 1、16 或 64 倍。在异步串行通信中，接收设备和发送设备要保持相同的传送波特率，并以数据的起始位与发送设备保持同步。起始位、奇偶校验位和停止位的约定在同一次传送过程中必须保持一致，这样才能成功地传送数据。

7.2 MCS-51 的串行 I/O 口及控制寄存器

MCS-51 单片机中有一个全双工的串行口，通过软件编程，它可作异步通信串行口（UART）用，也可作同步移位寄存器用。它的字符帧格式可以是 8 位、10 位或 11 位，可以设置各种波特率，能方便地构成双机、多机串行通信接口，从而能实现 8051 单片机系统之间点对点的单机通信、多机通信以及与系统机的单机或多机通信。

7.2.1 串行口的结构

MCS-51 串行口结构框图如图 7-4 所示。由图可知，MCS-51 单片机串行口主要由两个物理上独立的串行数据缓冲寄存器 SBUF、发送控制器、接收控制器、输入移位寄存器和输出控制门组成。两个特殊功能寄存器 SCON 和 PCON 用来控制串行口的工作方式和波特率。发送缓冲寄存器 SBUF 只能写，不能读；接收缓冲寄存器 SBUF 只能读，不能写。两个缓冲寄存器共用一个地址 99H，可以用读/写指令区分。

串行发送时，通过"MOV SBUF, A"写指令，CPU 把累加器 A 的内容写入发送缓冲寄存器 SBUF（99H），再由 TxD 引脚一位一位地向外发送；串行接收时，接收端从 RxD 一位一位地接收数据，直到收到一个完整的字符数据后通知 CPU，再通过"MOV A, SBUF"读指令，CPU 从接收缓冲寄存器 SBUF（99H）读出数据，送到累加器 A 中。发送和接收的过程可以采用中断方式，从而可以大大提高 CPU 的效率。

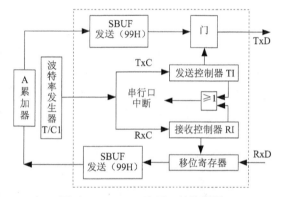

图 7-4 MCS-51 串行口结构框图

在进行通信时，外界数据通过引脚 RxD（P3.0，串行数据接收端）和引脚 TxD（P3.1，串行数据发送端）与外界进行串行通信。输入数据先进入输入移位寄存器，再送入接收缓冲寄存器 SBUF。在此采用了双缓冲结构，是为了避免在接收到第二帧数据之前，CPU 未及时响应接收器的前一帧的中断请求，没把前一帧数据读走，而造成接收过程中出现的帧重叠错误（又称为溢出错）。与接收数据的情况不同，发送数据时，由于 CPU 是主动的，不会产生帧重叠错误，因此发送电路不需要双重缓冲结构。

7.2.2 串行口的控制寄存器 SCON（98H）

在 MCS-51 的 SFR 中，与串行口有关的控制寄存器有 4 个。其中最重要的是串行口控制寄存器 SCON，在使用串行口时，必须首先对它进行初始化。

SCON 是 MCS-51 的一个可位寻址的 SFR，串行数据通信的方式选择、接收和发送控制以及串行口的状态标志均由专用寄存器 SCON 控制和指示。复位时所有位被清"0"。SCON 的格式如下。

SCON	D7	D6	D5	D4	D3	D2	D1	D0
(98H)	SM0	SM1	SM2	REN	TB8	RB8	TI	RI

SCON 各位功能说明如下。

（1）SM0、SMl：串行口工作方式选择位。串行的工作方式及所用波特率如表 7-1 所示。

表 7-1　串行口的工作方式和所用波特率的对照表

SM0	SMl	相应工作方式	说　明	所用波特率
0	0	方式 0	同步移位寄存器	$f_{osc}/12$
0	1	方式 1	10 位异步收发	由定时器控制
1	0	方式 2	11 位异步收发	$f_{osc}/32$ 或 $f_{osc}/64$
1	1	方式 3	11 位异步收发	由定时器控制

（2）SM2：在方式 2 和方式 3 中用于多机通信控制。当方式 2 或方式 3 处于接收时，若置 SM2 = 0，为单机发送/接收工作方式，则接收一帧数据后，不管第 9 位数据（RB8）是 0 还是 1，都置 RI = 1，接收到的数据装入 SBUF 中；若置 SM2 = 1，允许多机通信，若接收到的第 9 位数据 RB8 为 0，则 RI 不置 "1"，若 SM2 为 1，且同时 RB8 为 1 时，RI 置 "1"。在方式 1 时，若置 SM2 = 1，未收到有效的停止位，RI 不置 "1"。方式 0 时，不用 SM2，必须置 SM2 = 0。

（3）REN：允许接收位。REN = 0，禁止接收；REN = 1，允许接收。该位由软件置位或复位。

（4）TB8：在方式 2、3 时，存放发送的第 9 位数据，也可作奇偶校验位。在多机通信中，TB8 位的状态表示主机发送的是地址还是数据：TB8 = 0 为数据，TB8 = 1 为地址。该位由软件置位或复位。

（5）RB8：在方式 2、3 时，RB8 存放接收到的第 9 位数据；方式 1 时，若 SM2 = 0，则 RB8 存放接收到的停止位；在方式 0 时，不使用 RB8。

（6）TI：发送中断标志位。在方式 0 时，发送第 8 位数据结束时由硬件置位；其他方式下在停止位之前置位。TI 在发送前必须由软件清 "0"。TI = 1，表示发送帧结束，可供软件查询，也可请求中断。

（7）RI：接收中断标志。方式 0 时，接收第 8 位数据结束时由硬件置位；其他方式下，接收到停止位的中间位置时置位。RI 在接收一帧字符之后必须由软件清 "0"，准备接收下一帧数据。RI = 1，表示帧接收结束。RI 可供软件查询，也可请求中断。

串行发送中断标志 TI 和串行接收中断标志 RI 是同一个中断源，CPU 事先不知道是发送中断 TI 还是接收中断 RI 产生的中断请求，所以在全双工通信时，必须由软件来判别。

7.2.3　电源控制寄存器 PCON（87H）

PCON 主要是为 CHMOS 型单片机的电源控制而设置的专用寄存器，地址为 87H。PCON 的最高位 SMOD 是串行口波特率倍增位。当 SMOD = 1 时，波特率加倍，复位时，SMOD=0。PCON 的格式如下。

PCON	D7	D6	D5	D4	D3	D2	D1	D0
(87H)	SMOD				GF1	GF0	PD	IDL

7.2.4 中断允许寄存器 IE（A8H）

IE 寄存器各位定义如下。

位地址	AFH	AEH	ADH	ACH	ABH	AAH	A9H	A8H
IE	EA			ES	ET1	EX1	ET0	EX0

其中，ES 为串行口中断允许控制位，ES = 1 允许 RI/TI 中断，ES=0，禁止 RI/TI 中断。

7.2.5 中断优先级寄存器 IP（B8H）

IP 寄存器各位定义如下。

		PT2	PS	PT1	PX1	PT0	PX0

其中，PS 为串行口中断优先级控制位，该位为 1，串行口设定为高优先级。

7.3　串行口的工作方式

MCS-51 串行口有 0、1、2、3 四种工作方式。下面重点讨论各种方式的功能和特性，对串行口的内部逻辑和内部时序的细节不做详细讨论。

7.3.1 串行口方式 0

在方式 0 下，串行口为同步移位寄存器方式，波特率固定为 $f_{osc}/12$。这时的数据传送，无论是输入还是输出，均由 RxD（P3.0）端完成，而由 TxD（P3.1）端输出移位时钟脉冲。发送和接收的一帧数据为 8 位二进制数据，不设起始位和停止位，低位在前，高位在后。一般用于 I/O 口扩展。

1. 方式 0 发送

串行口以方式 0 发送数据时，执行任何一条以 SBUF 为目的寄存器的指令，串行口都将 8 位数据以振荡频率 1/12 的波特率，将数据从 RxD 端串行发送出去。在写信号有效后，相隔一个机器周期，发送控制端 SEND 有效（高电平），如图 7-5 所示的时序图，允许 RxD 端发送数据，同时，允许从 TxD 端输出移位脉冲，1 帧（8 位）数据发送完毕时，各控制端均恢复原状态，只有 TI 保持高电平，呈中断申请状态。再次发送数据时，必须由软件将 TI 清"0"。

2. 方式 0 接收

串行口以方式 0 接收数据时，在同时满足 REN = 1 和 RI = 0 的条件下，以读 SBUF 寄存器的指令开始。此时，RxD 为串行输入端，TxD 为同步脉冲输出端。串行接收的波特率也为振荡频率的 1/12。同样，当接收完一帧（8 位）数据后，控制信号复位，只有 RI 仍保持高电平，呈中断请求状态。再次接收时，必须通过软件将 RI 清"0"。

方式 0 发送/接收数据时的时序图如图 7-5 所示。

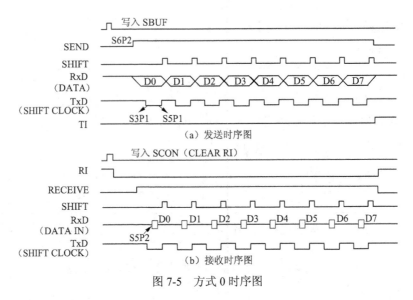

图 7-5　方式 0 时序图

7.3.2　串行口方式 1

在方式 1 下，串行口为 10 位通用异步通信接口。一帧信息包括 1 位起始位（0）、8 位数据位（低位在前）和 1 位停止位（1）。TxD 是发送端，RxD 是接收端。其传送波特率可调。方式 1 发送/接收数据的时序图如图 7-6 所示。

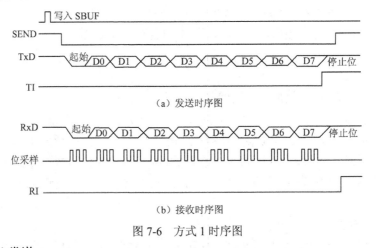

图 7-6　方式 1 时序图

1．方式 1 发送

串行口以方式 1 发送数据时，数据由 TxD 端输出，任何一条以 SBUF 为目的寄存器的指令都可启动一次发送过程，发送条件是 TI = 0。发送开始时内部 SEND 信号变为有效电平，随后由 TxD 端输出自动加入的起始位，此后每过一个时钟脉冲，由 TxD 端输出一个数据位，8 位数据发送完毕后，TI 置位。TI 置位是通知 CPU 可发送下一个字符。方式 1 的发送时序图如图 7-6（a）所示。

2．方式 1 接收

串行口以方式 1 接收数据时，数据从 RxD 端输入。REN 置"1"后，允许接收器接收数据，接收器便以波特率 16 倍的速率采样 RxD 端电平。当采样到 1→0 的跳变时，启动接收器接收，并复位内部的 16 分频计数器，以实现同步。计数器的 16 个状态把 1 位时间等分成 16

份,并在每位时间的第 7、8、9 个计数状态时,采样 RxD 端电平。因此,每一位的数值采样 3 次,至少两次相同的值才被确认。如果起始位接收到的值不是 0,则起始位无效,复位接收电路,在检测到一个 1→0 的跳变时,再重新启动接收器,如果接收值为 0,起始位有效,则开始接受本帧的其余信息。在 RI = 0 的状态下,接收到停止位为 1(或 SM2 = 0)时,将停止位送入 RB8,8 位数据送入接收缓冲寄存器 SBUF,并将中断标志 RI 置位。

在方式 1 的接收器中设置有数据辨识功能,当同时满足以下两个条件时,接收的数据才有效,且实现装载 SBUF、RB8 及 RI 置 "1",接收控制器再次采样 RxD 的负跳变,以便接收下一帧数据。这两个条件是:

(1) RI = 0;

(2) SM2 = 0 或接收到的停止位 = 1。

如果上述条件任意一个不满足,所接收的数据无效,接收控制器不再恢复。

7.3.3 方式 2 和方式 3

串行口工作在方式 2、3 时,为 11 位异步通信口,发送、接收的一帧信息由 11 位组成,即 1 位起始位(0)、8 位数据位(低位在前)、1 位可编程位(第 9 位数据)和 1 位停止位(1)。发送时,可编程位(TB8)可设置为 0 或 1,该位一般用做校验位;接收时,可编程位送入 SCON 中的 RB8。

方式 2、3 的区别在于:方式 2 的波特率为 $fosc/32$ 或 $fosc/64$,而方式 3 的波特率可变。方式 2 和方式 3 的发送/接收时序图如图 7-7 所示。

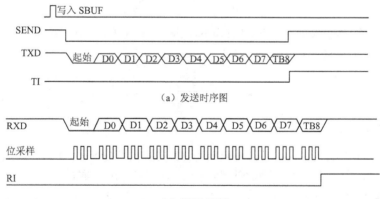

(a) 发送时序图

(b) 接收时序图

图 7-7　方式 2 和方式 3 的时序图

1. 方式 2 和方式 3 发送

串行口以方式 2、3 发送数据时,数据由 TxD 端输出,附加的第 9 位数据为 SCON 中的 TB8。发送前,先根据通信协议由软件设置 TB8(如作奇偶校验位或地址/数据标识位),然后将要发送的数据写入 SBUF,便立即启动发送器发送数据。发送过程是由任何一条以 SBUF 作为目的寄存器的指令启动的。写 SBUF 信号把 8 位数据装入 SBUF,同时还把 TB8 装到发送移位寄存器的第 9 位位置上,并通知发送控制器,要求进行一次发送,然后从 TxD(P3.1)端输出一帧信息。送完一帧信息时,将 TI 置位,其时序图如图 7-7(a)所示。

2. 方式 2 和方式 3 接收

串行口以方式 2、3 接收数据与方式 1 类似。接收时,先将 REN 置位,使串行口处于允许接收状态，同时还要将 RI 清"0"。当 REN = 1 时，CPU 开始不断对 RxD 采样，采样速率为波特率的 16 倍，当检测到负跳变后启动接收器，位检测器对每位采集 3 个值，用采 3 取 2 的方法确定每位状态。当采至最后一位时，再根据 SM2 的状态和所接收到的 RB8 的状态决定此串行口是否会使 RI 置位，并申请中断，接收数据。

当 SM2 = 0 时，不管 RB8 为 0 还是为 1，都将 8 位数据装入 SBUF，第 9 位数据装入 RB8 并将 RI 置"1"。

当 SM20 = 1，且 RB8 为 1 时，表示在多机通信情况下，接收的信息为地址帧，此时 RI 置"1"，串行口接收发来的信息。

当 SM2 = 1，且 RB8 为 0 时，表示接收的信息为数据帧，但不是发给本从机的，此时 RI 不置"1"，因而所接收的数据帧将丢失。

从上面叙述可知，方式 2、3 中同样也设置有数据辨识功能。即当 RI = 0、SM2 = 0 或接收到的第 9 位数据为 1 的任一条件不满足时，接收的数据帧无效。

7.4　波特率的设计

7.4.1　方式 0 和方式 2

在方式 0 时，每个机器周期发送或接收 1 位数据，因此波特率固定为单片机时钟频率的 1/12（即 $f_{osc}/12$），且不受 SMOD 的影响。若晶振频率 f_{osc} = 12 MHz，则波特率 $= f_{osc}/12 =$ 12 MHz/12 = 1 Mb/s，即 1 μs 移位一次。

方式 2 的波特率取决于 PCON 中的 SMOD 值，当 SMOD = 0 时，波特率为 f_{osc} 的 1/64；若 SMOD = 1 时，则波特率为 f_{osc} 的 1/32，即：

$$波特率 = \frac{2^{SMOD}}{64} \cdot f_{osc}$$

7.4.2　方式 1 和方式 3

方式 1、方式 3 的波特率可变，由定时器 T1 的溢出率与 SMOD 的值共同决定，即：

$$波特率 = 2^{SMOD}/32 \times (定时器 1 溢出率)$$

其中，溢出率取决于计数速率和定时器的预置值。当利用 T1 作波特率发生器时，通常选用方式 2，即 8 位自动重装载模式，其中 TL1 作计数器，TH1 存放自动重装载的定时初值。因此，对 T1 初始化时，写入方式控制字（TMOD）= 00100000B。这样每过"256-X"个机器周期，定时器 T1 就会产生一次溢出，溢出周期为：

$$12 \times (256 - X)/f_{osc}$$

溢出率为溢出周期的倒数，因此，波特率的公式还可写成：

$$波特率 = (2^{SMOD}/32) \times [f_{osc}/12 \times (256 - X)]$$

实际应用时，总是先确定波特率，再计算定时器 1 的定时初值。根据上述波特率的公式，得出计算定时器方式 2 的初值的公式为：

$$定时初值 \ X = 256 - \frac{f_{osc} \times (SMOD + 1)}{384 \times 波特率}$$

【例 7-1】已知 8051 单片机时钟频率为 11.059 2 MHz，选用定时器 T1 工作方式 2 作波特率发生器，波特率为 2 400 b/s，求初值。

设波特率控制位 SMOD = 0，则：

$$X = 256 - \frac{11.059\,2 \times 10^6 \times 2^0}{384 \times 2\,400} = 256 - 12 = 0F4H$$

7.5 MCS-51 串行口的应用

学习 MCS-51 单片机的串行口，归根到底是要学会编制通信软件的方法和技巧。本节将介绍串行口在作 I/O 扩展及一般异步通信中应用的原理及实例。

7.5.1 利用串行口方式 0 作 I/O 口扩展

串行口方式 0 是同步移位寄存器的通信方式，它主要用于扩展 I/O 口。利用它可以把串行口设置成"并入串出"的并行输入口，或"串入并出"的并行输出口。

把串行口变为并行输出口使用时，要有一个 8 位"串入并出"的同步移位寄存器配合使用（例如 CD4094 或 74LS164），电路连接如图 7-8 所示。当使用 74LS164 作扩展输出口时，要注意 74LS164 的输出无控制端，在串行输入过程中，其输出端的状态会不断变化，故在某些应用场合，在 74LS164 与输出装置之间，还应加上输出可控的缓冲级，以便串行输入过程结束后再输出。串行口变为并行输入口使用时，要有一个 8 位"并入串出"功能的同步移位寄存器（CD4014 或 74LS165）与串行口配合使用，现举例说明。

【例 7-2】根据图 7-8 的线路连接，请编写在数码管上循环显示 0～9 这 10 个数字的程序。

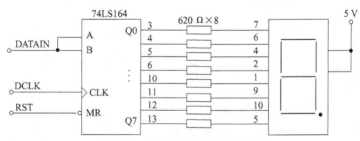

图 7-8 利用串行口扩展输出口

分析：串行口工作在方式 0 时，数据为 8 位，且只能从 RxD 端输入/输出，TxD 端总是输出移位同步时钟信号，其波特率固定为晶体振荡频率的 1/12。本题利用定时器控制每个数字的显示时间，每秒显示 1 位。假设系统晶体振荡频率为 11.059 2 MHz，则程序如下：

```
TIMER EQU    30H
DATA  EQU    3000H
ORG   0000H
AJMP  START
ORG   000BH
AJMP  INT0
ORG   0040H
```

```
START: MOV   SP,#60H
       MOV   TMOD,#01H
       MOV   TL0,#00H
       MOV   TH0,#4BH            ; 延时 50 ms 的常数
       MOV   R0,#0H
       MOV   TIMER,#20           ; 延时 1 s 的常数
       MOV   SCON,#00H
       SETB  TR0
       SETB  ET0                 ; 开中断
       SETB  EA
       SJMP  $
INT0:  PUSH  ACC
       PUSH  PSW
       CLR   EA
       CLR   TR0
       MOV   TL0,#00H
       MOV   TH0,#4BH
       SETB  TR0
       DJNZ  TIMER,EXIT
       MOV   TIMER,#20
       MOV   DPTR,#DATA          ; 置七段码表的基址
       MOV   A,R0                ; 置偏移量
       MOVC  A,@A+DPTR
       CLR   TI
       CPL   A
       MOV   SBUF,A
       INC   R0
       CJNE  R0,#0AH,EXIT        ; 判断是否到表尾
       MOV   R0,#00H
EXIT:  SETB  EA
       POP   PSW
       POP   ACC
       RETI
       ORG   3000H
DATA:  DB    0FCH,60H,0DAH,0F2H,66H
       DB    0B6H,0BEH,0E0H,0FEH,0F6H
       END
```

【例 7-3】根据图 7-9 的电路，编写从 16 位扩展口读入 10 个字节的数据，并把它们转存到内部 RAM 的 20H～29H 单元中。

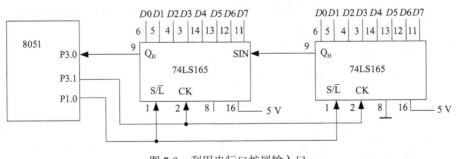

图 7-9　利用串行口扩展输入口

分析：74LS165 是并行输入串行输出的同步移位寄存器。本例是利用 8051 的 3 根端口线扩展为 16 个输入端端口线的实用电路。理论上讲，继续串接 74LS165 可以扩展更多的输入端口，但扩展得越多，端口的操作速度会越慢。程序如下：

```
DIZI    EQU   20H
ZJSU    EQU   02H
WSU     EQU   05H
        ORG   2000H
START:  MOV   SP,#60H
        MOV   R7,#WSU          ; 置循环次数
        MOV   R6,#ZJSU         ; 置并入的字节数
        MOV   R0,#DIZI         ; 设片内 RAM 指针
REC0:   CLR   P1.0             ; 并行置入 16 位数据
        SETB  P1.0             ; 允许串行移位输出
        MOV   SCON,#10H
REC1:   JNB   RI,REC1
        CLR   RI
        MOV   A,SBUF
        MOV   @R0,A
        INC   R0
        DJNZ  R6,REC1
        MOV   R6,#ZJSU
        DJNZ  R7,REC0
        RET
```

7.5.2 用串行口进行异步通信

串行口工作在方式 1、2、3 时，都用于异步通信，它们之间的主要差别在于字符帧格式和通信波特率的不同。双机异步通信的连接线路如图 7-10 所示。下面分别以甲机发送、乙机接收等情况举例分析。

【例 7-4】用查询法编写串行口方式 1 下的发送程序。设单片机主频为 11.059 MHz，采用定时器 1 方式 2 作波特率发生器，波特率为 1 200 b/s；发送数据在片内 RAM 的 20H～3FH 单元中，要求在最高位上加奇偶校验位后由串行口发送。

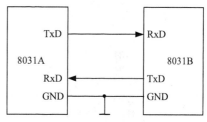

图 7-10 双机异步通信的连接线路图

分析：根据发送的波特率 1 200 b/s，取 SMOD = 0，通过下式计算得到 THl 和 TLl 的时间常数初值 X 为：

$$X = 256 - 11.059 \times 10^6 \times 2^0/(384 \times 1\ 200) = 232 = 0E8H$$

所谓奇偶校验方法就是在发送时，在每一个字符的最高位（方式 1）或最高位之后（方式 2、3）都附加一个奇偶校验位。这个校验位可为 1 或 0，以保证整个字符（包括校验位）为 1 的位数为偶数（偶校验）或奇数（奇校验）。接收时，按照发送方规定的同样的奇偶性，对接收到的每一个字符进行校验，若二者不一致，说明出现了差错。

奇偶校验是一个字符校验一次，是针对单个字符进行的。奇偶校验只能提供最低级的错误检测，尤其只能检测到那种影响了奇数位的错误，通常只用在异步通信中。

参考程序如下:

```
        ORG     0000H
        AJMP    START
        ORG     1000H
START:  MOV     SP,#70H
        MOV     TMOD,#20H           ; 定时器 T1 工作于方式 2
        MOV     TH1,#0E8H           ; 给 T1 赋初值
        MOV     TL1,#0E8H
        SETB    TR1                 ; 启动 T1
        MOV     PCON,#00H           ; 令 SMOD=0
        MOV     SCON,#40H           ; 串行口为方式 1
        MOV     R0,#20H             ; 字符块始地址送 R0
        MOV     R2,#32
D01:    MOV     A,@R0               ; 发送字符送 A
        MOV     C,PSW.0             ; 奇偶校验位送 C
        CPL     C                   ; 形成奇校验位送 C
        MOV     ACC.7,C             ; 使 A 中成为奇数 1
        MOV     SBUF,A              ; 启动发送
        JNB     TI,$
        CLR     TI
        INC     R0
        DJNZ    R2,D01              ; 若字符块未发完则转到 D01
ED:     SJMP    ED
```

【例 7-5】请用中断法编写串行口方式 3 下的接收程序。设单片机的主频为 11.059MHz，波特率为 1 200 b/s，串行口接收器把接收到的 32 B 数据存入片外 2000H～201FH 单元。接收过程要求判断奇偶效验标志 RB8，若出错 F0 标志置 "1"，正确 F0 标志置 "0"，然后返回。

分析：根据波特率和主频选择 SMOD = 0，按公式计算得 TH1 和 TL1 的初值为 0E8H。

参考程序如下:

```
        ORG     0000H
        AJMP    START
        ORG     0023H
        AJMP    SPIN
        ORG     1000H
START:  MOV     SP,#70H
        MOV     TMOD,#20H           ; 定时器 T1 工作于方式 2
        MOV     TH1,#0E8H           ; 设置时间常数初值
        MOV     TL1,#0E8H
        SETB    TR1                 ; 启动 T1
        MOV     DPTR,#2000H         ; 接收数据区始地址送 DPTR
        MOV     R2,#32
        MOV     PCON,#00H           ; 使 SMOD=0
        MOV     SCON,#0D0H          ; 串行口工作于方式 3 接收
        SETB    EA
        SETB    ES
STOP:   SJMP    STOP                ; 等待串行中断
```

接收子程序:

```
        ORG     2000H
SPIN:   CLR     RI                  ; 接收完后 RI 清 "0"
        MOV     A,SBUF              ; 数据块长度字节送 A
        JNB     PSW.0,PZ
        JNB     RB8,ERR
```

```
        SJMP    YES
PZ:     JB      RB8,ERR
YES:    MOVX    @DPTR,A        ;存入 DPTR 所指单元
        INC     DPTR
        DJNZ    R2,RIGH
        CLR     PSW.5
        CLR     ES
RIGH:   RETI
ERR:    SETB    PSW.5
        CLR     EA
        CLR     ES
        RETI
```

7.5.3 MCS-51 双机异步通信

双机通信也称为点对点的串行异步通信。利用单片机的串行口，可以进行单片机与单片机、单片机与通用微机间的点对点的串行通信。

1. TTL 电平信号直接传输

如果采用 TTL 电平直接在电缆（或双绞线）上传输信息，传输距离一般不超过 1 m。例如 8051 与扩展的串行打印机的连接，这时双方的串行口可以直接相连。

如果传输的距离在 15 m 之内，就应该采用 RS-232 电平信号传输。微机的串口采用的就是 RS-232 电平。

2. RS-232C 电平信号传输

RS-232C 是广泛使用的串行总线标准。RS-232C 标准规定了传送的数据和控制信号的电平，其规定如下。

（1）数据线上的信号电平

mark（逻辑 1）：+3～+25 V。

space（逻辑 0）：-3～-25 V。

（2）控制和状态线上的信号电平

ON（逻辑 0）：+3～+25 V（接通）。

OFF（逻辑 1）：-3～-25 V（断开）。

以上信号电平与 TTL 电平显然是不匹配的。为了实现 RS-232C 电平与 TTL 电平的连接，必须进行信号电平转换。实现 RS-232C 标准电平与 TTL 电平间相互转换的接口芯片，目前常用的一种是 MAX232。

MAX232 的芯片引脚，如图 7-11 所示。引脚说明如下。

（1）C0+、C0-、C1+、C1-是外接电容端。

（2）R1$_{IN}$、R2$_{IN}$ 是两路 RS-232C 电平信号接收输入端。

（3）Rl$_{OUT}$、R2$_{OUT}$ 是两路转换后的 TTL 电平信号接收输出端，接 8051 的 RxD 接收端。

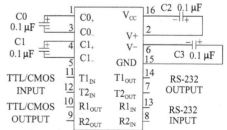

图 7-11　MAX232 芯片引脚

（4）Tl$_{IN}$、T2$_{IN}$ 是两路 TTL 电平发送输入端，接 8051 的 TxD 发送端。

（5）Tl$_{OUT}$、T2$_{OUT}$ 是两路转换后的 RS-232C 电平信号输出端，接传输线。

（6）V+ 经电容接电源 +5 V。

（7）V- 经电容接地。

这种连接的传输介质一般采用双绞线，通信距离一般不超过 15 m，传输率小于 20 KB/s。在要求信号传输快、距离远时，可采用 RS-422A、RS-485 等其他通信标准。

3．双机通信编程举例

【例 7-6】 按照图 7-12 所示的接口电路，分别编写发送通信程序和接收通信程序。

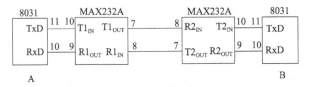

图 7-12 点对点双机通信

（1）通信双方的约定

假定 A 机为发送者，B 机为接收者。假定数据块长度为 16 个字节，数据缓冲区起始地址是 40H。当 A 机开始发送时，先送一个"0AAH"信号，B 机收到后回答一个"55H"信号，表示同意接收。当 A 机收到"55H"信号后，开始发送数据，在发送数据之前将数据块长度发送给 B 机，发送完 16 个字节后，向 B 机发送一个"校验和"。校验和方法是针对数据块进行的。在数据发送时，发送方对块中的数据简单求和，产生一个单字节校验字符（校验和）附加到数据块结尾。

B 机接收数据并将其转存到数据缓冲区，起始地址也为 40H，每接收到一个数据也计算一次"校验和"，当收齐一个数据块后，再接收 A 机发来的"校验和"，并将它与 B 机求出的"校验和"进行比较，若两者相等，说明接收正确，B 机回答"00H"信号；若两者不等，说明接收不正确，B 机回答"0FFH"信号，请求重发。A 机收到"00H"的回答后，结束发送。若收到的答复非零，则将数据再重发一次。双方约定的传输波特率若为 1 200 b/s，若双方的 f_{osc} = 11.059 MHz，T1 工作在定时方式 2，(THl) = (TLl) = 0E8H，PCON 寄存器的 SMOD 位为"0"。

（2）用于 A 机发送的通信子程序

通信子程序如下：

```
        ORG    3000H
SENDA:  MOV    TMOD,#20H      ; 设 T1 为定时方式 2
        MOV    TH1,#0E8H      ; 设定波特率
        MOV    TL1,#0E8H
        MOV    PCON,#00H
        SETB   TR1            ; 启动 T1
        MOV    SCON,#50H      ; 串行口工作在方式 1
T1A:    MOV    SBUF,#0AAH     ; 发送联络信号
S1A:    JBC    TI,R1A         ; 等待发送出去
        SJMP   S1A
R1A:    JBC    RI,R2A         ; 等待 B 机回答
        SJMP   R1A
R2A:    MOV    A,SBUF         ; 接收联络信号
        XRL    A,#55H
```

```
        JNZ     T1A                 ; B机未好,继续联络
T2A:    MOV     SBUF,#16
        JNB     TI,$
        CLR     TI
        MOV     R0,#40H             ; R0 指向缓冲区首地址
        MOV     R7,#10H             ; 装载计数初值
        MOV     R6,#00H             ; 清校验和寄存器
T3A:    MOV     SBUF,@R0            ; 发送一个数据字节
        MOV     A,R6
        ADD     A,@R0               ; 求"校验和"
        MOV     R6,A                ; 保存"校验和"
        INC     R0
S2A:    JBC     TI,T4A
        SJMP    S2A
T4A:    DJNZ    R7,T3A              ; 判断数据块发送完否
        MOV     SBUF,R6             ; 发送"校验和"
S4A:    JBC     TI,R3A
        SJMP    S4A
R3A:    JBC     RI,R4A              ; 等待 B 机应答
        SJMP    R3A
R4A:    MOV     A,SBUF
        JNZ     T2A                 ; 回答出错,则重发
        RET
```

（3）用于 B 机接收的通信子程序

子程序如下:

```
REVB:   MOV     TMOD,#20H           ; 设 T1 为定时方式 2
        MOV     TH1,#0E8H           ; 设置波特率
        MOV     TL1,#0E8H
        MOV     PCON,#00H
        SETB    TR1
        MOV     SCON,#50H           ; 串行口工作在方式 1
R1B:    JBC     RI,R2B              ; 等待 A 机联络信号
        SJMP    R1B
R2B:    MOV     A,SBUF
        XRL     A,#0AAH             ; 判断 A 机请求否
        JZ      T1B
        MOV     SBUF, #0AAH
        SJMP    R1B
T1B:    MOV     SBUF, #55H          ; 发应答信号
S1B:    JBC     TI,R3B
        SJMP    S1B
R3B:    JNB     RI,$
        CLR     RI
        MOV     A,SBUF
        MOV     R7,A                ; R7 作长度计数器
        MOV     R0,#40H             ; R0 指向缓冲区首地址
        MOV     R6,#00H             ; "校验和"单元清"0"
R4B:    JBC     RI,R5B
        SJMP    R4B
R5B:    MOV     A,SBUF
```

```
            MOV    @R0,A
            INC    R0
            ADD    A,R6
            MOV    R6,A              ; 求"校验和"
            DJNZ   R7,R4B            ; 判数据块发送完否
   R6B:     JBC    RI,R7B            ; 接收 A 机"校验和"
            SJMP   R6B
   R7B:     MOV    A,SBUF
            XRL    A,R6              ; 比较"校验和"
            JZ     ENDB
            MOV    SBUF,#0FFH        ; "校验和"不对,出错
   S3B:     JBC    TI,R3B
            SJMP   S3B               ; 出错重新接收
   ENDB:    MOV    SBUF,#00H
   ENDB1:   JBC    T1,STOP
            SJMP   ENDB1
   STOP:    RET
```

7.6 MCS-51 串行口的多机通信

MCS-51 的方式 2 和方式 3 有一个专门的应用领域,即多处理机通信。这一功能使它可以方便地应用于各种分布式系统。分布式系统采用一台主机和多台从机,主机和各从机可实现全双工通信,其中主机发送的信息可被各从机接收,而各从机发送的信息只能由主机接收,从机与从机之间不能互相直接通信。它们的通信方式之一如图 7-13 所示。

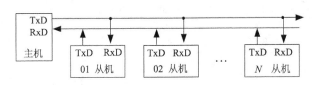

图 7-13 多机通信连接图

多机通信的实现,主要靠主、从机之间正确地设置与判断多机通信控制位 SM2 和发送或接收的第 9 数据位(D8)。

图 7-13 中,主机的 RxD 端与所有从机的 TxD 端相连,TxD 与所有从机的 RxD 端相连,主机发送的信息可传送到各个从机或指定的从机,而各从机发送的信息只能被主机接收。由于通信直接以 TTL 电平进行,因此主从机之间的连线以不超过 1 m 为宜。此外,各从机应当编址,以便主机能够按地址寻找通信伙伴。多机通信中,要保证主机与所选从机间可靠地通信,必须保证通信接口具有识别功能,而 MCS-51 串行口控制寄存器(SCON)中的控制位 SM2 就是为满足这一要求而设置的。多机通信控制原理是:当串行口以方式 2(或方式 3)工作时,发送和接收的每一帧信息都是 11 位,其中第 9 位数据是可编程的,通过对 SCON 的 TB8 置"1"或清"0",以区别发送的是数据帧还是地址帧。规定 TB8 清"0"时表示数据帧,TB8 置 1 时表示地址帧。

通信以主机发送信息,从机接收信息开始。主机发送时,通过设置 TB8 位的状态来说明发送的是地址帧还是数据帧。而在从机方面,为了接收信息,初始化时应把 SCON

的 SM2 位置 "1"。因为，当 SM2 = 1 时，表示置多机通信功能位，这时出现两种可能的情况：接收到的第 9 数据位状态为 1 时，才将数据送 SBUF，RI 置 "1"，并向 CPU 发出中断请求；如果接收的数据为 0，则不产生中断，信息将被抛弃。而当 SM2 = 0 时，无论收到的第 9 数据位是 0 还是 1，都把接收到的数据送 SBUF，中断标志 RI 都置 "1"，并向 CPU 发出中断请求。根据这个功能，可实现多个 MCS-51 应用系统的串行通信，通常规定具体的通信过程如下。

（1）使所有从机的 SM2 置 "1"，处于只接收地址帧的状态。

（2）主机 TB8 置 "1"，发送要寻址从机的一帧地址信息。

（3）由于所有从机的 SM2 = 1，因此所有从机都能收到主机发送的地址信息。所有从机接收到主机发送的地址帧后，将各自所收到的地址与其本身地址相比较。

（4）对于地址相符的从机，使 SM2 清 "0"，并向主机返回本从机地址供主机核对，并可以接收主机随后发来的所有信息，对于地址不符的从机，仍保持 SM2 = 1，对主机随后发来的信息不予理睬，直至发送新的地址帧。

（5）主机核对无误后，向已被寻址的从机发送控制命令（数据帧的第 9 位置 "0"），通知从机是进行数据接收还是进行数据的发送。

（6）主机只与被寻址的从机进行数据通信。

（7）当主机改为与另外从机联系时，可再发出地址帧寻址其从机，而先前被寻址过的从机在分析出主机是与其他从机寻址时，恢复 SM2 = 1，对随后主机发来的数据帧不予理睬。

多机通信原理的流程图如图 7-14 所示。如何编写主从机的初始化程序、中断服务子程序，要视系统的具体要求而定，这里不再赘述。

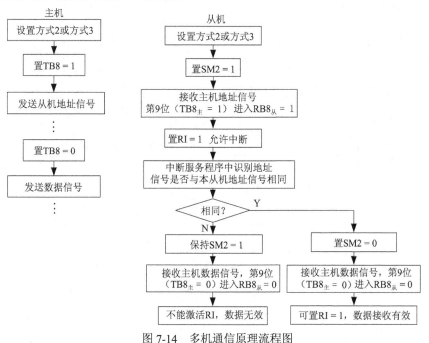

图 7-14　多机通信原理流程图

习 题 七

1. 并行通信与串行通信的主要区别是什么？各自有什么优缺点？

2. 什么是异步通信？它有哪些特点？有几种帧格式？

3. 什么是单工串行口、半双工串行口、全双工串行口？

4. 请用查询方式编写一段数据发送程序。数据块首地址为片内 RAM 的 30H 单元，块长度为 20 B，设串行口工作于方式 1，波特率为 9 600 b/s，主频 f_{osc} 为 11.059 MHz。

5. 请用中断方法编写一段数据发送程序，数据块首地址为片外 RAM 的 TTAB，块长度为 30 B，设串行口工作于方式 3，波特率为 4 800 b/s，$f_{osc} = 11.059$ MHz，采用奇校验。

6. 与上题相对应，编写串行口的接收程序，将接收到的数据放在片外 RAM 起始地址为 RTAB 处，波特率为 4 800 b/s。若奇校验出错则标志位 FO 置"1"。

7. 串行口多机通信的原理是什么？其中 SM2 的作用是什么？与双机通信的区别是什么？

8. 为什么在 RS-232 与 TTL 之间要加电平转换器件？一般加什么转换器件？

第 8 章

I/O 接口扩展设计及应用

教学目的和要求

本章主要介绍 MCS-51 系列单片机接口电路、简单接口和可编程接口 8255、8155、8279 的结构原理及应用。要求重点掌握 MCS-51 系列单片机接口电路、简单接口和可编程接口 8255、8155 内部结构及应用方法。

8.1 I/O 扩展概述

在 MCS-51 系列单片机的应用系统中，单片机本身提供的输入/输出端口线并不多，只有 P1 准双向口的 8 位 I/O 线和 P3 口的某些位线可作为输入/输出线使用。因此，在多数应用系统中，MCS-51 单片机都需要外扩输入/输出（I/O）接口芯片。MCS-51 单片机的外部数据存储器 RAM 和 I/O 是统一编址的，用户可以把外部 64KB 的数据存储器 RAM 空间的一部分作为扩展 I/O 接口的地址空间，每一个接口芯片中的一个功能寄存器端口地址就相当于一个 RAM 存储单元，CPU 可以像访问外部存储器 RAM 那样访问外部接口芯片，对其功能寄存器进行读、写操作。MCS-51 单片机是 Intel 公司的产品，而 Intel 公司配套的外围接口芯片的种类齐全，并且与 MCS-51 单片机的接口电路逻辑简单，这样就为 MCS-51 单片机扩展外围接口芯片提供了很大方便。

Intel 公司常用的外围接口芯片有：8255、8155、8279。

（1）8255：可编程的通用并行接口电路（3 个 8 位 I/O 口）。

（2）8155：可编程的 RAM/（I/O）扩展接口电路（256 个 RAM 字节单元，2 个 8 位 I/O 口，1 个 6 位 I/O 口，1 个 14 位的减法定时器/计数器）。

（3）8279：可编程键盘、显示接口。

它们都可以和 MCS-51 单片机直接相接，且接口逻辑十分简单。另外 74LS 系列的 LSTTL 电路也可以作为 MCS-51 的扩展 I/O 口，如 74LS373、74LS377 等。本章主要介绍 MCS-51 单片机如何扩展 8255A、8155、8279 接口芯片；如何利用 74LS373、74LS377 等来扩展并行 I/O 口。

在进行 I/O 扩展时，同样存在编址的问题。存储器是对存储单元进行编址，而接口电路则是对其中的端口进行编址。对端口编址是为 I/O 操作而进行的，因此也称为 I/O 编址。常用的 I/O 编址有两种方式：独立编址方式和统一编址方式。

所谓独立编址，就是把 I/O 和存储器分开进行编址，亦即各编各的地址。这样在计算机系统中就形成了两个独立的地址空间：存储器地址空间和 I/O 地址空间。因此在使用独立编址方式的计算机指令系统中，除存储器读写指令外，还有专门的 I/O 指令以进行数据输入/输出等操作。

统一编址就是把系统中的 I/O 和存储器统一进行编址。在这种编址方式中，把 I/O 接口中的寄存器（端口）与存储器中的存储单元同等对待。采用这种编址方式的计算机只有一个统一的地址空间，该地址空间既供存储器编址使用，也供 I/O 编址使用。

MCS-51 单片机使用统一编址方式。因此在接口电路中的 I/O 编址也采用 16 位地址，同存储单元地址长度一样。对片外 I/O 的输入/输出指令就是访问 RAM 的指令。

MCS-51 单片机进行扩展 I/O 接口设计时，要注意以下几个问题。

（1）熟悉 MCS-51 本身的 P0～P3 口特性及指令功能。

（2）分析清楚要扩展的接口芯片的功能、结构及能力。

（3）在进行硬件设计时要注意接口电平及驱动能力。

（4）设计驱动程序要注意，防止总线上的数据冲突。应根据实际情况采用不同的数据传送控制方式。

以上几个问题，也是在后面几章中所要讨论的 MCS-51 单片机扩展各种接口芯片时，应当注意的问题。

8.2 MCS-51 单片机与可编程并行 I/O 芯片 8255A 的接口

8.2.1 8255A 芯片介绍

8255A 是 Intel 公司生产的可编程输入/输出接口芯片，它具有 3 个 8 位的并行 I/O 口，分别为 PA 口、PB 口和 PC 口，其中 PC 口又分为高 4 位口（PC7～PC4）和低 4 位口（PC3～PC0），它们都可以通过软件编程来改变 I/O 口的工作方式。8255A 可以与 MCS-51 单片机直接接口。

8255A 的引脚如图 8-1 所示，8255A 的结构框图如图 8-2 所示。

其结构框图由以下几个部分组成。

（1）数据端口 A、B、C

8255A 有 3 个并行口，PA、PB 和 PC，它们都可以选择作为输入或者输出的工作模式，但在功能和结构上有些差异。

① PA 口：一个 8 位数据输出锁存器和缓冲器；一个 8 位数据输入锁存器。

② PB 口：一个 8 位数据输出锁存器和缓冲器；一个 8 位数据输入缓冲器。

③ PC 口：一个 8 位的输出锁存器；一个 8 位数据输入缓冲器。

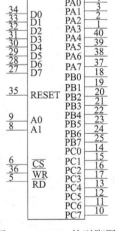

图 8-1 8255A 的引脚图

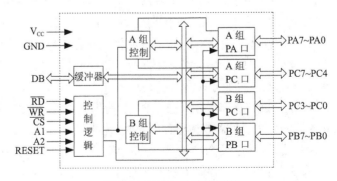

图 8-2 8255A 的结构框图

通常 PA 口、PB 口作为输入/输出口，PC 口可作为输入/输出口，也可在软件的控制下，分为两个 4 位的端口，作为端口 A、B 选通方式操作时的状态控制信号。

（2）A 组和 B 组控制电路

这是两组根据 CPU 写入的命令字控制 8255A 工作方式的控制电路。A 组控制 PA 口和 PC 口的上半部（PC7～PC4）；B 组控制 PB 口和 PC 口的下半部（PC3～PC0）。

（3）双向三态数据缓冲器

这是 8255A 和 CPU 数据总线的接口，CPU 和 8255A 之间的命令、数据和状态的传递都通过双向三态总线缓冲器传送，D7～D0 接 CPU 的数据总线。

（4）读写和控制逻辑

A0、A1、$\overline{CS}$ 为 8255A 的端口选择信号和片选信号，$\overline{RD}$ 、$\overline{WR}$ 为 8255A 的读写控制信号，这些信号线分别和 MCS-51 的地址线和读写信号线相连接，实现 CPU 对 8255A 的端口选择和数据传送。

CPU 对 8255A 的 A 口、B 口、C 口和控制口的寻址，如表 8-1 所示。

（5）复位控制

引脚 RESET 为复位信号输入引脚，高电平有效。复位有效时，它把控制寄存器清"0"并设置所有端口（A、B、C）为输入方式。

表 8-1　8255A 端口选择表

操作	$\overline{CS}$	A1	A0	$\overline{RD}$	$\overline{WR}$	功　能
输入	0	0	0	0	1	A 口→数据总线（读端口 A）
输入	0	0	1	0	1	B 口→数据总线（读端口 B）
输入	0	1	0	0	1	C 口→数据总线（读端口 C）
输入	0	1	1	0	1	状态寄存器→数据总线
输出	0	0	0	1	0	数据总线→A 口（写端口 A）
输出	0	0	1	1	0	数据总线→B 口（写端口 B）
输出	0	1	0	1	0	数据总线→C 口（写端口 C）
输出	0	1	1	1	0	数据总线→控制寄存器
禁止	1	×	×	×	×	数据总线为高阻态

8.2.2　8255A 的 3 种工作方式及选择

8255A 有 3 种基本工作方式。

（1）方式 0——基本输入/输出。

（2）方式 1——选通输入/输出。

（3）方式 2——双向传送（仅 PA 口）。

工作方式的选择由 CPU 输出的控制字决定。

1．"方式"选择控制字

8255A 的工作方式可由 CPU 送出一个控制字到 8255A 的控制字寄存器来选择。这个控制字的格式如图 8-3 所示，可以分别选择端口 A 和端口 B 的工作方式，端口 C 分成两部分，上半部分随端口 A，下半部分随端口 B。端口 A 有方式 0、方式 1 和方式 2 三种工作方式，而端口 B 只能工作于方式 0 和方式 1。最高位 D7 是该控制字的标志位，其状态固定为 1，用于表明本字节是方式控制字。

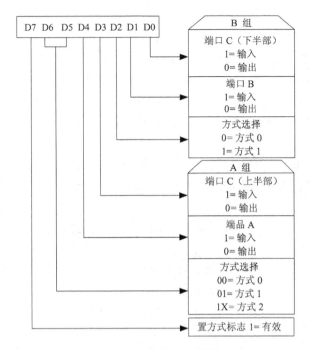

图 8-3 8255A 的控制字格式

【例 8-1】若对 8255A 作如下设置：A 口为方式 0 输入，B 口为方式 1 输出，C 口高位部分为输出，低位部分为输入，设控制寄存器地址为 0FFFBH。

按各口的设置要求，工作方式控制字为 10010101B，即 95H。则初始化程序段为：

```
MOV   DPTR,#0FFFBH
MOV   A,#95H
MOVX  @DPTR,A
```

2. C 口按位置位/复位功能

端口 C 的 8 位中的任意一位，可用一个写入 8255A 的控制口的置位/复位控制字来置位或复位。这个功能主要用于控制。控制字的格式如图 8-4 所示，D7 是该控制字的标志位，其状态固定为 0。

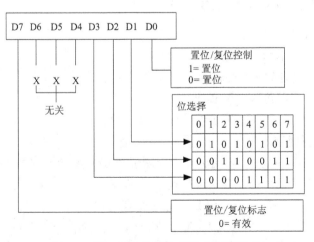

图 8-4 端口 C 按位置位/复位控制字格式

【**例 8-2**】如果想把 8255A C 口的 PC1 置位，PC7 复位，该如何对 8255A 编程。将 03H 写入控制口，PC1 置位；0EH 写入控制口，PC7 复位，设控制寄存器地址为 0FFFBH。

程序如下：

```
MOV   DPTR, #0FFFBH
MOV   A,    #03H
MOVX  @DPTR,A
MOV   A,    #0EH
MOVX  @DPTR,A
```

3．方式 0 的功能

方式 0 是一种基本的输入/输出方式，在这种工作方式下，3 个端口都可由程序选定作为输入或输出，这种方式适用于无条件传送数据的设备。例如，读一组开关的状态，控制一组指示灯的亮与灭，并不需要联络信号，CPU 可随时读入开关的状态，随时可把一组数据送到指示灯显示。

方式 0 的基本功能如下。

（1）两个 8 位端口（A 和 B）和两个 4 位端口（C）。

（2）任意一个端口都可以作为输入或输出。

（3）输出是锁存的。

（4）输入是不锁存的。

（5）在方式 0 下，各个端口的输入、输出可有 16 种不同的组合。

在这种工作方式下，由于是无条件地传送数据，所以不需要状态端口，3 个端口都可作为数据端口。在 MCS-51 系统中，只要执行 MOVX 类指令，便可完成输入/输出操作。

4．方式 1 的功能

这是一种选通的 I/O 方式。在这种工作方式下，端口 A 或端口 B 作为数据的输入/输出，但同时规定端口 C 的某些位作为数据传送的联络信号。具体定义如表 8-2 所示。方式 1 适用于查询或中断方式的数据输入/输出。

表 8-2　C 口联络信号定义

C 口 位 线	方　式　1		方　式　2	
	输　入	输　出	输　入	输　出
PC7	—	$\overline{OBFA}$	—	$\overline{OBFA}$
PC6	—	$\overline{ACKA}$	—	$\overline{ACKA}$
PC5	IBFA	—	IBFA	—
PC4	$\overline{STBA}$	—	$\overline{STBA}$	—
PC3	INTRA	INTRA	INTRA	INTRA
PC2	$\overline{STBB}$	$\overline{ACKB}$	—	—
PC1	IBFB	$\overline{OBFB}$	—	—
PC0	INTRB	INTRB	—	—

（1）方式 1 的基本功能

① 用作一个或两个选通端口。

② 每一个端口包含有：8 位数据端口；三条控制线（是固定指定的，不能用程序改变）；提供中断逻辑。

③ 任何一个端口都可以作为输入或输出。

④ 若只有一个端口工作于方式 1，余下的 13 位，可以工作于方式 0（由控制字决定）。

⑤ 若两个端口都工作于方式 1，端口 C 还留下 2 位，这 2 位可以由程序指定作为输入或输出，也具有置位/复位功能。

（2）方式 1 输入

当任意一个端口工作于方式 1 输入时，其逻辑组态如图 8-5 所示。

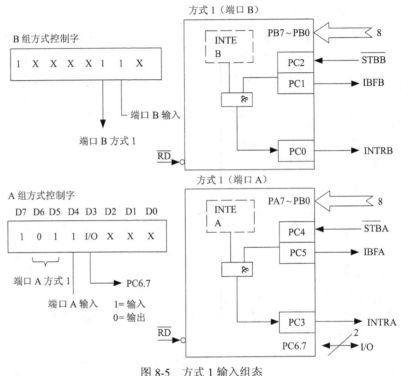

图 8-5　方式 1 输入组态

其各个控制信号的意义如下。

① $\overline{STB}$：选通脉冲信号（输入），低电平有效。这是由外设供给的输入控制信号，当其有效时，把从外设来的数据送入锁存器。

② IBF：输入缓冲器满信号（输出），高电平有效。这是一个 8255A 输出的状态信号。当其有效时，表示数据已输入至输入锁存器，它由 $\overline{STB}$ 信号置位（高电平），而读信号的上升沿使其复位。

③ INTR：中断请求信号（输出），高电平有效。这是 8255A 的一个输出信号，可用于向 CPU 提出中断请求。当 $\overline{STB}$、IBF 为高电平，同时 INTE（中断允许）被置"1"时，INTR 变为高电平，而由读信号的下降沿使其复位。

④ INTEA 和 INTEB：中断使能信号。

（3）方式 1 输出

当任意一个端口工作于方式 1 输出时，其逻辑组态如图 8-6 所示，其各个控制信号的意义如下。

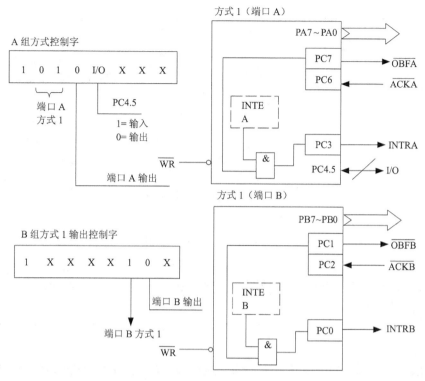

图 8-6 方式 1 输出组态

① OBF：输出缓冲器满信号，低电平有效，这是 8255A 输出给外设的一个控制信号。当其有效时，表示 CPU 已经把数据输出给指定的端口，可以把数据输出。它由 WR 信号上升沿置成低电平，由 ACK 的有效信号使其恢复为高电平。

② ACK：低电平有效。这是一个外设的响应信号，指示 CPU 输出给 8255A 的数据已经由外设接收。

③ INTR：中断请求信号，高电平有效。当输出装置已经接收 CPU 输出的数据后，它用来向 CPU 提出新的中断请求，要求 CPU 继续输出数据。当 ACK 为 1（高电平），OBF 为 1（高电平）和 INTE 为 1（高电平）时，使其置位（高电平），而 WR 信号的下降沿使其复位（低电平）。

④ INTEA：A 口中断使能信号，由 PC6 的置位/复位来控制。

⑤ INTEB：B 口中断使能信号，由 PC2 的置位/复位来控制。

5．方式 2 的功能

这种工作方式，使外设在单一的 8 位总线上，既能发送也能接收数据（双向总线 I/O）。工作时可用程序查询方式，也可工作于中断方式。

该工作方式的主要功能如下。

① 方式 2 只用于端口 A，端口 B 无此种工作方式。

② 一个 8 位的双向总线端口（端口 A）和一个 5 位控制端口（端口 C）。

③ 输入和输出是锁存的。

④ 5 位控制端口用作端口 A 的控制和状态信息。

8255A 工作在方式 2 时，其逻辑组态如图 8-7 所示。

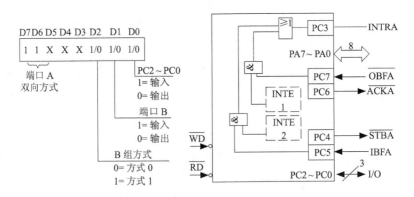

图 8-7　方式 2 输出组态

各个信号的意义如下。

（1）INTR：中断请求信号，高电平有效。在输入和输出方式时，都可用来作为向 CPU 的中断请求信号。

（2）$\overline{OBF}$：输出缓冲器满信号，低电平有效。它是对外设的一种选通信号，表示 CPU 已经把数据输出至端口 A。

（3）$\overline{ACK}$：响应信号，低电平有效。它启动端口 A 的三态输出缓冲器，送出数据，否则，输出缓冲器处在高阻状态。

（4）INTEl（与输出缓冲器相关的中断屏蔽触发器）：由 PC6 的置位/复位来控制。

（5）$\overline{STB}$：选通输入信号，低电平有效。这是外设供给 8255A 的选通信号，它把输入数据选通至 8255A 的输入锁存器。

（6）IBF：输入缓冲器满信号，高电平有效。它是一个状态信号，当其有效时指示数据已进入输入锁存器。

（7）INTE2（与输入缓冲器相关的中断屏蔽触发器）：由 PC4 的置位/复位来控制。

8.2.3　接口应用举例

【例 8-3】在 8051 单片机上扩展一片 8255A 芯片，设端口 A 为方式 0 输入，端口 B 为方式 0 输出，端口 C（上半部）PC7～PC4 为输入，端口 C（下半部）PC3～PC0 为输出。要求从 A 口读入的数据从 B 口输出。试设计扩展接口电路，并给出初始化程序。

完成上述功能的接口电路如图 8-8 所示。

根据图 8-8 所示的硬件接口方式，并结合前面的分析得知，芯片的片选端 $\overline{CS}$ 是用线选法产生的，既直接用地址线 P2.7 做片选信号，因此 8255A 芯片 PA 端口的地址为 7FFCH，PB 口的地址为 7FFDH，PC 口的地址为 7FFEH，控制寄存器的地址为 7FFFH，可用“MOVX”指令来访问这些端口。图中 8255A 的复位信号由单片机的 P1.0 口控制，这样做的优点是可用软件控制 8255A 有足够长的复位时间。

8255A 复位时，所有端口均被置为基本输入方式，如果不符合应用系统的要求，就必须进行编程改变这个工作方式。所谓编程，就是向 8255A 控制寄存器写入一个控制字，该控制字用来确定各个端口的工作方式及输入/输出方向。

根据题目要求，8255A 的控制字为 10011000B＝98H（控制字的格式见图 8-3）。初始化程序如下：

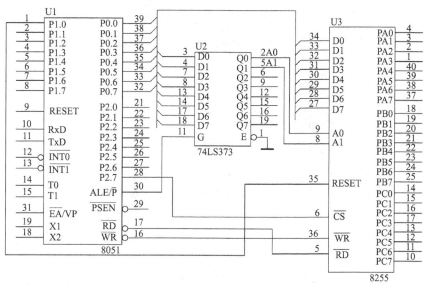

图 8-8 8255A 的扩展接口电路

```
MOV   A,#98H
MOV   DPTR,#7FFFH
MOVX  @DPTR,A
MOV   DPTR,#7FFCH
MOVX  A,@DPTR
INC   DPTR
MOVX  @DPTR,A
```

8.3 MCS-51 与可编程芯片 8155 的接口

Intel 8155/8156 芯片内包含有 256 B 的 RAM 存储器（静态）、两个可编程的 8 位并行口 PA 和 PB、一个可编程的 6 位并行口 PC 以及一个 14 位定时器/计数器。PA 口和 PB 口可工作于基本输入/输出方式（同 8255A 的方式 0）或选通输入/输出方式（同 8255A 的方式 1）。8155 可直接和 MCS-51 单片机接口，不需要增加任何硬件逻辑。由于 8155 既有 RAM 又具有 I/O 口，因而是 MCS-51 单片机系统中最常用的外围接口芯片之一。

8.3.1 8155 芯片介绍

1. 8155 的结构与引脚

8155 芯片为 40 引脚双列直插式封装，单一的 +5 V 电源，其引脚排列如图 8-9 所示，其逻辑结构如图 8-10 所示。

各引脚的功能说明如下。

（1）RESET：8155 内部复位信号输入端，高电平有效。8155 被初始复位后 I/O 口变为输入方式。

（2）AD0～AD7：三态的地址/数据线，地址可以是 8155 的 RAM 单元地址或 I/O 口地址。AD0～AD7 上的地址由 ALE 下降沿锁存到 8155 内部地址锁存器。IO/$\overline{\text{M}}$ 引脚的电平决定地址是 RAM 地址还是 I/O 地址。8 位数据是写入到 8155 芯片还是从 8155 芯片读出，取决于 $\overline{\text{WR}}$ 有效还是 $\overline{\text{RD}}$ 有效。

（3）$\overline{\text{CE}}$：片选信号线，低电平有效，也由 ALE 下降沿锁存到 8155 内部锁存器。

（4）IO /$\overline{\text{M}}$：8155 的 RAM 存储器和 I/O 口选择线，IO/$\overline{\text{M}}$=0，AD0～AD7 的地址为 8155 RAM 单元的地址，对 RAM 进行读写，IO/$\overline{\text{M}}$=1，AD0～AD7 的地址为 8155 I/O 口的地址，对 I/O 口进行读写。

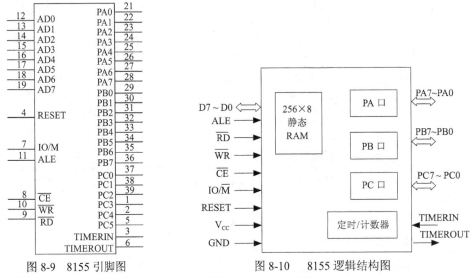

图 8-9 8155 引脚图　　　　　　　图 8-10　8155 逻辑结构图

（5）$\overline{\text{RD}}$：读选通信号，低电平有效。$\overline{\text{RD}}$ 为低电平，$\overline{\text{CE}}$ = 0 时，8155 内部 RAM 单元或 I/O 口内容传送到 AD0～AD7。

（6）$\overline{\text{WR}}$：写选通信号，低电平有效。当 $\overline{\text{CE}}$ = 0，$\overline{\text{WR}}$ 端出现负脉冲时，CPU 输出到 AD0～AD7 的数据写入 8155 内的 RAM 单元或 I/O 口。

（7）ALE：地址锁存允许信号，高电平有效。控制信号 ALE 的下降沿将 AD0～AD7 线上的地址信息以及 $\overline{\text{CE}}$、IO/$\overline{\text{M}}$ 的状态信息锁存在 8155 内部寄存器中。

（8）PA0～PA7：端口 A 的通用 I/O 线，由程序控制的命令寄存器选择输入/输出方向。

（9）PB0～PB7：端口 B 的通用 I/O 线，由程序控制的命令寄存器选择输入/输出方向。

（10）PC0～C5：端口 C 的 I/O 线或 PA 口和 PB 口的控制信号。通过命令寄存器实现程序控制。当 PC0～PC5 用作控制信号时，作用如下。

① PC0——AINTR，A 口的中断请求信号。

② PC1——ABF，A 口缓冲器满信号。

③ PC2——$\overline{\text{ASTB}}$，A 口选通脉冲信号。

④ PC3——BINTR，B 口的中断请求信号。

⑤ PC4——BBF，B 口的缓冲器满信号。

⑥ PC5——$\overline{\text{BSTB}}$，B 口选通脉冲信号。

（11）TIMERIN：定时器/计数器输入端。

（12）TIMEROUT：定时器/计数器输出端。

（13）V_{CC}：+5 V。

（14）V_{SS}：地。

2．CPU 对 8155 的 RAM 单元和 I/O 的寻址

（1）IO/$\overline{\text{M}}$ = 0 时，CPU 对 8155 的 256 个字节的 RAM 单元寻址。

（2）IO/$\overline{\text{M}}$ = 1 时，CPU 对 8155 的 I/O 寻址，8155 的 I/O 口编址如表 8-3 所示。

表 8-3　8155 的 I/O 口编址

A7	A6	A5	A4	A3	A2	A1	A0	选中 I/O 口及寄存器
×	×	×	×	×	0	0	0	命令及状态口
×	×	×	×	×	0	0	1	PA 口
×	×	×	×	×	0	1	0	PB 口
×	×	×	×	×	0	1	1	PC 口
×	×	×	×	×	1	0	0	TL 定时器低 8 位
×	×	×	×	×	1	0	1	TH 定时器高 6 位

3. 8155 的命令字和状态字以及 I/O 的工作方式

8155 内部的命令寄存器和状态寄存器使用同一个端口地址（见表 8-3）。命令寄存器只能写入不能读出，状态寄存器只能读出不能写入。8155 I/O 口的工作方式由 CPU 写入命令寄存器的控制字确定。8 位命令寄存器的低 4 位定义 A 口、B 口和 C 口的操作方式，D4、D5 位确定 A 口、B 口以选通输入/输出方式工作时是否允许申请中断，D6、D7 位为定时器/计数器运行控制位。命令字的格式如图 8-11 所示。

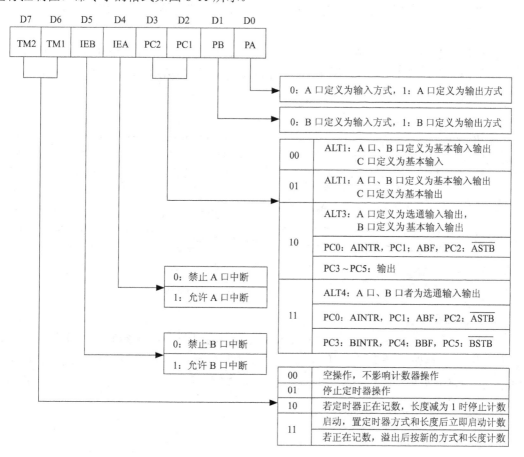

图 8-11　8155 命令字格式

（1）I/O 的工作方式

① 基本 I/O

当 8155 编程为基本输入/输出方式时，可用于无条件 I/O 操作。类似与 8255 的工作方式 0。

② 选通 I/O

当 8155 的 PA 口编程为选通 I/O 工作方式时，PC 口低 3 位作 PA 口联络线，PC 口其余位作 I/O 线，B 口定义为基本 I/O；当 PA 口和 PB 口均定义为选通 I/O 工作方式时，PC 口作 PA 口、PB 口联络线。其逻辑组态如图 8-12 所示。

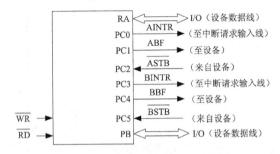

图 8-12　8155 选通 I/O 逻辑结构图

- INTR：中断请求输出线，作为 CPU 的中断源，高电平有效。当 8155 的 A 口（或 B 口）缓冲器接收到设备输入的数据或设备从缓冲器中取走数据时，中断请求线 INTR 变为高电平（仅当命令寄存器中相应中断允许位为 1 时），向 CPU 申请中断，CPU 对 8155 相应的 I/O 口进行一次读/写操作，INTR 变为低电平。

- BF：I/O 口缓冲器状态标志输出线。缓冲器存有数据（满）时，BF 为高电平，否则为低电平。

- $\overline{STB}$：设备选通信号输入线，低电平有效。数据输入时，$\overline{STB}$ 是外设送来的选通信号；数据输出时，$\overline{STB}$ 是外设送来的应答信号。A 口、B 口选通 I/O 口方式时波形如图 8-13 所示。

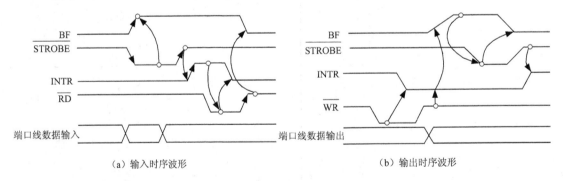

（a）输入时序波形　　　　　　　　　　　　（b）输出时序波形

图 8-13　8155 选通输入/输出时序波形

（2）状态字

8155 有一个状态寄存器，锁存 8155 I/O 口和定时器/计数器的当前状态，供 CPU 查询。状态寄存器只能读出，不能写入，而且和命令寄存器共用一个口地址。CPU 对该地址写入的是命令字，对该地址读出的是 8155 的状态。状态寄存器的格式如图 8-14 所示。

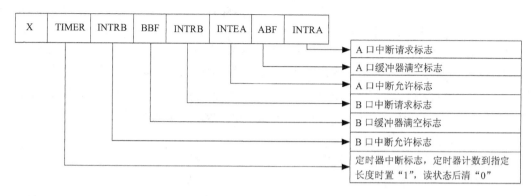

图 8-14 8155 状态寄存器格式

4. 8155 内部定时器

8155 的定时器为 14 位的减法计数器，对输入脉冲进行减法计数，外部有两个定时器引脚端 TIMERIN、TIMEROUT。TIMERIN 为定时器时钟输入端，可接系统时钟脉冲，作定时方式；也可接外部输入脉冲，作记数方式。TIMEROUT 为定时器输出，输出各种脉冲信号波形。14 位定时器由 04H（低 8 位）和 05H（高 6 位）两个字节组成，其格式如图 8-15 所示。

定时器有 4 种输出方式，由 M2、M1 两位定义，每一种方式的输出波形如图 8-16 所示。

T7	T6	T5	T4	T3	T2	T1	T0
T7	T6	T5	T4	T3	T2	T1	T0

计数长度低位

T7	T6	T5	T4	T3	T2	T1	T0
M2	M1	T13	T12	T11	T10	T9	T8

定时器方式　　　　　计数长度高位

图 8-15 8155 定时器格式

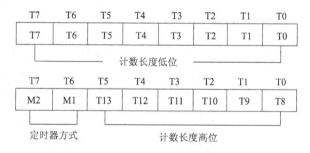

M2	M1	方式	定时器输出波形
0	0	单方波	
0	1	连续方波	
1	0	单脉冲	
1	1	边续脉冲	

图 8-16 8155 定时器方式及输出波形

对定时器编程时，首先把计数长度和定时器输出方式装入定时器的两个相应单元 04H 和 05H。计数长度为 0002H～3FFFH 之间的任意值。计数器的启动和停止由 8155 命令寄存器的最高两位（D6，D7）控制（见图 8-11）。任何时候都可以置定时器的计数长度和工作方式，但是必须将启动命令字写入命令寄存器。如果定时器正在计数，那么，只有在写入启动命令字之后，定时器才接收新的计数长度并按新的工作方式计数。

若写入定时器的初值为奇数，方波输出是不对称的，例如初值为 9 时，定时器输出的 5 个脉冲周期内为高电平，4 个脉冲周期内为低电平，如图 8-17 所示。

8155 复位后并不预置定时器的工作方式和计数长度，但是停止计数器计数。另外，8155 的定时器在计数过程中，计数器的值并不直接表示外部输入的脉冲，计数器的终值为 2，初值为 2～3FFFH 之间。若作为外部事件计数，由计数器的状态求输入脉冲数的方法如下。

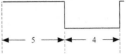

图 8-17　不对称方波输出

（1）停止计数器计数。

（2）分别读出计数器的两个字节。

（3）取低 14 位的计数值。

（4）若为偶数，右移一位即得输入脉冲数；若为奇数，则右移一位加上计数初值的 1/2 的整数部分。

8.3.2　8051 单片机与 8155 的接口及应用

MCS-51 可以和 8155 直接连接，不需要任何外加逻辑，便为系统增加 256 个字节的 RAM，22 位 I/O 端口线以及一个计数器。8051 和 8155 的一种接口方法，如图 8-18 所示。8155 的 RAM 地址为 7E00H～7EFFH，I/O 口的地址为 7F00H～7F05H。若 A 口定义为基本输入方式，B 口定义为基本输出方式，定时器作为方波发生器，对输入脉冲进行 24 分频（需注意 8155 的最高计数频率约 4 MHz），读 PA 口数据送 PB 口输出。

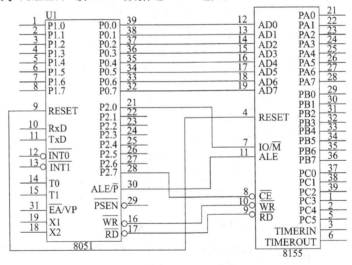

图 8-18　8051 和 8155 的接口

【例 8-4】图 8-18 的初始化程序

```
INITI: MOV   DPTR,#7F04H    ; 指向定时器低 8 位
       MOV   A,#18H          ; 记数常数送累加器 A
       MOVX  @DPTR, A        ; 送记数常数
       INC   DPTR            ; 指向定时器高 8 位
       MOV   A,#40H          ; 设定定时器输出连续方波
       MOVX  @DPTR,A         ; 送定时器高 8 位
       MOV   DPTR,#7F00H     ; 指向命令口
       MOV   A,#0C2H         ; 命令字设为 A 口、C 口输入,B 口输出
       MOVX  @DPTR,A         ; 启动定时器
       MOV   DPTR,#7F01H
```

```
MOVX   A,@DPTR
INC    DPTR
MOVX   @DPTR,A
```

在同时需要扩展 RAM 和 I/O 的 MCS-51 应用系统中,选用 8155 特别经济。8155 的 RAM 可以作为数据缓冲器,8155 的 I/O 口可以外接打印机、BCD 码拨盘开关、A/D、D/A 转换器以及作为控制信号输入/输出口。8155 的定时器还可以作为分频器或定时器。所以 8155 芯片是单片机应用系统中最常用的外围接口芯片之一。

8.4　TTL 芯片扩展简单的 I/O 接口

在一些控制系统中,如果其输入/输出是一些简单的开关量,若采用一些可编程的专用接口芯片往往价格比较高,可以采用 TTL 或 CMOS 电路的锁存器,如 74LS273、74LS373、74LS377、74LS244 等。这些芯片结构简单,配置灵活方便,比较容易扩展使系统降低了成本缩小了体积,因而在单片机应用系统中经常被采用。

8.4.1　简单输入接口扩展

简单输入接口扩展只解决数据输入的缓冲问题。由于数据总线要求挂在它上面的所有数据源必须具有三态缓冲功能,因此简单输入接口扩展实际上就是扩展数据缓冲器。其作用是当输入设备被选通是,使数据源能与数据总线直接沟通;而当输入设备处于非选通状态时,把数据源与数据总线隔离,既缓冲器输出高阻抗状态。常用的扩展输入接口的 TTL 芯片有 74LS244、74LS373 等。

74LS244 是一个三态输出八缓冲器总线驱动器,以 $\overline{CE}$ 作选通信号。其带负载能力强,可直接驱动小于 130 Ω 的负载。它可以作为 8051 外部的一个扩展输入口,接口电路如图 8-19 所示。8 位并行输入口 74LS244,由 P2.6 和 $\overline{RD}$ 相或进行控制,地址为 0BFFFH,当管脚 P2.6=0 时,执行"MOVX A, @DPTR"类指令可产生 $\overline{RD}$ 信号,将数据读入单片机,读入程序为:

```
MOV    DPTR,#0BFFFH        ;指向 244 输入口
MOVX   A, @DPTR            ;输入数据
```

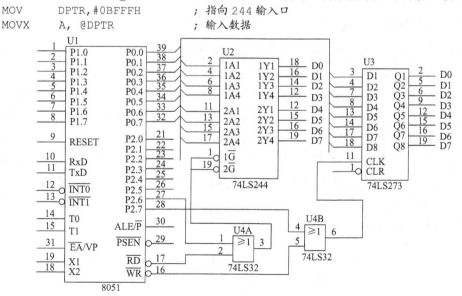

图 8-19　8051 和 74LS244 的接口电路

74LS373 为一个带三态门的 8D 锁存器，它可以作为 8051 外部的一个扩展输入口，接口电路如图 8-20 所示。

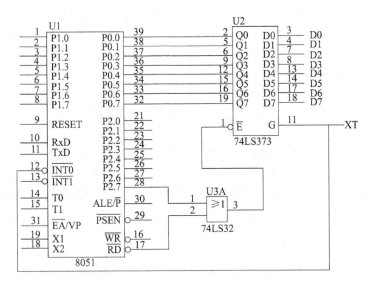

图 8-20　8051 与 74LS373 的接口电路

外部设备向单片机传送数据时，产生一个选通信号 XT 连接到 74LS373 的打入端 G 上，在选通信号的下降沿将数据锁存，同时向单片机发送中断请求，此时单片机响应中断，通过 P0 口在 74LS373 锁存器中读取数据。74LS373 的输出由 P2.7 和 $\overline{RD}$ 相或进行控制。74LS373 的口地址为 7FFFH（即 P2.7 为 0）。

从上面两例可以看出，74LS373 和 74LS244 作输入口的区别是 74LS244 只有三态缓冲的功能，而 74LS373 还有一个接收控制端。因此，当外设的数据是暂态数据时，采用 74LS373 做输入接口扩展更方便。

8.4.2　简单输出接口扩展

输出接口的主要功能是进行数据保持，或者说是数据锁存。所以简单输出接口扩展的电路是锁存器。简单输出接口扩展通常使用 74LS377、74LS373 等。74LS377 为带有允许输出端的 8D 锁存器，有 8 个 D 输入端，8 个 Q 输出端，一个时钟输入端 CLK，一个锁存允许信号 $\overline{E}$。当 $\overline{E}$ = 0 时，在 CLK 端信号的上升沿，把 8D 输入端的数据打入 8 位锁存器。利用 74LS377 这些特性，通过 8051 的 P0 口扩展一片 74LS377 锁存器作输出口，该锁存器被视为 8051 的一个外部 RAM 单元。使用 "MOVX　@DPTR，A" 类指令访问之，输出控制信号为 $\overline{WR}$，接口电路如图 8-21 所示，图中 74LS 377 的口地址为 7FFFH（即 P2.7 = 0），其输出操作程序如下：

```
MOV     DPTR,#7FFFH        ; 指向 377 口地址
MOV     A,#DATA            ; 取数
MOVX    @DPTR,A            ; 送 377 锁存器
```

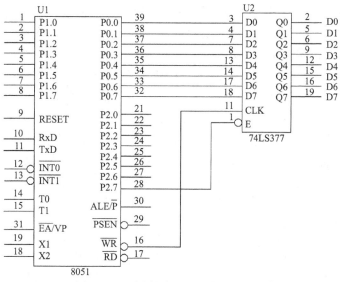

图 8-21　8051 与 74LS377 的接口电路

8.5　键盘/显示器接口芯片 8279

8.5.1　LED 显示器的工作原理

LED 显示器是单片机应用系统中常用的输出器件，也称为数码管。它是由若干个发光二极管组成的，当发光二极管导通时，相应的一个点或一个笔画发亮，控制不同组合的二极管导通，就能显示 0～9、A～F 等各种字符。常用的 LED 显示器有 7 段和 "米" 字段之分。这种显示器有共阳极和共阴极两种，如图 8-22 所示。共阴极 LED 显示器的发光二极管的阴极连接在一起作为公共端，而共阳极 LED 显示器的发光二极管的阳极连接在一起作为公共端。

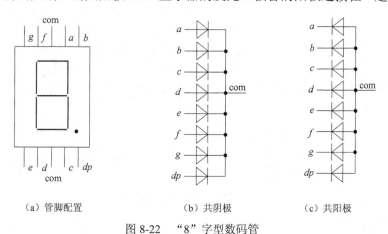

（a）管脚配置　　　　　　　　（b）共阴极　　　　　　　　（c）共阳极

图 8-22　"8" 字型数码管

点亮显示器有静态和动态两种方法。所谓静态显示，就是当显示器显示某一个字符时，相应的发光二极管恒定导通或截止，例如 7 段显示器 a、b、c、d、e、f 导通，g 截止，显示 0。这种显示方式每一位都需要有一个 8 位输出口控制，亮度大，耗电也大。3 位静态显示器的接口电路如图 8-23 所示。图中采用共阴极显示器，静态显示时，较小的电流能得到较高的亮度且字符不闪烁，所以可由 8255A 的输出口直接驱动。当显示位数较多时，用静态显示所需的 I/O 端口太多，一般采用动态显示方法。所谓动态显示就是一位一位地轮流点亮显示器各个位(扫描)，对于显示器的每一位来说，每隔 1 段时间点亮一次，利用人的视觉暂留功能可以看到整个显示，但必须保证扫描速度足够快，字符才不闪烁。动态显示时将多个显示器的段码同名端连在一起，用一个 I/O 端口驱动（称段码口）；位码用另一个 I/O 端口分别控制（称位扫描口）。显示器的亮度既与导通电流有关，也与点亮时间和间隔时间的比例有关。调整电流和时间参数，可实现亮度较高较稳定的显示。6 位共阴极显示器和 8155 的接口电路，如图 8-24 所示。8155 的 C 口作为扫描口，经反向驱动器如 75452 接显示器公共极，A 口作为段数据口，经同相驱动器 7407 接显示器的 $a\sim g$ 各个段。

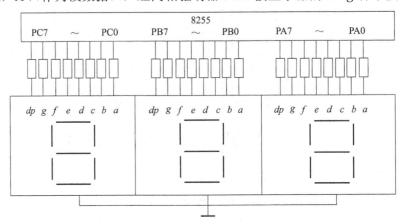

图 8-23　3 位静态 LED 显示接口电路

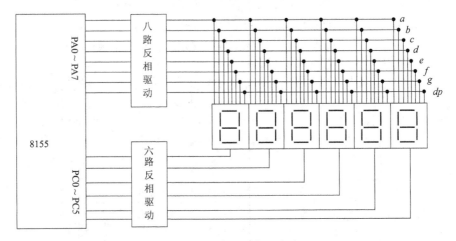

图 8-24　动态显示接口电路

8.5.2　键盘接口原理

键盘是由若干个按键组成的开关矩阵，它是最简单的单片机输入设备，通过键盘输入数据或命令，实现简单的人机对话。键盘上闭合键的识别由专用硬件实现的，称为编码键盘，靠软件实现的称为非编码键盘。键盘的结构有独立式按键和行列式键盘。由于独立式按键电路每一个按键开关占一根 I/O 端口线，当按键数多时，通常采用行列式（也称矩阵式）键盘电路。

行列式键盘的结构及接口电路如图 8-25 所示。下面将结合该电路介绍行列式键盘的工作原理。首先要判断是否有键闭合，设定 8155 的 PA 口为输出方式，PC 口为输入方式。先将键盘列线置成低电平即 PA 口输出全 0，然后将行线电平状态读入，即读入 PC 口的值，若读回的值为全 1，则没有键被按下，若读回的行线值不全为 1，说明有键按下，该键的行和列导通，读回 PC 口的值为 0 的行就是该键所在的行，但这时并不能确定该键所在的列。键盘中究竟哪一个键被按下，由列线逐列置低电平后，检查行输入状态的方法来确定。其方法是：使 PA 口逐位地输出 0，即先输出 11111110，其次输出 11111101 直到 01111111，同时读入行状态，如果对应某个输出值，PC 口读回的值不全为 1，则对应 0 值的行列交叉点上的键就是被按下的键。键盘扫描子程序流程图如图 8-26 所示。

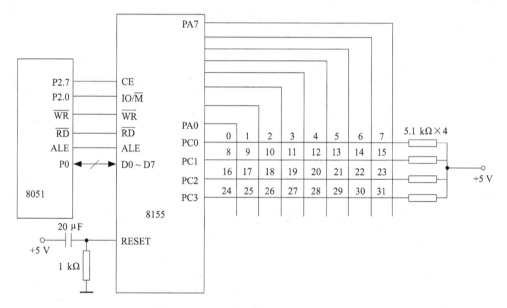

图 8-25 行列式键盘的结构及接口电路

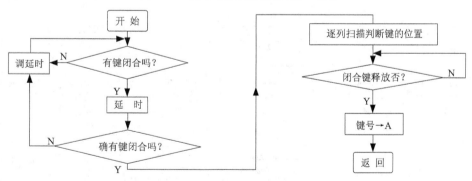

图 8-26 键盘扫描子程序流程图

单片机对键盘的控制不外乎有以下 3 种方式：程序控制扫描方式、定时扫描方式和中断扫描方式。

1. 程序控制扫描方式

这种方式就是只有当单片机空闲时，才调用键盘扫描子程序，响应键盘的输入请求。

2．定时扫描方式

单片机对键盘的扫描也可采用定时扫描方式，即每隔一定的时间对键盘扫描一次。在这种扫描方式中，通常利用单片机内的定时器，产生 10 ms 的定时中断，CPU 响应定时器溢出中断请求，对键盘进行扫描，以响应键盘输入请求。

3．中断扫描方式

键盘定时扫描控制方式的主要优点是能及时响应键入的命令或数据，便于用户对正在执行的程序进行干预。这种控制方式，不管键盘上有无键闭合，CPU 总是定时地关心键盘状态，因为人工键入动作极慢，有时操作员对正在运行的系统很少甚至不会干预，所以在大多数情况下，CPU 对键盘进行空扫描。为了进一步提高 CPU 的效率，可采用中断方式，当键盘上有键闭合时产生中断请求，CPU 响应中断，执行中断服务程序，判别键盘上闭合键的键号，并作相应的处理。

8.5.3 可编程键盘/显示接口 8279

用锁存器或 8155 等芯片都可以作键盘显示器的接口，但它们共同的缺点是需要编写定时扫描键盘和显示器的程序，使整个系统软件变得比较复杂。而 8279 是 Intel 公司生产的通用可编程键盘/显示器接口芯片。利用 8279，可实现对键盘/显示器的自动扫描，并识别键盘上闭合键的键号，不仅可以大大节省 CPU 对键盘/显示器的操作时间，而且提高了 CPU 的工作效率。

1．8279 的内部结构原理

如图 8-27 所示为 8279 的内部结构框图。下面分别介绍各部分电路的作用和原理。

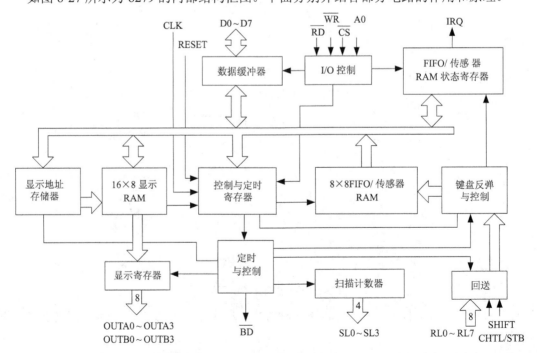

图 8-27　8279 的内部结构框图

（1）I/O 控制和数据缓冲器

双向的三态数据缓冲器将内部总线和外部总线 DB0～DB7 连接起来，用于传送 CPU 和 8279 之间的命令、数据和状态。

I/O 控制线是 CPU 对 8279 进行控制的引线。$\overline{CS}$ 是 8279 的片选信号，当其为 0 时，8279 才被允许读出或写入信息。$\overline{WR}$、$\overline{RD}$ 为来自 CPU 的读、写控制信号。A0 为控制命令状态与数据选择信号。

（2）控制逻辑

控制与定时寄存器用来存储键盘及显示器的工作方式、命令字和其他状态信息。这些寄存器一旦锁存操作命令，就通过译码产生相应的控制信号，使 8279 的各个部件完成一定的控制功能。

定时控制含有一些计数器，其中有一个可编程的 5 位计数器，对外部输入时钟信号进行分频，产生 100 kHz 的内部定时信号，外部时钟输入信号的周期不小于 500 ns，其他计数器将 100 kHz 信号再分频，以提供适当的键盘矩阵扫描时间和显示器扫描时间。

（3）扫描计数器

扫描计数器有两种输出方式。一种为外部译码方式（也称编码方式），计数器以二进制方式计数，4 位计数状态从扫描线 SL0～SL3 输出，经外部译码器译出 16 位扫描线；另一种为内部译码方式（也称译码方式），即扫描计数器的低 2 位经内部译码器后从 SL0～SL3 输出。

在编码工作方式下，扫描线输出高电平有效；在译码工作方式下，扫描线输出低电平有效。

（4）键盘输入控制

包括回复缓冲器、键盘去抖及控制。这个部件完成对键盘的自动扫描，锁存 RL0～RL7 的键输入信息，搜索闭合键，去除键的抖动，并将键输入数据即闭合键的行列值写入内部先进先出（FIFO）存储器 RAM。

（5）FIFO/传感器 RAM 及其状态寄存器

8279 具有容量为 8×8 的先进先出（FIFO）的输入缓冲 RAM 单元。

在键盘选通方式时，它存储键盘数据。此时，FIFO 状态寄存器用来存放 FIFO 的工作状态，如 FIFO RAM 是满还是空；其中存有多少数据；操作是否出错等。当 FIFO 存储器中有数据时，IRQ 信号变为高电平，向 CPU 申请中断。

在传感器矩阵方式工作时，FIFO 中存放传感器矩阵中的每一个传感器状态。在此方式中，若检测出传感器的变化，IRQ 信号变为高电平，向 CPU 申请中断。

（6）显示缓冲 RAM 和显示地址寄存器

显示缓冲 RAM 用来存储显示数据，容量为 16×8 位。8279 将段码写入显示缓冲 RAM，8279 自动对显示器扫描，将其内部显示缓冲 RAM 中的数据送到显示器上显示出来。

显示地址寄存器用来寄存由 CPU 进行读/写显示 RAM 的地址，它可由命令设定，也可以设置成每次读出或写入后自动递增。

2. 8279 的管脚及引线功能

8279 的引脚配置及功能如图 8-28 所示，各引脚的功能说明如下。

（1）D0～D7：双向、三态数据总线，用于 CPU 和 8279 之间数据、命令和状态的传送。

（2）CLK：时钟输入线，用于产生内部定时。

（3）RESET：复位输入线，该引脚输入一个高电平以复位 8279。其复位状态为：16 个字符显示左边输入；编码扫描键盘——双键锁定；时钟系数为 31。

（4）$\overline{RD}$：读有效输入线，低电平有效。读有效时将数据读出，送外部数据总线。

（5）$\overline{WR}$：写有效输入线，低电平有效。写有效时接收外部数据总线上的数据。

（6）A0：缓冲器地址输入线。当 A0 = 1 时 CPU 写入 8279 的数据为命令字，CPU 从 8279 读出的数据为状态字；当 A0 = 0 时，CPU 读、写的信息均为数据。

（7）$\overline{CS}$：片选信号线。当为低电平时，CPU 才选中 8279 进行读写。

（8）IRQ：中断请求输出线，高电平有效。在键盘工作方式中，当 FIFO RAM 缓冲器中存有键盘上闭合键的编码时，IRQ 线升高，向 CPU 请求中断。CPU 每次从 RAM 中读出数据时，IRQ 变为低电平。若 RAM 中仍有数据，则 IRQ 再次恢复为高电平。当 CPU 将缓冲器中输入键数的数据全部读取时，中断请求线保持为低电平。在传感器工作方式时，每当检测到传感器状态变化时，IRQ 就变为高电平。

（9）SHIFT：换挡输入线，高电平有效。该输入信号是 8279 键盘数据次高位（D6），通常用来扩充键盘的功能，可用做键盘上、下挡功能切换。由内部上拉电阻拉成高电平，也可由外部控制按键拉成低电平。在传感器方式和选通方式中，SHIFT 无效。

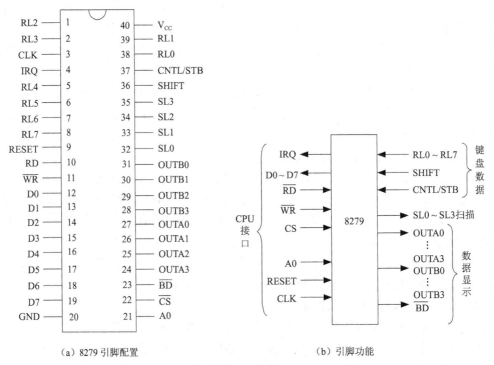

（a）8279 引脚配置 （b）引脚功能

图 8-28 8279 引脚配置及引线功能

（10）CNTL/STB：控制/选通输入线，高电平有效。在键盘工作方式时，该输入信号是键盘数据的最高位，通常用来扩充键开关的控制功能，作为控制功能键用。在选通输入方式时，该信号的上升沿可把来自 RL0～RL7 的数据存入 FIFO RAM 中。在传感器方式下，该信号无效。

（11）RL0～RL7：输入线，它们是键盘矩阵或传感器矩阵的列（或行）信号输入线。作为键输入线，由内部拉高电阻拉成高电平，也可由键盘上按键拉成低电平。

（12）SL0～SL3：扫描输出线，用于对键盘显示器扫描。

（13）OUTA0～OUTA3：为显示段数据输出线。

（14）OUTB0～OUTB3：为显示段数据输出线。OUTB0～OUTB3 和 OUTA0～OUTA3 可分别作为两个半个字节输出，也可作为 8 位段数据输出口，此时 OUTB0 为最低位，OUTA3 为最高位。

（15）BD：显示消隐输出线，低电平有效。当显示器切换时或使用显示消隐命令时，将显示消隐（熄灭）。

3．8279 的操作命令字

CPU 通过对 8279 编程（将命令字写入 8279）来选择其工作方式。8279 共有 8 条控制命令，控制字总结如表 8-4 所示。

表 8-4　8279 控制命令字总结

D7	D6	D5	功　能	目　的
0	0	0	方式设置	选择显示位数、左或右送入和键盘扫描方式
0	0	1	时钟编程	编程内部时钟，设置扫描时间
0	1	0	读 FIFO	选择读 FIFO 的方式和读的地址
0	1	1	读显示 RAM	选择显示 RAM 读的方式和读的地址
1	0	0	写显示	选择写的方式和显示 RAM 写的地址
1	0	1	显示写禁止	允许屏蔽半字节
1	1	0	清除命令	清除显示或 FIFO
1	1	1	中断结束	清给 CPU 的 IRQ 信号

8279 的操作命令字简述如下。

（1）键盘/显示器方式设置命令字 000ddkkk

0	0	0	D	D	K	K	K

高 3 位 000 是该命令的特征位，后 5 位是参数。

① DD 用来设定显示方式。

- 0 0：8 个字符显示，左端送入。
- 0 1：16 个字符显示，左端送入。
- 1 0：8 个字符显示，右端送入。
- 1 1：16 个字符显示，右端送入。

8279 最多可用来控制 16 位 LED 显示器，当显示位数超过 8 位时，均需设定为 16 位字符显示。显示器的每一位对应一个 8 位的显示缓冲 RAM 单元。CPU 将显示数据写入缓冲器时有左边输入和右边输入两种方式。

左边输入是较简单的方式，地址为 0～15 的显示缓冲 RAM 单元分别对应于显示器的 0（左）位～15（右）位。CPU 依次从 0 地址或某一个地址开始将段数据写入显示缓冲 RAM。当 16 个显示缓冲 RAM 都已写满时（从 0 地址开始写，写了 16 次），第 17 次写，再从 0 地址开始写入，依此类推。

右边输入方式是移位输入方式，输入数据总是写入右边的显示缓冲 RAM，数据写入显示缓冲 RAM 后，原来缓冲器的内容左移一个字节，原最左边显示缓冲 RAM 的内容被移出。在右边输入方式中，显示器的各位和显示缓冲 RAM 的地址并不是对应的。它类似于计算器的显示输入。若第一次输入的数据 data1 存放在地址为 00H 的单元，当输入第 2 个数据 data2 后，data1 移动到 01H 单元，00H 地址存放的是第 2 个数据 data2，依此类推，00H 地址总是存放最后一个输入的数据。

② KKK 用来设定键盘的工作方式。

• 000：编码（外译码）扫描键盘双键互锁。
• 001：译码（内译码）扫描键盘双键互锁。
• 010：编码（外译码）扫描键盘 N 键巡回。
• 011：译码（内译码）扫描键盘 N 键巡回。
• 100：编码（外译码）扫描传感器阵列。
• 101：译码（内译码）扫描传感器阵列。
• 110：选通输入，编码显示扫描。
• 111：选通输入，译码显示扫描。

当设定为编码工作方式时，内部计数器作二进制计数，4 位二进制计数器的状态从扫描线 SL0～SL3 输出，最多可为键盘/显示器提供 16 根扫描线（16 选 1）。

当设定为内部译码工作方式时，内部扫描计数器的低 2 位被译码后，再由 SL0～SL3 输出，即此时 SL0～SL3 已经是 4 选 1 的译码信号了。显然当设定译码方式时，扫描位数最多为 4 位。

双键锁定，就是当键盘中同时有两个或两个以上的键被按下时，任何一个键的编码信息均不能进入 FIFO RAM 中，直至仅剩下一键保持闭合时，该键的编码信息方能进入 FIFO，这种工作方式可以避免误操作信号进入计算机。

N 键依次读出的工作方式，各个键的处理都与其他键无关，按下一个键时，片内去抖动电路等待两个键盘扫描周期，然后检查该键是否仍按着。如果仍按着，则该键编码就送入 FIFO RAM 中。一次可以按下任意个键，其他的键也可被识别出来并送入 FIFO RAM 中。如果同时按下多个键，则按键盘扫描过程发现它们的顺序识别，并送入 FIFO RAM 中。选通输入的工作方式时，RL0～RL7 作为选通输入口，CNTL/STB 作为选通信号输入端。这是只选用显示器没有键盘的工作方式。

扫描传感器矩阵的工作方式，是指片内的去抖动逻辑被禁止掉，传感器的开关状态直接输入 FIFO RAM 中，虽然这种方式不能提供去抖动的功能，但有下述优点：CPU 知道传感器闭合多久，何时释放；在传感器扫描的工作方式下，每当检测到传感器信号（开或闭）改变时，中断线上的 IRQ 就变为高电平；在编码扫描时，可对 8×8 矩阵开关状态进行扫描，在内部译码扫描时，可对 4×8 矩阵开关的状态进行扫描。

（2）时钟编码命令字

001PPPPP：8279 的内部定时信号由外部的输入时钟经过分频后产生，分频系数由时钟编码命令字确定，时钟命令字格式如下：高 3 位 = 001 为时钟编码命令字的特征位。D4～D0 为分频系数，可在 2～31 次分频中进行选择，将进入 8279 的时钟频率进行 N 次分频后，可获得 8279 内部所需的 100 kHz 的时钟。内部时钟频率的高低控制着扫描时间和键盘去抖动时间的长短，在 8279 内部时钟为 100 kHz 时，扫描时间为 5.1 ms，去抖动时间为 10.3 ms。如果进入 8279 的时钟频率为 2 MHz，要获得 100kHz 的内部时钟信号，则需要 20 分频，即 PPPPP = 10100B = 20。

（3）FIFO RAM 命令字

010AI×AAA：高 3 位 010 为特征位，D2～D0（AAA）为起始地址，D4（AI）为多次读时的地址自动增量标志。在键扫描方式中，AI、AAA 均被忽略，CPU 读键输入数据时，总是按先进先出的规律读出，直至输入键全部读出为止。在传感器矩阵扫描中，若 AI = 1，CPU 则从起始地址开始依次读出，每次读出后地址自动加 1；AI = 0 时，CPU 仅读出一个单元的内容。

（4）读显示缓冲 RAM 命令字

011AIAAAA：在 CPU 读显示数据（检查）之前必须先输出读缓冲 RAM 的命令字。D7D6D5 = 011 是该命令字的特征位；4 位二进制代码 AAAA 用来寻址显示缓冲 RAM 的一个缓冲单元。AI 为自动增量标志，若 AI = 1，则 CPU 每次读出后，地址自动加 1。

（5）写显示缓冲 RAM 命令字

100AIAAAA：高 3 位 100 为该命令字的特征位，该命令字给出了显示缓冲 RAM 的地址信息，当 CPU 执行写显示缓冲 RAM 时，首先用该命令字给出要写入的显示缓冲 RAM 地址，4 位二进制代码 AAAA 可用来寻址显示缓冲 RAM 的 16 个存储单元。若 AI =1，则 CPU 在第一次写入时须给出地址外，以后每次写入，地址自动加 1，直至所有显示缓冲 RAM 全部写完。

（6）显示屏蔽消隐命令字

101×IWA IWB BLA BLB：高 3 位 101 为该命令字的特征位。IWA 和 IWB 分别用以屏蔽 A 组和 B 组缓冲 RAM。在双 4 位显示器使用时，即 OUTA0～OUTA3 和 OUTB0～OUTB3 独立地作为两个半字节输出时，可改写显示缓冲 RAM 中的低半个字节而不影响高半个字节的状态（D3 = 1），反之，D2 = 1 时可改写高半个字节而不影响低半个字节。BL 位是消隐特征位，要消隐两组显示输出，必须使 D0、D1 同时为 1，BL = 0 时则恢复显示。

（7）清除命令字

110CD2 CD1 CD0 CF CA：该命令字用来清除 FIFO RAM 和显示缓冲 RAM。其中 D4D3D2（CD）3 位用来设定消除显示缓冲 RAM 的方式，其定义如下。

CD2	CD1	CD0	
1	0	×	将显示 RAM 全部清 "0"
1	1	0	将显示 RAM 置为 20H
1	1	1	将显示 RAM 全部置 "1"
0	×	×	不清除显示 RAM（若 CA = 1），则 CD0 CD1 仍然有效。

CF（D1）位用来设定 FIFO RAM，当 CF = 1 时，执行清除命令后，FIFO RAM 被置空，使中断输出线 IRQ 复位，同时传感器 RAM 的读出地址也被置空。

CA（D0）是总清的特征位，它兼有 CD 和 CF 的联合作用。当 CA = 1 时，对显示 RAM 的清除方式由 D3 和 D2 的编码确定。清除显示缓冲 RAM 大约需 100 μs 的时间，在此期间，CPU 不能向显示缓冲器 RAM 写入数据。

（8）中断结束/出错方式设置命令

111E××××：高 3 位 111 为该命令的特征位。在传感器方式中，该命令清 IRQ 引脚到低电平，允许再次对 RAM 写入。在 N 键巡回方式中，若 E = 1，8279 可工作在特殊的出错方式。

4．状态字

当 A0 = 1，RD = 0 时，从总线上读入的是 8279 的状态，状态字的格式如下。

D7	D6	D5	D4	D3	D2	D1	D0
DU	S/E	O	U	F	N	N	N

（1）NNN：表示 FIFO RAM 中字符的个数（闭合键次数）。FIFO 中无字符（无键闭合）时，该 3 位为 000。

（2）F：FIFO 满标志。当 F = 1 时，表示 FIFO RAM 已满（存有 8 个键入数据）。

（3）U：读空标志。当 FIFO RAM 中没有输入字符时，CPU 对 FIFO RAM 读，该位置"1"。

（4）O：FIFO RAM 溢出标志。当 FIFO 已满，又输入一个字符时发生溢出，该位置"1"。

（5）S/E：S/E 用于传感器矩阵输入方式，几个传感器同时闭合时置"1"。

（6）DU：显示无效特征位。在清除命令执行期间该位为"1"，DU 为 1 时对显示 RAM 进行写操作无效。

【例 8-5】如果用查询法判断键盘，则判断是否有键按下的程序如下：

```
        MOV   DPTR,#S8279     ; S8279 为状态口地址
        MOVX  A,@DPTR
        ANL   A,#07H
        JZ    READ            ; 当 (A) = 0 时，表示无键按下
        …                     ; 有键按下
READ:   RET
```

5．输入数据格式

（1）在键扫描方式中，键输入数据格式如下。

D7	D6	D5 D4 D3	D2 D1 D0
CNTL	SHIFT	扫描码	回送码

① D2～D0：指出输入键所在的列号（RL0～RL7 状态确定）。

② D5～D3：指出输入键所在的行号（扫描计数值）。

③ D_6、D7：控制键 SHIFT 和控制键 CNTL 的状态。控制键 CNTL、SHIFT 为单独的开关键。CNTL 与其他键联用作特殊命令键，SHIFT 可作为上下档控制键。当 SHIFT 接按键（对地），可与键盘（8×8）配合，使键盘各键具有上、下档功能，这样键盘可扩充到 128 个键。CNTL 线可接一键用作控制键，这样，最多可扩充到 256 键。

【例 8-6】如已知有键按下，则读入键值的程序段如下：

```
        MOV   DPTR,#S8279     ; S8279 为命令口地址
        MOV   A,#40H
        MOVX  @DPTR,A         ; 送读 FIFO 命令
        MOV   DPTR,#D8279     ; D8279 为数据口地址
        MOVX  A,@DPTR         ; 从 FIFO 中读入
```

（2）传感器方式或选通方式中，输入数据格式如下。

D7　D6　D5　D4　D3　D2　D1　D0

RL7　RL6　RL5　RL4　RL3　RL2　RL1　RL0

在传感器扫描方式或选通输入方式中，输入数据即为 RL0～RL7 的输入状态。

6. 8279 与键盘/显示器的接口

8279 是一种功能很强的键盘/显示器接口电路，可以直接和 Intel 公司各个系列的单片机接口。图 8-29 所示为 8 位显示器、8×2 键盘和 8279 的接口电路。图中键盘的行线接 8279 的 RL0～RL7，8279 选用外部译码方式，SL0～SL2 经 74LSl38 译码输出后接键盘的列线，同时通过驱动器接显示器。输出线 OUTB0～OUTB3、OUTA0～OUTA3 作为 8 位段数据输出口。当键盘上出现有效时间闭合键时，键输入数据自动地进入 8279 的 FIFO RAM 存储器，并向 8051 请求中断，8051 响应中断读取 FIFO RAM 中的输入键值。若要更新显示器输出，仅需改变 8279 中显示缓冲 RAM 中的内容。

下面根据此电路说明 8279 的编程应用方法。在图 8-29 所示电路中，8279 的命令/状态口地址为 7FFFH，数据口地址为 7FFEH。对 8279 初始化编程应注意清除命令的执行需要一定的时间，如不进行判断等待有时会出错。

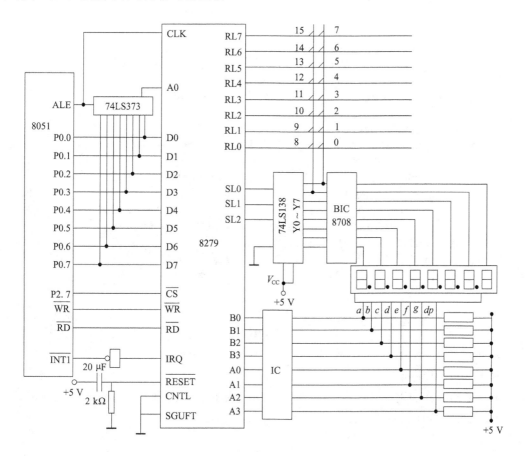

图 8-29　键盘/显示器和 8279 的接口电路

初始化程序:

```
     Z8279    EQU    FF82H                      ; 8279 状态口地址
     D8279    EQU    0FF80H                     ; 8279 数据口地址
               ...
INII8279:  MOV    DPTR,#Z8279                   ; 指向命令/状态口地址
           MOV    A,#0D1H                       ; 送清除命令
           MOVX   @DPTR,A
    WAIT:  MOVX   A,@ DPTR                      ; 读入 8279 状态字
           JB     ACC. 7,WAIT                   ; 等待清除命令完成
           MOV    A,#00H                        ; 送方式命令
           MOVX   @DPTR, A
           MOV    A, # 2AH                      ; 置分频命令字
           MOVX   @DPTR, A
           SETB   EA
               ...
```

读取键盘子程序:

入口参数,无;出口参数,B 中为读到的键值,A 中为按键的标志。

```
PINT1:     PUSH   PSW
           PUSH   DPH
           PUSH   DPL
           PUSH   A
           MOV    DPTR,#Z8279
           MOVX   A,@DPTR                       ; 读 8279 状态
           ANL    A,#07H
           JNZ    GETVAL                        ; 判断是否有键输入
           MOV    A,#00H                        ; 置无键输入标志
           SJMP   NKBHIT
GETVAL:    MOV    A,#40H                        ; 输出读 FIFO 命令
           MOVX   @DPTR,A
           MOV    DPTR, #D8279                  ; 读键输入值
           MOVX   A,@DPTR
           ANL    A,#3FH                        ; 屏蔽 SHIFT 和 CTRL 键
           MOV    DPTR, #KEYCODE                ; 键码表起始地址
           MOVC   A,@A+DPTR                     ; 查表
           MOV    B,A                           ; 置返回键值
           MOV    A,#0FFH                       ; 置有键输入标志
PRI1:      POP    A
           POP    DPL
           POP    DPH
           POP    PSW
NKBHIT:    RET
```

显示字符子程序:

入口参数,在调用该子程序前把要显示的 8 个数的值存放到 70H 开始的单元中。

```
DISLED:    PUSH   DPH
           PUSH   DPL
           PUSH   A
           MOV    DPTR,#Z8279H                  ; 输出写显示 RAM 命令
```

```
            MOV     A,#90H
            MOVX    @DPTR,A
            MOV     R0,#70H
            MOV     R7,#08H
            MOV     DPTR,#D8279H
DL0:        MOV     A,@R0
            ADD     A,#05H
            MOVC    A,@A+PC          ; 转换为段数据
            MOVX    @DPTR,A          ; 写入显示 RAM
            INC     R0
            DJNZ    R7,DL0
            RET
LEDSEG:     DB 3FH, 06H, 5BH, 4FH, 66H, 6DH
            DB 7DH, 07H, 7FH, 6FH, 77H, 7CH
            DB 39H, 5EH, 79H, 71H
```

习　题　八

1. 单片机中扩展 I/O 口时是否占用片外存储器的地址空间？若占用，它占用什么存储器的地址空间？

2. MCS-51 单片机引线中有多少 I/O 引线？它们和单片机对外的地址总线和数据总线有什么关系？

3. 并行接口的扩展有好几种方法，请问在什么情况下采用 8155 芯片扩展较为合适？8155 与 8051 单片机连接时，是否需要加地址锁存器？为什么？

4. 8279 芯片内的主要部件有哪些？它的主要特色是什么？

5. 用 8255 的 A 口做输入口，B 口做输出口。假设 8255 工作在方式 1，控制口地址为 7FH，写出相应的初始化程序。

6. 试画出 4×4、6 位共阳极显示器和 8279 的接口逻辑电路，并编写一个子程序，将键盘上输入键的键号送显示器显示。

7. 试设计 8051 单片机系统，系统至少有 60 条外部 I/O 端口线和 8 KB EPROM，画出硬件连接图并写出其地址。

第 **9** 章

MCS-51 与 A/D、D/A 的接口

教学目的和要求

本章主要介绍 A/D 和 D/A 转换的原理，几种典型的 A/D 和 D/A 电路以及 MCS-51 单片机的接口方法，包括硬件电路和硬件应用实例。重点掌握 A/D 和 D/A 的转换原理及与 MCS-51 系列单片机接口的设计。

在微机过程控制和数据采集等系统中，经常要对一些过程参数进行测量和控制，这些参数往往是连续变化的物理量，如温度、压力、流量、速度和位移等。这里所指的连续变化即数值是随时间连续可变的，通常称这些物理量为模拟量，然而计算机本身所能识别和处理的都是数字量。这些模拟量在进入计算机之前必须转换成二进制数码表示的数字信号。能够把模拟量变成数字量的器件称为模/数转换器（A/D）。相反，微机加工处理的结果是数字量，也要转换成模拟量才能去控制相应的设备。能够把数字量变成模拟量的器件称为数/模转换器（D/A）。具有模拟量输入和模拟量输出的 MCS-51 单片机应用系统结构，如图 9-1 所示。本章将介绍数模（D/A）及模数（A/D）转换器与单片机系统的接口应用技术。

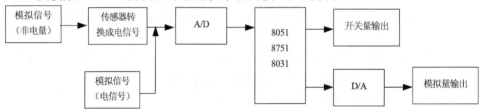

图 9-1　具有模拟量输入/输出的 MCS-51 应用系统结构

9.1　A/D 转换器的接口技术

A/D 转换器的品种繁多。不同厂商以不同原理实现的单片集成 A/D 转换器比比皆是，它们的性能也不尽相同。单从 A/D 转换器与微机的接口实现来说，所关心的只是它们的输出特性。输出特性决定了接口形式。

目前常用的单片 A/D 转换器的输出形式大致可分为并行、串并行和串行输出 3 种。对于这 3 种不同的输出方式，当然应采用不同的接口形式和处理方式。

9.1.1　并行输出 A/D 转换器接口

并行输出 A/D 转换器（ADC）以位并行的形式输出。它通过 I/O 口与微机连接，其接口包括三态缓冲器、状态应答和地址选择等部分，这些部分可以集成于 A/D 转换器之内，也可以包含在由 CPU、I/O 端口及内存等组成的单片机内。其接口的一般形式可用图 9-2 来表示。

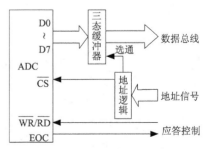

图 9-2　并行输出 ADC 接口框图

其中，三态缓冲器用于 ADC 输出与总线的隔离；状态应答是 CPU 控制 ADC 工作并从 ADC 读取有效数据所必需的。只有当 ADC 一次转换结束并更新其输出线的数据时，CPU 才能读取有效的转换结果。地址逻辑产生芯片选通信号，供读取数据时打开三态缓冲器。

并行输出型 A/D 转换器是目前应用较多的一种。

1．8 位并行输出 A/D 转换器 ADC0809 接口

（1）ADC0809 的结构

ADC0809 是一种 8 路模拟输入 8 位数字输出的 A/D 转换芯片，它是采用逐次逼近的方法完成 A/D 转换的。

ADC0809 的结构框图如图 9-3 所示。ADC0809 由单一 +5 V 电源供电，此时输入范围为 0～5V；片内有一个带有锁存功能的 8 通道多路模拟开关，可对 8 路 0～5 V 的输入模拟电压信号分时进行转换，三个地址信号 A、B 和 C 决定是哪一路模拟信号被选中并送到内部 A/D 转换器中进行转换，完成一次转换约需 100 μs；片内具有多路开关、地址译码器和锁存电路以及逐次逼近寄存器。输出具有 TTL 三态锁存缓冲器，可直接接到单片机数据总线上。

（2）ADC0809 的引脚

ADC0809 是 28 脚双列直插式封装，引脚图如图 9-4 所示。

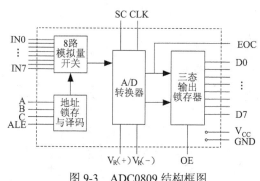

图 9-3　ADC0809 结构框图

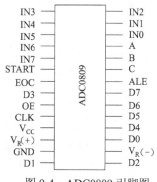

图 9-4　ADC0809 引脚图

各引脚功能如下。

① IN0～IN7：8 路模拟量输入引脚。

② START：A/D 转换启动信号输入端。当 START 为高电平时，A/D 开始转换。

③ ALE：通道地址锁存允许信号输入端，上升沿有效。

④ EOC：转换结束信号输出引脚，开始转换时为低电平，转换结束时为高电平。

⑤ OE：输出允许控制端，用以打开三态数据输出锁存器。

⑥ CLK：时钟信号输入端。

⑦ A、B、C：地址输入线，经译码后可选通 IN0～IN7 八通道中的一个通道进行转换。A 为最低，C 为最高。

⑧ D7～D0：8 位数字量输出引脚。

⑨ V_R（+）：参考电压正端。一般接 +5 V 高精度参考电源。

⑩ V_R（-）：参考电压负端。一般接模拟地。

⑪ V_{CC}、GND：电源电压 V_{CC} 接 +5 V，GND 为数字地。

ADC0809 的工作时序图如图 9-5 所示。

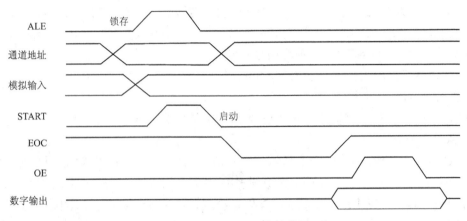

图 9-5 ADC0809 工作时序图

（3）ADC0809 与 8031 的接口电路

ADC0809 与 8031 单片机的接口电路如图 9-6 所示。由于 ADC0809 片内无时钟，可利用 8051 提供的地址锁存允许信号 ALE 经 D 触发器二分频后获得，ALE 脚的频率是 8031 单片机时钟频率的 1/6（但要注意的是，每当访问外部数据存储器时，将跳过一个 ALE 脉冲）。如果单片机时钟频率采用 6 MHz，则 ALE 脚的输出频率为 1 MHz，再二分频后为 500 kHz，恰好符合 ADC0809 对时钟频率的要求。由于 ADC0809 具有输出三态锁存器，其 8 位数据输出引脚可直接与数据总线相连。地址译码引脚 A、B、C 分别与地址总线的低 3 位 A0、A1、A2 相连，以选通

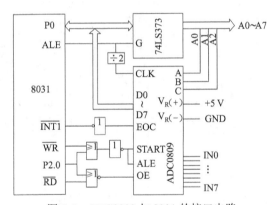

图 9-6 ADC0809 与 8031 的接口电路

IN0～IN7 中的一个通路。将 P2.0 作为片选信号，在启动 A/D 转换时，由单片机的写信号和 P2.0 控制 ADC 的地址锁存和转换启动，由于 ALE 和 START 连在一起，因此 ADC0809 在锁存通道地址的同时，启动并进行转换。在读取转换结果时，用低电平的读信号和 P2.0 脚经一级或非门后，产生的正脉冲作为 OE 信号，用以打开三态输出锁存器。

（4）ADC0809 接口控制程序

图 9-6 所示接口可以采用定时采样、查询和中断 3 种控制方式，其程序如下。

【例 9-1】下面的程序采用软件延时的方法，分别对 8 路模拟信号轮流采样一次，并依次把结果转储到数据存储区 20H 开始的单元。

```
MAIN:   MOV   R1,#20H        ; 置数据区首地址
        MOV   DPTR,#0FEF8H   ; P2.0＝0,且指向通道 0
        MOV   R7,#08H        ; 置通道数
LOOP:   MOVX  @DPTR,A        ; 启动 A/D 转换
        MOV   R6,#0AH        ; 软件延时,等待转换结束
DLAY:   NOP
```

```
        NOP
        NOP
        DJNZ    R6,DLAY
        MOVX    A,@DPTR              ; 读取转换结果
        MOV     @R1,A                ; 转储
        INC     DPTR                 ; 指向下一个通道
        NC      R1                   ; 修改数据区指针
        DJNZ    R7,LOOP              ; 8 个通道全采样完了吗?
        RET
```

【例 9-2】用查询方式控制程序完成一次 A/D 启动并读取转换结果。读取数据存储于内部存储单元 30H 中。

```
ADCON:  MOV     DPTR,#0FEF8H
        MOVX    @DPTR,A
WAIT:   JB      P3.3,WAIT            ; 读取 ADC 状态 INT1
WAIT1:  JNB     P3.3,WAIT1           ; 为"0",未结束,等待
        MOVX    A,@DPTR
        MOV     30H,A
        RET
```

由上面的程序可见,查询方式下,CPU 的利用率是很低的,在整个 A/D 转换期间内,都在做无用功。一般在中低速 ADC 接口中,应使用中断接口。

【例 9-3】ADC0809 中断接口控制程序。

ADC0809 与 8031 的中断方式接口电路只需要将 ADC0809 的 $\overline{EOC}$ 脚经过一个非门连接到 8031 的 $\overline{INT1}$ 脚即可,如图 9-6 所示。采用中断方式可大大节省 CPU 的时间,当转换结束时,EOC 发出一个脉冲向单片机提出中断申请,单片机响应中断请求,由外部中断 1 的中断服务程序读 A/D 结果,并启动 ADC0809 的下一个转换,外部中断 1 采用边沿触发方式。

程序如下:

```
ADCN:   SETB    IT1                  ; 外部中断 1 初始化编程
        SETB    EA
        SETB    EX1
        MOV     DPTR,#0FEF8H         ; 启动 ADC0809 的 IN0 通道转换
        MOV     A,#00H
        MOVX    @DPTR,A
ADED:   SJMP    ADED
```

中断服务程序:

```
PINTI:  MOV     DPTR,#0FEF8H         ; 读取 A/D 结果送缓冲单元 30H
        MOVX    A,@DPTR
        MOV     30H,A
        MOV     A,#00H               ; 启动 ADC0809 对 IN0 的转换
        MOVX    @DPTR,A
        RETI
```

2. 高于 8 位的并行输出 ADC 接口

对于 8 位微机系统,当 ADC 的位数高于 8 位时,则需分两次输入数据。所以,与 8 位 ADC 相比,则需增加一个并行接口。除此之外,其接口形式和工作原理与 8 位 ADC 相同。目前常用的 9～16 位 ADC 一般都具备 8 位和 16 位接口电路,可以直接与相应的微机连接。

（1）高于 8 位的并行输出 ADC 接口的一般形式

高于 8 位的并行输出 ADC 与 8 位微机相连接时，一般需使用两个 8 位并行端口，其形式如图 9-7 所示。这两个并行端口分别输入 ADC 输出的高位字节和低位字节。同 8 位 ADC 类似，接口还应具备状态检测和启动控制能力。

（2）12 位并行输出 A/D 转换器 AD574 接口

① AD574 的特性

AD574 为中档、中速 12 位逐次逼近型 A/D 转换器。转换速度为 25 μs，转换精度为 0.05%，由于芯片内有三态输出缓冲电路，因而可直接与各种典型的 8 位或 16 位的微处理器相连，而无需附加逻辑接口电路，且能与 CMOS 及 TTL 兼容。

AD574 为 28 脚双列直插式封装，其引脚图如图 9-8 所示。

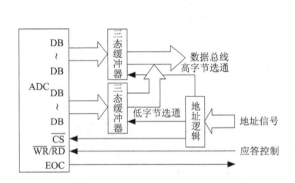

图 9-7　高于 8 位 ADC 接口的一般形式

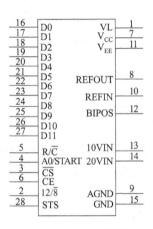

图 9-8　AD574 引脚图

AD574 有 5 个控制端和 1 个状态输出端，功能简述如下。

- $\overline{CS}$：片选信号。
- CE：片使能信号。
- $R/\overline{C}$：读出/转换控制信号。
- $12/\overline{8}$：数据输出格式选择信号引脚。当 $12/\overline{8} = 1$ 时，双字节输出，即 12 条数据线同时有效输出；当 $12/\overline{8} = 0$ 时，为单字节输出，即只有高 8 位或低 4 位有效。
- A0：字节选择控制线。在转换期间：A0 = 0，AD574 进行全 12 位转换，转换时间为 25 μs；当 A0 = 1 时，进行 8 位转换，转换时间为 16 μs。在读出期间：当 A0 = 0 时，高 8 位数据有效；A0 = 1 时，低 4 位数据有效，中间 4 位为"0"，高 4 位为三态，因此当采用两次读出 12 位数据时，应遵循左对齐原则，如表 9-1 所示。

表 9-1　AD574 12 位输出状态表

	D7	D6	D5	D4	D3	D2	D1	D0
高字节（A0 = 0）	MSB	D10	D9	D8	D7	D6	D5	D4
低字节（A0 = 1）	D3	D2	D1	LSB	0	0	0	0

AD574 的控制状态表如表 9-2 所示。

- STS：输出状态信号。转换开始时，STS 达到高电平，转换过程中保持高电平。转换
  完成时返回到低电平。STS 可以作为状态信息被 CPU 查询，也可以用它的下降沿向
  CPU 发出中断申请，通知 A/D 转换已完成，CPU 可以读取转换结果。

AD574 的 5 个控制端在外部逻辑信号控制下，可使 ADC 工作于 8 位或 12 位方式，其功
能如表 9-2 所示。

表 9-2　AD574 控制状态表

CE	$\overline{CS}$	R/$\overline{C}$	12/$\overline{8}$	A0	操 作
0	×	×	×	×	无操作
×	1	×	×	×	无操作
1	0	0	×	0	启动一次 12 位转换器
1	0	0	×	1	启动一次 8 位转换器
1	0	1	5 V	×	允许 12 位并行输出
1	0	1	接地	0	允许高 8 位输出
1	0	1	接地	1	允许低 4 位+4 位尾 0 输出

AD574 采用 +5 V 和 ±15 V 电源供电，提供 +10 V、+20 V 单极性和 ±5 V、±10 V 双极性
4 种量程。通过改变 AD574 引脚 8、10、12 的外接电路，可使 AD574 进行单极性和双极性
模拟信号的转换，如图 9-9 所示为单极性转换电路，可实现输入信号 0～10 V 或 0～20 V 的
转换。其系统模拟信号的地线应与 9 脚相连，使其地线的接触电阻尽可能小。图 9-10 为双极
性转换电路，可实现输入信号 −5～+5 V 或 − 10～+10 V 的转换。

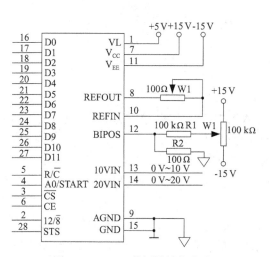

图 9-9　AD574 单极性转换电路

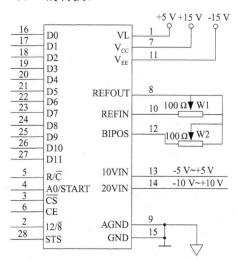

图 9-10　AD574 双极性转换电路

同所有 A/D 转换器一样，对 AD574 的控制有两种基本操作，即启动（写）操作和读操
作。这两个基本操作时序图如图 9-11 所示。

② AD574 与 8031 的接口电路

如图 9-12 所示是 AD574 与 8031 单片机的接口电路。由于 AD574 片内有时钟，故无需

外加时钟信号。该电路采用单极性输入方式，可对 0～10 V 或 0～20 V 的模拟信号进行转换。
转换结果的高 8 位从 D11～D4 输出，低 4 位从 D3～D0 输出，并直接和单片机的数据总线相
连，如果遵循左对齐原则，D3～D0 应接单片机数据总线的高半字节。

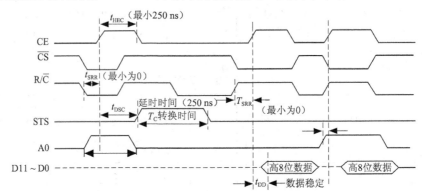

图 9-11 AD574 基本操作时序图

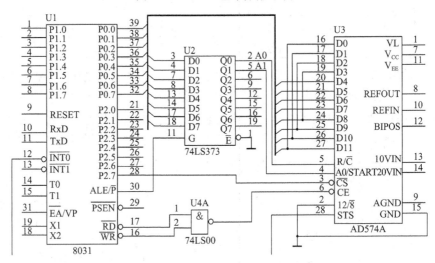

图 9-12 AD574 与 8031 的接口电路

为了实现启动 A/D 转换和转换结果的读出，AD574 的片选信号 $\overline{CS}$ 由地址总线的 A15 提
供，在读写操作时，A15 设置为低电平；AD574 的 CE 信号由单片机的 $\overline{WR}$ 和 $\overline{RD}$ 经一级与
非门提供，R/$\overline{C}$ 则由 A0 产生。输出状态信号 STS 接 P3.2 端供单片机查询，以判断 A/D 转换
是否结束。12/$\overline{8}$ 端接地，AD574 的 A0 由地址总线的 A1 位控制，以实现 A/D 全 12 位转换，
并将 12 位数据分两次送到数据总线上。

12 位 A/D 转换器与 8051 单片机的程序设计方法，与 8 位 A/D 转换器的程序设计方法一
样，也可采用 3 种方法，即程序查询、软件延时和中断控制方式。由于 AD574 转换器的速度
较快，所以大都采用程序查询方式。

【例 9-4】查询法设计的程序如下：

```
MAIN:   MOV     DPTR,#7FFCH         ;选择 AD574,并令 A0=0
        MOVX    @DPTR,A             ;启动 A/D 转换
LOOP:   NOP
        JB      P3.2,LOOP           ;查询转换是否结束
```

```
    INC     DPTR
    MOVX    A,@DPTR          ; 读取高 8 位
    MOV     R2,A             ; 存入 R2 中
    INC     DPTR
    MOVX    A,@DPTR          ; 读取低 4 位
    MOV     R3,A             ; 存入 R3 中
```

9.1.2　串—并行输出 ADC 与单片机的接口

串—并行输出方式大多用于低速、价廉的积分型 A/D 转换器中，几乎无一例外地采用了十进制编码形式，每次输出一位并行十进制编码，整个转换结果分若干次输出。这种低速、价廉但高精度、强抗干扰的集成 A/D 转换器以其优良的性能价比被广泛应用于低速测量领域。

1. MC14433 三位半双积分 ADC

MC14433 是具备零漂补偿和采用 CMOS 工艺制造的三位半单片双积分 A/D 转换器，最大输出数码为 1999，具有功耗低、输入阻抗高和自动调零、自动极性转换功能。其转换精度为 ±（0.05%V_i+1LSB），输入阻抗大于 100 MΩ，对应时钟频率范围为 50 kHz～150 kHz，转换速度为每秒 3～10 次。内部结构框图及引脚功能如图 9-13 所示。

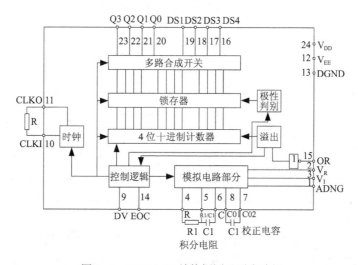

图 9-13　MC14433 结构框图及引脚功能

MC14433 采用 ±5 V 供电电源，只需一个正基准电压 V_R，其与输入电压 V_i 成下列比例关系：

$$输出读数 = \frac{|V_i|}{V_R} \times 1\,999 \tag{9-1}$$

因而当满量程时 $V_i = V_R$。V_i 输入有 2 V 和 200 mV 两个量程挡。当满度电压为 1.999 V 时，V_R 取 2.000 V；当满度电压为 199.9 mV 时，V_R 取 200.0 mV。当然，也可以根据需要在 200 mV～2 V 之间任意选择 V_R 的值，此时，读数的一个 LSB 所对应的输入电压则需通过式（9-1）求得。

MC14433 内部具备时钟发生电路，其频率取决于外接电阻。时钟频率 f_{ck} 应满足下式：

$$f_{ck} = \frac{200}{m} \text{ kHz} \tag{9-2}$$

其中，$m = 1$，2，3…是采样周期与工频周期的比数。积分电容与积分电阻的取值应满足

$$R_1 = \frac{V_{imax}T_1}{C1\Delta V} \tag{9-3}$$

其中，$T_1 = \dfrac{4\,000}{f_{ck}}$，是双积分 A/D 转换中的采样期，$\triangle V = V_{DD} - V_{imax} - 0.5$，是为了保证线性工作区。外接失调补偿电容 C0 取值为 0.1 μF。

MC14433 的转换过程由内部电路自动控制，无需外加启动控制信号，其输出数据通过 Q3～Q0 输出端，以 BCD 码的形式采用字位动态扫描逐位输出，即千、百、十、个位 BCD 码轮流地在 Q3～Q0 端输出，同时在 DS1～DS4 端出现同步字位选通信号。即在 MC14433 的输出引脚中，DS1～DS4 指明的是当前正输出的 BCD 码是十进制位中的哪一位。每次在 A/D 转换结束时，在 EOC 端输出一个正脉冲，其宽度为一个时钟周期。输出数据的更新需通过 DV 端的正跳变信号实现，因而通常将 EOC 与其短接，以使每次转换结束时，自动更新数据。在千位输出时，携带输出极性及超量程信息，其意义如表 9-3 所示。

表 9-3　MC14433 千位编码定义

Q3（千位）	Q2（极性）	Q1（空）	Q0（超量程）	意　　义
0	X	X	X	"千" 位数为 1
1	X	X	X	"千" 位数为 0
X	1	X	X	正极性
X	0	X	X	负极性
X	X	X	0	量程合适
0	X	X	1	过量程
1	X	X	1	欠量程

由表 9-3 可知：

（1）Q3 表示千位（1/2 位）数的内容，Q3 = 0（低电平）时，千位数为 1；Q3 = 1（高电平）时，千位数为 0；

（2）Q2 表示被测电压的极性，Q2 = 1 表示正极性，Q2 = 0 表示负极性；

（3）Q0 = 1 表示被测电压在量程外（超量程），可用于仪表自动量程转换。当 Q3 = 0 时，表示过量程；当 Q3 = 1 时，表示欠量程。过量程时，$|V_x| > V_R$ 且 A/D 转换输出读数为 1999，欠量程时输出读数 ≤179。

2. MC14433ADC 与 8031 的接口电路

MC14433 输出不具有三态缓冲，故必须通过接口方可挂接于微机总线。对于 MCS-51 单片机而言，最简捷的方法是直接与其 I/O 端口相连。因为 MC14433 为低速 ADC，所以宜采用中断方式接口，图 9-14 给出了其与 8031 的接口电路。

接口使用 P1 口，高 4 位输入 BCD 码，低 4 位输入位选信号 DS1～DS4。EOC 的下降沿触发中断 INT1。MC14433 输出的时序为首先 DS1 有效，并同时通过 Q1～Q3 输出千位 BCD 码；然后 DS2、DS3 和 DS4 依次有效，同时依次输出百位、十位和个位的 BCD 码。

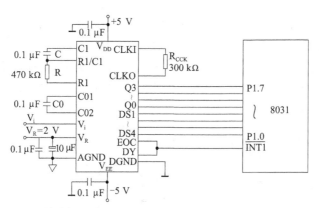

图 9-14 MC14433ADC 与 8031 的接口

9.1.3 串行输出 ADC 与单片机的接口

以串行数据形式输出的 A/D 转换器通常具有引脚少、体积小的特点，接口所需的 I/O 位数也比较少，这对于提高仪器的集成度和减小体积是有利的，特别是在需要进行模拟与数字隔离的场合，能方便、廉价地实现隔离。具备串行输出接口的 A/D 转换器有多种型号，其接口时序随型号不同而有所不同，但从接口的实现和控制方法来说，还是基本相同的。现以 MAX1241 为例来说明串行输出 ADC 接口技术及其实现方法。

1．MAX1241 串行输出 ADC 简介

MAX1241 是一种低功耗、低电压的 12 位串行 ADC。它使用逐次逼近技术完成 A/D 转换过程，最大非线性误差小于 1LSB，转换时间为 9 μs。采用三线式串行接口，内置快速采样/保持电路，其结构和引脚定义如图 9-15 所示。

MAX1241 的引脚功能如表 9-4 所示。采用单电源供电，动态功耗在以每秒 73K 转换速率工作时，仅需 0.9 mA 电流。在停止转换时，可通过 $\overline{\text{SHDN}}$ 控制端使其处于休眠状态，以降低静态功耗。休眠方式下，电源电流仅 1 μA。

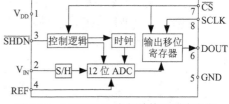

图 9-15 MAX1241 内部结构和引脚定义

表 9-4 MAX1241 的引脚功能

引　脚	名　　称	功　　能	参　　数
1	V_{DD}	电源输入	+2.7～+5.2 V
2	V_{IN}	模拟电压输入	0～V_{REF}
3	$\overline{\text{SHDN}}$	节电方式控制端	"0"——节电方式（休眠状态） "1" 或浮空——工作
4	REF	参考电压 V_{REF} 输入端	10 V～V_{DD}
5	GND	模拟、数字地	—
6	DOUT	串行数据输出	三态
7	$\overline{\text{CS}}$	芯片选通	"0"——选通 "1"——禁止
8	SCLK	串行输出驱动时钟输入	频率范围：0 MHz～2.1 MHz

MAX1241 的工作时序如图 9-16 所示。每次转换由芯片选通信号的下降沿触发，但此时驱动时钟 SCLK 必须为低电平。A/D 转换一旦启动，内部控制逻辑首先将采样/保持电路切换为保持状态，并使输出数据线 DOUT 变为低电平，表示转换开始。在整个转换周期内，SCLK 应保持低电平，转换结束时 DOUT 由低变高。一次转换结束，内部控制逻辑将自动把采样/保持器切换为捕捉状态。

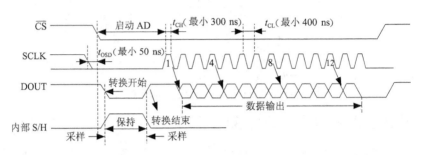

图 9-16　MAX1241 工作时序

对 MAX1241 转换结果的输入操作应在转换结束后进行，由驱动时钟 SCLK 的下降沿触发一位数据输出。在下一个 SCLK 脉冲下降沿到来前，该位数据将始终保持在 DOUT 输出端上。数据输出从最高位开始，每个 SCLK 脉冲下降沿输出一位。第 12 个 SCLK 脉冲的下降沿输出最低位。在数据输出周期内，$\overline{CS}$ 必须保持低电平，若在第 13 个 SCLK 脉冲下降沿后，$\overline{CS}$ 仍保持低电平，DOUT 则一直保持为低电平。

2. MAX1241A/D 转换器与 8051 的接口电路

MAX1241 与微机接口的实现有两种选择，一是使用普通端口，利用程序实现串行输入；另一种则是直接使用串行口。前者输入速度低，后者需占用串行通信口。这两种接口方式的电路图，如图 9-17 所示。

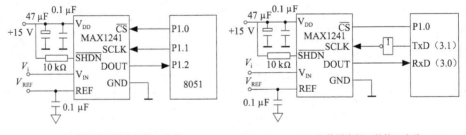

（a）使用普通端口的接口电路　　　　　　（b）使用串行口的接口电路

图 9-17　MAX1241 与 8051 的接口电路

图 9-17（a）中，接口使用三位通用 I/O 端口 P1.0～P1.2。其中 P1.0 用于片选信号，P1.2 为数据输入，P1.1 产生驱动脉冲 SCLK。按此接口电路的采集程序如下。

```
        MOV     A,#00H
        MOV     R6,#04H
        MOV     R7,#08H
        CLR     P1.2
        CLR     P1.0            ; A/D 片选有效,启动转换
WAIT:   JNB     P1.2,WAIT       ; 等待 A/D 转换结束
GAOWI:  SETB    P1.1
```

```
          CLR     P1.1
          MOV     C,P1.2              ; 输入一位数据
          RLC     A
          DJNZ    R6,GAOWI            ; 判高 4 位是否移出
          MOV     21H,A              ; 存高 4 位的转换结果
DIDW:     SETB    P1.1
          CLR     P1.1
          MOV     C,P1.2
          RLC     A
          DJNZ    R7,DIWI
          MOV     20H,A              ; 存低 8 位的转换结果
          SETB    P1.1
          CLR     P1.1
          SETB    P1.0
          RET
```

当使用 8051 的串行口与 MAX1241 连接时，如图 9-17（b）所示，串行口应工作在方式 0，即同步移位寄存器方式。此时，串行口的 RxD 被用于接收 MAX1241 的输出数据。而发送数据端 TxD 则被用于提供驱动时钟，为满足时序要求，应将其反相。

由于单片机的串行口一次只能接受 8 位数据，故 12 位的 A/D 转换结果必须分两次接收，接收程序同串行口方式 0 的编程类似。

9.2　MCS-51 单片机与 8 位 D/A 转换器接口技术

目前，能与微机接口的 D/A 转换器芯片有许多种，其中有的不带数据锁存器，这类 D/A 转换器与微机连接时需要扩展并行 I/O 接口，使用起来不够方便；也有的带数据锁存器，可以直接与单片机或微处理器相连接，应用较为广泛，本节将通过 8 位典型芯片 DAC0832 来介绍这类 D/A 转换器的接口。

9.2.1　DAC0832 的结构原理

1. DAC0832 的特性

DAC0832 是使用较多的一种 8 位 D/A 转换器，它具有两级输入数据寄存器，它能直接与 MCS-51 单片机相接口，不需要附加任何其他 I/O 接口芯片，其主要特性如下。

（1）分辨率为 8 位。

（2）电流输出，稳定时间为 1 μs。

（3）可双缓冲、单缓冲或直接数字输入。

（4）只需在满量程下调整其线性度。

（5）单一电源供电（+5～+15 V）。

（6）低功耗，20 mW。

2．DAC0832 的逻辑结构

DAC0832 的引脚图和逻辑框图如图 9-18 和图 9-19 所示。

DAC0832 主要由一个 8 位输入寄存器、一个 8 位 DAC 寄存器和一个 8 位 D/A 转换器组成。在 D/A 转换器中采用的是 T 型 R-2R 电阻网络。DAC0832 器件由于有两个可以分别控制的数据

寄存器，使用时有较大的灵活性，可以根据需要接成多种工作方式。它的工作原理简述如下。

在图 9-19 中，$\overline{LE}$ 为寄存控制端。当 $\overline{LE}=1$ 时，寄存器的输出随输入变化；$\overline{LE}=0$ 时，数据锁存在寄存器中，而不随输入数据的变化而变化。

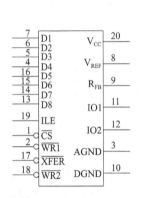

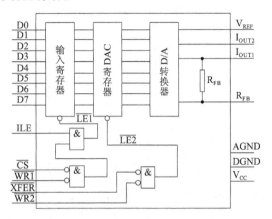

图 9-18　DAC0832 引脚图　　　　　　　图 9-19　DAC0832 逻辑框图

由此可见，当 ILE = 1，$\overline{CS}=0$，$\overline{WR1}=0$ 时，$\overline{LE1}=1$，允许数据输入，而当 $\overline{WR1}=1$ 或 $\overline{CS}=1$ 时 $\overline{LE1}=0$，则数据被锁存。能否进行 D/A 转换，除了取决于 $\overline{LE1}$ 以外，还要依赖于 $\overline{LE2}$。

由图可知，当 $\overline{WR2}$ 和 XFER 均为低电平时，$\overline{LE2}=1$，此时允许 D/A 转换，否则 $\overline{LE2}=0$，将数据锁存于 DAC 寄存器中。

在使用时可以采用双缓冲方式（两级输入锁存），也可以用单缓冲方式（只用一级输入锁存，另一级始终直通），或者接成完全直通的形式。因此，这种转换器用起来非常灵活和方便。DAC0832 芯片为 20 脚双列直插式封装，各引脚的功能如下。

- $\overline{CS}$：片选信号引脚（低电平有效）。
- ILE：数据锁存允许控制信号输入线（高电平有效）。
- $\overline{WR1}$：第一级锁存写选通（低电平有效）。当 ILE 为 1，$\overline{CS}$ 为 0，$\overline{WR1}$ 有效时 D0～D7 状态被锁存到输入寄存器。
- XFER：数据传输控制信号输入线，低电平有效。
- $\overline{WR2}$：第二级锁存写选通（低电平有效）。当 $\overline{XFER}=0$，$\overline{WR2}=0$ 时，可使输入寄存器中的数据传送到 DAC 寄存器中。
- D0～D7：数据输入线。D0 是最低位（LSB），D7 是最高位（MSB）。
- I_{OUT1}（IO1）：DAC 电流输出线。当 DAC 寄存器为全 1 时，表示 I_{out1} 为最大值，当 DAC 寄存器为全 0 时，表示 I_{out1} 为 0。
- I_{OUT2}（IO2）：DAC 电流输出线。I_{out2} 为常数减去 I_{out1}，或者 $I_{out1}+I_{out2}=$ 常数。在单极性输出时，I_{out2} 通常接地。
- R_{FB}：内部集成反馈电阻，为外部运算放大器提供一个反馈电压。R_{FB} 可由内部提供，也可由外部提供。
- V_{REF}：参考电压输入，要求外部接一个精密的电源。当 V_{REF} 为 ±10 V 或 ±5 V 时，可获得满量程四象限的可乘操作。

- V_{CC}：数字电路供电电压。
- AGND：模拟地。
- DGND：数字地。这是两种不同的地，但在一般情况下，这两个地最后总有一点接在一起，以便提高抗干扰能力。

DAC0832 是电流输出型。在单片机应用系统中，通常需要电压信号，电流信号到电压信号的转换由运算放大器实现，原理如图 9-20 所示。在该图中，LM741 完成电流到电压的转换。

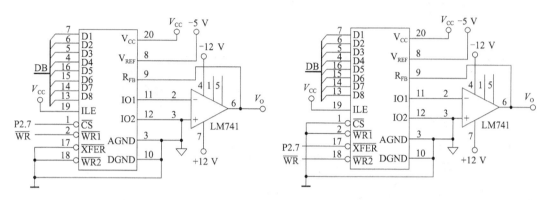

（a）DAC 寄存器接成常通状态　　　　　　　　（b）输入寄存器接成常通状态

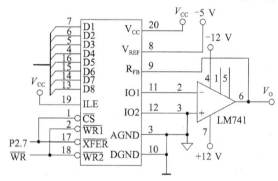

（c）两个寄存器同时选通及锁存

图 9-20　单缓冲型的 3 种接口方法

9.2.2　8 位 D/A 转换器的接口方法

现在以 DAC0832 为例来说明单片机系统设计时，对于 D/A 转换器输入端与单片机接口，有以下几种方法可供选择。

1. 单缓冲型接口方法

这种接口电路主要应用于一路 D/A 转换器或多路 D/A 转换器不同时输出的场合。图 9-20 给出了单缓冲型的 3 种接口方法。这类接口电路主要是把 D/A 转器中的两个寄存器中任一个接成常通状态。

图 9-20（a）的接口电路是把 DAC 寄存器接成常通状态；即 ILE 接高电平，$\overline{WR2}$ 和 $\overline{XFER}$ 接地，$\overline{CS}$ 与 P2.7 口连接，$\overline{WR1}$ 与单片机的 $\overline{WR}$ 端连接。

图 9-20（b）接口电路是将输入寄存器接成常通状态：即将 ILE 接高电平，$\overline{CS}$ 和 $\overline{WR1}$ 接地，$\overline{WR2}$ 接单片机的 $\overline{WR}$，$\overline{XFER}$ 与 P2.7 口连接。

图 9-20（c）的接口电路使两个寄存器同时选通及锁存；即将 ILE 接高电平，$\overline{\text{WR1}}$ 和 $\overline{\text{WR2}}$ 与单片机的 $\overline{\text{WR}}$ 连接，$\overline{\text{CS}}$ 和 $\overline{\text{XFER}}$ 与 P2.7 口连接。

以上 3 种单缓冲型的接口方法是最常用的。

根据图 9-20 所示，可以编出许多种波形输出的 D/A 转换程序，如锯齿波、三角波、梯形波、矩形波等。

【例 9-5】 利用 DAC0832 产生各种波形。

产生锯齿波的程序如下：

```
DAADR   EQU    7FFFH
        ORG    2000H
STAR:   MOV    DPTR,#DAADR              ; 选中 DAC0832
        MOV    A,#00H
LP:     MOVX   @DPTR,A                  ; 向 DAC0832 输出数据
        INC    A
        SJMP   LP
```

产生三角波的程序如下：

```
STAR:   MOV    DPTR,#DAADR
DAS0:   MOV    A,#00H
DAS1:   MOVX   @DPTR,A
        INC    A
        JNZ    DAS1
DAS2:   DEC    A
        MOVX   @DPTR,A
        JNZ    DAS2
        AJMP   DAS0
```

产生梯形波的程序如下：

```
        ORG    2000H
STAR:   MOV    DPTR,#DAADR              ; 选中 D/A
LP1:    MOV    A,#dataL                 ; 置下限
LP2:    MOVX   @DPTR,A
        INC    A
        CLR    C
        SUBB   A,#dataH                 ; 与上限比较
        JNC    DOWN
        ADD    A,#dataH                 ; 恢复原值
        SJMP   LP2
DOWN:   LCALL  DEL                      ; 调上限延时程序
LP3:    MOVX   @DPTR,A
        DEC    A
        SUBB   A,#dataL                 ; 与下限比较
        JC     LP1
        ADD    A,#dataL
        SJMP   LP3
```

2. 双缓冲型接口方法

双缓冲方式的接口主要应用在多路 D/A 转换器同步输出系统中。这种接口电路主要是把 DAC0832 的输入寄存器的锁存信号和 DAC 寄存器的锁存信号分别进行控制。如图 9-21 所示为 DAC0832 按双缓冲工作方式与 8051 连接形成的两路模拟信号同步输出的图形显示应用系

统。该接口电路中，两个 D/A 转换器的第一级寄存器分别用两个地址控制，使单片机能分时地把数据传送到两个 D/A 转换器的输入寄存器中。两个 D/A 转换器的第二级寄存器的控制端 $\overline{\text{XFER}}$ 接在一起用一个地址控制，当 $\overline{\text{XFER}}$ 有效时，将输入寄存器中的内容锁存到 DAC 寄存器，使这两个 D/A 转换器能同时进行转换并输出电压。

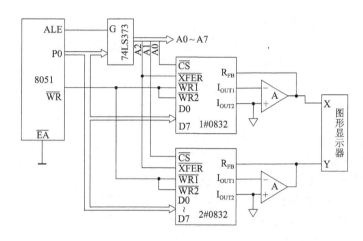

图 9-21　DAC0832 按双缓冲方式与 8051 的连接图

【例 9-6】要使图形显示器的光点更新位置，可执行下面的程序：

```
ORG     2000H
MOV     DPTR,#00FEH
MOV     A,#datax            ; datax 写入 1#0832 输入寄存器
MOVX    @DPTR,A
MOV     DPTR,#00FDH
MOV     A,#datay            ; datay 写入 2#0832 输入寄存器
MOVX    @DPTR,A
MOV     DPTR,#00FBH
MOVX    @DPTR,A             ; 1#和 2#输入寄存器的内容同时送到 DAC 寄存器中
```

3. 直通型的接口方法

直通型电路与单缓冲接法比较相似，只是要把两级缓冲器接成常通。即将 $\overline{\text{CS}}$、$\overline{\text{WR1}}$、$\overline{\text{WR2}}$ 和 $\overline{\text{XFER}}$ 接地，而 ILE 端必须保持高电平，DAC0832 的数据线 D0～D7 可接微机系统独立的并行输出端口，如 MCS-51 的 P1 口或 8255 的 PA、PB 或 PC 口，一般不能接微机系统的数据总线，所以很少使用直通接口方法。

9.2.3　D/A 转换器的输出方式

D/A 转换器输出分为单极性和双极性两种输出形式。其转换器的输出方式只与模拟量输出端的连接方式有关，而与其位数及其他控制信号无关。

1. 单极性输出

在前面叙述的 D/A 转换器的几种接口方法中，图 9-20 和图 9-21 给出的电路都属于单极性输出。在单极性输出方式下，当 V_{REF} 接 − 5 V（或 +5 V）时，输出电压范围是 0～+5 V（或 0～−5 V）。若 V_{REF} 接 − 10 V（或 +10 V）时，输出电压范围为 0～+10 V（或 0～−10 V）。其中 D/A 的转换关系 $V_{\text{OU}} = -V_{\text{REF}} \times (数字码/256)$，如表 9-5 所示。

表 9-5　单极性输出 D/A 转换关系

数字量输入		模拟量输出/V
MSB	LSB	
1 1 1 1 1 1 1 1		$-V_{\mathrm{REF}} \times (255/256)$
1 0 0 0 0 0 1 0		$-V_{\mathrm{REF}} \times (130/256)$
1 0 0 0 0 0 0 0		$-V_{\mathrm{REF}} \times (128/256)$
0 1 1 1 1 1 1 1		$-V_{\mathrm{REF}} \times (127/256)$
0 0 0 0 0 0 0 0		$-V_{\mathrm{REF}} \times (0/256)$

2. 双极性输出

在一般情况下，把 D/A 转换器输出端接成单极性输出方式还是比较常用的。如要求 D/A 转换器输出为双极性，则需在图 9-20 的基础上增加一个运算放大器，其电路如图 9-22 所示。

在图 9-22 所示电路中，运算放大器 A_2 的作用是把运算放大器 A_1 的单极性输出电压转变成双向输出。其原理是将 A_2 的输入端（运放的反向输入端）通过电阻 R_1 与参考电压 V_{REF} 相连，因此运算放大器 A_2 的输出电压：

$$V_{\mathrm{OUT2}} = -\left(\frac{R_3}{R_2} \times V_{\mathrm{OUT1}} + \frac{R_3}{R_1} \times V_{\mathrm{REF}} \right)$$

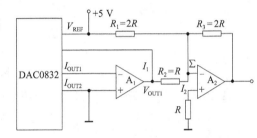

图 9-22　DAC0832 双极性输出电路

代入 R_1、R_2、R_3 的值，可得：

$$V_{\mathrm{OUT2}} = -(2V_{\mathrm{OUT1}} + V_{\mathrm{REF}})$$

代入 V_{OUT1} 的值，则得：

$$V_{\mathrm{OUT2}} = V_{\mathrm{REF}} \times \frac{\text{数字码} - 128}{128}$$

设 $V_{\mathrm{REF}} = +5\,\mathrm{V}$，当 $V_{\mathrm{OUT1}} = 0\,\mathrm{V}$ 时，$V_{\mathrm{OUT2}} = -5\,\mathrm{V}$；

当 $V_{\mathrm{OUT1}} = -2.5\,\mathrm{V}$ 时，$V_{\mathrm{OUT2}} = 0\,\mathrm{V}$；

当 $V_{\mathrm{OUT1}} = -5\,\mathrm{V}$ 时，$V_{\mathrm{OUT2}} = +5\,\mathrm{V}$。

双极性输出 D/A 转换的关系，如表 9-6 所示。

表 9-6　双极性输出 D/A 转换关系

输入数字量		模拟量输出	
MSB	LSB	$+V_{\mathrm{REF}}$	$-V_{\mathrm{REF}}$
1 1 1 1 1 1 1 1		$V_{\mathrm{REF}} - 1\mathrm{LSB}$	$-|V_{\mathrm{REF}}| + 1\mathrm{LSB}$
1 1 0 0 0 0 0 0		$V_{\mathrm{REF}}/2$	$-|V_{\mathrm{REF}}|/2$
1 0 0 0 0 0 0 0		0	0
0 1 1 1 1 1 1 1		$-1\mathrm{LSB}$	$+1\mathrm{LSB}$
0 0 1 1 1 1 1 1		$|V_{\mathrm{REF}}|/2 - 1\mathrm{LSB}$	$|V_{\mathrm{REF}}|/2 + 1\mathrm{LSB}$
0 0 0 0 0 0 0 0		$-|V_{\mathrm{REF}}|$	$+|V_{\mathrm{REF}}|$

9.3　MCS-51 单片机与 12 位 D/A 转换器的接口技术

8 位 D/A 转换器的分辨率是比较低的，在有些控制系统中往往满足不了要求，有时为了提高精度，需要用 10 位、12 位等高精度 D/A 转换器。

下面以 DAC1210 为例，说明 12 位 D/A 转换器的原理及接口技术。

9.3.1　DAC1210 的结构特点

1. 特点

DAC1210 是 24 脚双列直插 12 位 D/A 转换器。它具有 3 个输入寄存器，可以直接与单片机接口。芯片内有 R、2R 组成的 T 型电阻网络，用来对基准电压进行分压，完成数字量输入、模拟量输出的转换。

DAC1210 系列包括 DAC1208、DAC1209、DAC1210 等各种型号的产品，它们的管脚是兼容的，具有互换性。

2. DAC1210 的结构

DAC1210 的结构框图及引脚图如图 9-23 所示。

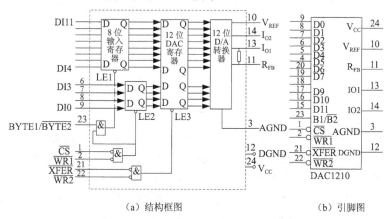

（a）结构框图　　　　　　　　　（b）引脚图

图 9-23　DAC1210 的结构框图及引脚图

从图 9-23（a）中，可以看到 DAC1210 转换器是一种带有双输入缓冲器的 12 位 D/A 转换器。第一级缓冲器由高 8 位输入寄存器和低 4 位输入寄存器构成，可直接从 8 位或 12 位数据总线取数；第二级缓冲器为 12 位并行 DAC 寄存器。此外，还有一个 12 位 D/A 转换器。LE1 端由 $\overline{CS}$、$\overline{WR1}$、BYTE1/$\overline{BYTE2}$ 控制，LE2 端由 $\overline{CS}$、$\overline{WR1}$ 控制，$\overline{LE3}$ 端由 $\overline{WR2}$ 和 $\overline{XFER}$ 控制，LE 为寄存控制端。当 $\overline{LE}=0$ 时，数据锁存在寄存器中，不随输入数据变化；$\overline{LE}=1$ 时，寄存器的输出随输入变化。

DAC1210 用字节控制信号 BYTE1/$\overline{BYTE2}$ 控制数据的输入，当该信号为高电平时，12 位数据（DI0～DI11）同时存入第一级的两个寄存器。当输入数据全部存入第一级寄存器后，再转入第二级 12 位并行寄存器，使 12 位数字量同时送入 D/A 转换。反之，当该信号为低电平时，只将低 4 位（DI0～DI3）数据存入 4 位输入寄存器。根据 DAC1210 转换器的工作原理，控制线应按照这样一个顺序进行控制，即高 8 位使能，然后低 4 位使能，最后使 12 位 DAC 寄存器的锁存控制端 $\overline{LE3}=1$。这样 DAC1210 转换器既可异步输出，又可多路同步输出，有极大的灵活性。

9.3.2 8051 与 DAC1210 转换器的接口技术

图 9-24 给出了 DAC1210 与 8051 的接口电路。

需要指出的是，这里采用的是向左对齐的数据格式。

高字节   低字节

D11 D10 D9 D8 D7 D6 D5 D4   D3 D2 D1 D0 X X X X

MSB ◄——— DAC 数据 ——► LSB

字节 1   字节 2

X：无关位

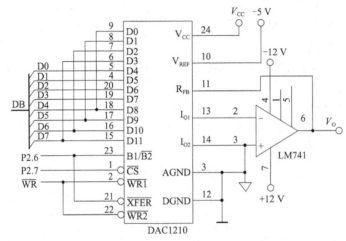

图 9-24　DAC1210 与 8051 的接口电路

由于 8051 是 8 位机，12 位的 D/A 同它接口时传送两次数据才能进行一次完整的转换。12 位数据的高 8 位作为字节 1 通过数据线 D7～D0 由单片机传送到 DAC1210 的 D11～D4 位，高 8 位的口地址为 7FFFH，而低 4 位作为字节 2 通过数据线 D7～D4 送到 DAC1210 的 D3～D0 中，口地址为 3FFFH。从图 9-24 可以看出，DAC1210 转换器占有两个地址：当 P2.7 = 0、P2.6 = 1 时，送高 8 位数据；而 P2.6 = 0 时，送低 4 位数据。即 DAC1210 的 8 位输入寄存器地址为 7FFFH，4 位输入寄存器地址为 3FFFH。在送入数据时要先送 12 位数据中的高 8 位 D11～D4，然后再送入低 4 位数据 D3～D0，而不能按相反的顺序传送。这是因为在输入 8 位寄存器时，4 位输入寄存器也是打开的，如果先送低 4 位后送高 8 位，结果就会产生错误。这里 4 位输入寄存器与 12 位 DAC 寄存器是同一个地址 3FFFH，即当送完高 8 位数据后，送低 4 位数据时，12 位 DAC 寄存器同时被打开并送 12 位 D/A 转换器转换。设 12 位数据存放在内部 RAM 的两个单元中：DIGIT 和 DIGIT+1。12 位数字量的高 8 位在 DIGIT 单元，低 4 位在 DIGIT+1 单元的低 4 位。若按图 9-24 的连接送到 DAC1210 转换器去转换，有关控制程序如下：

```
MOV     DPTR,#7FFFH          ; 8 位输入寄存器地址
MOV     R0,#DIGIT            ; 高 8 位数字量地址
MOV     A,@R0               ; 取高 8 位数据
MOVX    @DPTR,A             ; 高 8 位数送 1210
MOV     DPTR,#3FFEH          ; 4 位输入寄存器地址
INC     R0                 ; 低 4 位数字量地址
```

```
MOV      A,@R0                      ; 取低 4 位数据
SWAP     A                         ; 低 4 位与高 4 位交换
ANL      A,#0F0H
MOVX     @DPTR,A                   ; 低 4 位数据送 1210,并完成 12 位 D/A 转换
```

如果 8051 与 DAC1210 的连接与图 9-24 不完全相同，则相应的程序也要有所修改。若系统有两个以上的 DAC1210 转换器，并需要同步控制，则它们的控制信号 $\overline{\text{XFER}}$ 需要单独控制并占用一个地址。当分别写入高 8 位数据和低 4 位数据后，再用公共地址（即 $\overline{\text{XFER}}$ 信号）去选通它们的 12 位 DAC 寄存器，便可以使几路 D/A 转换器同时转换，以达到同步控制的目的。

12 位 D/A 转换器的种类很多。DAC1230 的结构和 DAC1210 很相似，但数据输入线只有 8 条，它在 D/A 转换器芯片内部把 8 位输入寄存器的高 4 位输入与低 4 位输入寄存器的输入线接在一起，因此，使用时与 DAC1210 转换器没有什么不同，只是与 8 位 CPU 的接线更方便些。

如果 D/A 转换芯片内部没有锁存器，则它与单片机的接口一般采用双缓冲电路。这样可消除 D/A 转换器输出时产生的毛刺现象。关于这个问题，将在下面的无输入锁存器的 D/A 转换器的接口中说明。

9.3.3　无输入锁存器的 D/A 转换器与单片机的接口

不含输入锁存器的 D/A 转换器不能和数据总线直接相连，必须外接锁存器来保存微机输出的数据。

1．D/A 转换器的位数与数据总线位数相同

在这种情况下，只需一个位数与数据总线相同的锁存器（如 74LS273），配以相应的译码选通电路，就能实现把 CPU 输出到数据总线上的数据锁存起来，作为 D/A 转换器的输入数据，直到数据总线送来新的数据为止。这时，锁存器作为单片机的一个输出端口，它的写入/锁存由选通地址和写信号进行控制。

2．D/A 转换器的位数高于数据总线的位数

当 8 位以上的 D/A 转换器与 8 位数据总线相连时，即 D/A 转换器位数高于数据总线的位数时，为了使 D/A 转换器能传送一组完整的数据，至少需要两个字节（写入周期）。一个字节传送其中 8 位数据，另一个字节传送剩下的几位数据。至于先送哪几位，依系统要求而定。存储数据的接口一般应采用双缓冲电路，图 9-25 所示是采用双缓冲电路的 12 位 D/A 转换器接口。

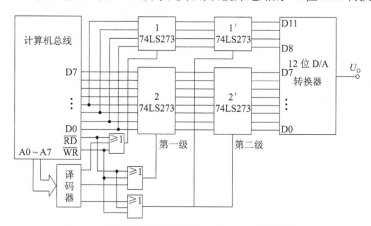

图 9-25　采用双缓冲电路的 12 位 D/A 转换器接口

图中的双缓冲电路由两级锁存器构成，每级包含两个 74LS273 锁存器。12 位数据经过两次传输，分别选通第一级锁存器中的锁存器 1 和锁存器 2，将 12 位数据送入第二级锁存器的输入端（尚未加到 D/A 转换器的输入端），然后同时开放第二级缓冲的锁存器 1′ 和 2′，使 12 位数据同时加到 D/A 转换器输入端，同时进行转换。

从图 9-25 可见，如果没有第二级缓冲电路，当第一次送出的 8 位数据到达 D/A 转换器，而后几位数据尚未送出时，D/A 转换器输入端将因缺少这几位数据而产生一个错误的输出。例如，原来的数据是 0000 1111 0000B，新的输出数据是 0011 0000 1111B，由于先传送低 8 位，所以更新后的输出数据首先变为 0000 0000 1111B；然后输出高 4 位，才变为 0011 0000 1111B，这样在 D/A 转换器的输入端口形成 0000 1111 0000B→0000 0000 1111B→0011 0000 1111B 的变化过程，从而使 D/A 变换出现负脉冲，即 DAC 的输出端出现毛刺现象，这是应当避免的。

习 题 九

1. 用单片机对外界信号进行测量或过程控制时，为何要进行 A/D、D/A 转换？

2. A/D 转换器和 D/A 转换器的主要技术指标有哪些？

3. AD574A 单极性输入+20 V 量程时，转换结果为 0000 0000 0001 时所对应的理想模拟量输入值为多少？转换结果为 1111 1111 1111 时所对应的理想模拟量输入值又为多少？

4. 无三态输出的 A/D 转换器怎样与单片机连接？请说明设计要点。

5. 在一个单片机数据采集系统中，采用 ADC0809 做 A/D 转换器，ADC0809 的地址为 0FFF8H～0FFFH，试画出有关逻辑图，并编写出每 100 ms 循环采集 8 个通道数据的程序。共采样 100 次，采样值存入片外 RAM 从 2000H 开始的单元中。

6. 根据图 9-22 所示的 D/A 转换接口电路，试编写两个程序，分别使 DAC0832 输出负向锯齿波和 15 个正向梯形波。

第10章

单片机高级语言 C51 程序设计

教学目的和要求

本章主要介绍单片机高级语言 C51 的语法、数据结构、语句函数的分类以及简单的 C51 程序设计。重点要求掌握 C51 的语法、数据结构、语句函数等，以达到设计简单的应用程序的目的。

10.1 C51 语言的特点及其程序结构

C 语言是一种通用的计算机程序设计语言，在国际上十分流行，它既可用来编写计算机的系统程序，也可用来编写一般的应用程序。以前计算机的系统软件主要是用汇编语言编写的，对于单片机应用系统来说更是如此。由于汇编语言程序的可读性和可移植性都较差，采用汇编语言编写单片机应用系统程序的周期长，而且调试和排错也比较困难。为了提高编写计算机系统程序和应用程序的效率，改善程序的可读性和可移植性，最好采用高级语言编程。一般的高级语言难以实现汇编语言对于计算机硬件直接进行操作（如对内存地址的操作、移位操作等）的功能。而 C 语言既具有一般高级语言的特点，又能直接对计算机的硬件进行操作，并且采用 C 语言编写的程序能够很容易地在不同类型的计算机之间进行移植，因此，C 语言的应用范围越来越广泛。与其他计算机高级语言相比，C 语言具有其自身的特点。可以用 C 语言来编写科学计算或其他应用程序，但 C 语言更适合于编写计算机的操作系统程序以及其他一些需要对机器硬件进行操作的场合，有的大型应用软件也采用 C 语言进行编写，这主要是因为 C 语言具有很好的可移植性和硬件控制能力，另外 C 语言表达和运算能力也较强。许多以前只能采用汇编语言来解决的问题，现在可以改用 C 语言来解决。概括地说，C 语言具有以下一些特点。

（1）语言简洁，使用方便灵活。C 语言是现有程序设计语言中规模最小的语言之一，而小的语言体系往往能设计出较好的程序。C 语言的关键字很少，ANSIC 标准一共只有 32 个关键字，9 种控制语句，压缩了一切不必要的成分。C 语言的书写形式比较自由，表示方法简洁。使用一些简单的方法就可以构造出相当复杂的数据类型和程序结构。

（2）可移植性好。即使是功能完全相同的一种程序，对于不同的机器，必须采用不同的汇编语言来编写。这是因为汇编语言完全依赖于机器硬件，因而具有不可移植性的原因。C 语言是通过编译来得到可执行代码的，统计资料表明，不同机器上的 C 语言编译程序 80% 的代码是公共的，C 语言的编译程序便于移植，从而使在一种机器上使用的 C 语言程序，可以不加修改或稍加修改，即可方便地移植到另一种机器上去。

（3）表达能力强。C 语言具有丰富的数据结构类型和多种运算符，可以根据需要采用整型、实型、字符型、数组类型、指针类型、结构类型、联合类型等多种数据类型来实现各种复杂的数据结构运算。C 语言还具有多种运算符，灵活使用各种运算符可以实现其他高级语言难以实现的运算。

（4）表达方式灵活。利用 C 语言提供的多种运算符，可以组成各种表达式，还可以采用多种方法来获得表达式的值，从而使用户在程序设计中具有更大的灵活性。C 语言的语法规则不太严格，程序设计的自由度比较大，程序的书写格式自由灵活，程序主要用小写字母来编写，而小写字母比较容易阅读，这些充分体现了 C 语言灵活、方便和实用的特点。

（5）可进行结构化程序设计。C 语言以函数作为程序设计的基本单位，C 语言程序中的函数相当于一般语言中的子程序。C 语言对于输入和输出的处理也是通过函数调用来实现的。各种 C 语言编译器都会提供一个函数库，其中包含有许多标准函数，如各种数学函数、标准输入/输出函数等。此外 C 语言还具有自定义函数的功能，用户可以根据自己的需要编写满足需要的自定义函数，实际上，C 语言程序就是由许多个函数组成的，一个函数即相当于一个程序模块，因此 C 语言可以很容易地进行结构化程序设计。

（6）可以直接操作计算机硬件。C 语言具有直接访问机器物理地址的能力，Keil51 的 C51 编译器和 Franklin 的 C51 编译器都可以直接对 8051 单片机的内部特殊功能寄存器和 I/O 口进行操作，可以直接访问片内或片外存储器，还可以进行各种位操作。

（7）生成的目标代码质量高。众所周知，汇编语言程序目标代码的效率是最高的，这就是为什么汇编语言仍是编写计算机系统程序的主要工具的原因。但是统计表明，对于同一个问题，用 C 语言编写的程序生成代码的效率仅比用汇编语言编写的程序低 10%～20%，Keil51 的 C51 编译器和 Franklin 的 C51 编译器，都能够产生极其简洁、效率极高的程序代码，在代码质量上可以与汇编语言程序相媲美。

尽管 C 语言具有很多优点，但和其他任何一种程序设计语言一样也有其自身的缺点，如不能自动检查数组的边界、各种运算符的优先级别太多、某些运算符具有多种用途等。但总的来说，C 语言的优点远远超过了它的缺点，经验表明，程序设计人员一旦学会使用 C 语言之后，就会对它爱不释手，尤其是单片机应用系统的程序设计人员更是如此。

C 语言程序是由若干个函数单元组成的，每个函数都是完成某个特殊任务的子程序段。组成一个程序的若干个函数可以保存在一个源程序文件中，也可以保存在几个源程序文件中，最后再将它们连接在一起。C 语言源程序文件的扩展名为 ".C"，如 EX1_1.C，EX1_2.C 等。

一个 C 语言程序必须有而且只能有一个名为 main() 的函数，它是一个特殊的函数，也称为该程序的主函数，程序的执行都是从 main() 函数开始的。下面先来看一个简单的程序例子。

【例 10-1】已知 $x = 10$，$y = 20$，计算 $z = x + y$ 的结果。

```
main()              //主函数名
{                   //主函数体开始
    int x,y,z;      //主函数内部变量类型说明
    x=10;y=20;      //变量赋值
    z=x+y;          //计算 z=x+y 的值
}                   //程序结束
```

本例中 main 是主函数名，要执行的主函数的内容称为主函数体，主函数体用花括号 "{}" 括起来。函数体中包含若干条将被执行的程序语句，每条语句都必须以分号 ";" 为结束符，为了使程序便于阅读和理解，可以给程序加上一些注释。C 语言的注释部分由符号 "/*" 开始，由符号 "*/" 结束，或在符号 "//" 之后。在 "/*" 和 "*/" 之间的内容即为注释内容，注释内容可在一行写完，也可以分成几行来写。注释部分不参加编译，编译时注释的内容不产生可执行代码。注释在程序中的作用是很重要的，一个良好的程序设计者应该在程序中使

用足够的注释来说明整个程序的功能、有关算法和注意事项等。需要注意的是，C 语言中的注释不能嵌套，即在 "/*" 和 "*/" 之间不允许再次出现 "/*" 和 "*/"。

本例的程序是很简单的，它只有一个主函数 main()。一般情况下，一个 C 语言程序除了必须有一个主函数之外，还可能有若干个其他的功能函数。下面再来看一个例子。

【例 10-2】求最大值。

```
#include<stdio.h>              //预处理命令
#include<reg51.h>
main()                        //主函数名
{                             //主函数体开始
    int a,A,c;                //主函数的内部变量类型说明
    int max(int x,int y);     //功能函数 max()及其形式参数说明
    SCON=0x52;                //8051 单片机串行口初始化
    TMOD=0x20;
    TCON=0x69;
    TH1=0x0f3;
    TL1=0x0f3;
    scanf("%d%d",&a,&A);      //输入变量 a 和 A 的值
    c=max(a,A);               //调用 max()函数
    printf("max=%d",c);       //输出变量 c 的值
}                             //主程序结束
int max(int x,int y)          //定义 max()函数，x、y 为形式参数
{                             //max()函数体开始
    int z;                    //max()函数内部变量类型说明
    if(x>y)  z = x;           //计算最大值
    else    z=y;
    return(z);                //将计算得到的最大值返回到调用处
}                             //max()函数结束
```

在本例程序的开始处使用了预处理命令#include，它告诉编译器在编译时将头文件 stdio.h 和 reg51.h 读入后一起编译。在头文件 stdio.h 中包括了对标准输入/输出函数的说明，在头文件 reg51.h 中包括了对 8051 单片机特殊功能寄存器的说明。本程序中除了 main()函数之外，还用到了功能函数调用。函数 max()是一个被调用的功能函数，其作用是将变量 x 和 y 中较大者的值赋给变量 z，并通过 return 语句将它的值返回到 main()函数的调用处。变量 x 和 y 在函数 max()中是一种形式变量，它的实际值是通过 main()函数中的调用语句传送过来的。此外，ANSIC 标准规定函数必须要 "先说明，后调用"，因此在 main()函数的开始处，将函数 max()与变量一起进行了说明。

本例在 main()函数中调用了库函数 scanf()和 printf()，它们分别是输入库函数和输出库函数，C 语言本身没有输入/输出功能，输入/输出是通过函数调用来实现的。需要说明的一点是，Franklin 的 C51 和 Keil51 的 C51 提供的输入/输出库函数是通过 8051 系列单片机的串行口来实现输入/输出的，因此在调用库函数 scanf()和 printf()之前，必须先对 8051 单片机的串行口进行初始化。但是对于单片机应用系统来说，由于具体要求的不同，应用系统的输入/输出方式多种多样，不可能一律采用串行口作输入和输出。因此应该根据实际需要，由应用系统的研制人员自己来编写满足特定需要的输入/输出函数，这一点对于单片机应用系统的开发研制人员来说是十分重要的。另外，在程序中还可以看到小写字母 a 和大写字母 A，它们分别是

两种不同的变量，C 语言规定同一个字母由于其大小写的不同可以代表两个不同的变量，这也是 C 语言的一个特点。一般的习惯是在普通情况下采用小写字母，对于一些具有特殊意义的变量或常数采用大写字母，如本例中所用到的 8051 单片机特殊功能寄存器 SCON、TMOD、TCON 和 TH1 等。但是必须注意的是在 C 语言程序中同一字母的大小写是有区别的，例如 SCON 和 scon 在 C 语言程序中，会被认为是两个完全不同的变量。

从以上两个例子可以看到，一般 C 语言程序具有如下的结构：

```
#include<reg51.h>        //预处理命令
long fun1();             //函数说明
float fun2();
fun1()                   //功能函数 1
{
  …                      //函数体
}
main()                   //主函数
{
  …                      //主函数体
}
fun2()                   //功能函数 2
{
  …                      //函数体
}
```

C 语言程序的开始部分通常是预处理命令，如上面程序中的 #include 命令。这个预处理命令通知编译器在对程序进行编译时，将所需要的头文件读入后再一起进行编译。一般在头文件中包含有程序在编译时的一些必要的信息，通常 C 语言编译器都会提供若干个不同用途的头文件。头文件的读入是在对程序进行编译时才完成的。

C 语言程序是由函数所组成的。一个 C 语言程序至少应包含一个主函数 main()，也可以包含若干个其他的功能函数。函数之间可以相互调用，但 main()函数只能调用其他的功能函数，而不能被其他函数所调用。功能函数可以是 C 语言编译器提供的库函数，也可以由用户按实际需要自行编写。不管 main()函数处于程序中的什么位置，程序总是从 main()函数开始执行。

一个函数由"函数定义"和"函数体"两个部分组成。函数定义部分包括函数类型、函数名、形式参数说明等，函数名后面必须跟一个圆括号"()"，形式参数说明在( )内进行。函数也可以没有形式参数，如 main()函数。函数体由一对花括弧"{}"组成，在"{}"里面的内容就是函数体，如果一个函数有多个"{}"，则最外面的一对"{}"为函数体的范围。函数体的内容为若干条语句，一般有两类语句，一类为说明语句，用来对函数中将要用到的变量进行定义；另一类为执行语句，用来完成一定的功能或算法。有的函数体仅有一对"{}"，其中既没有变量定义语句，也没有执行语句，这也是合法的，称为"空函数"。

C 语言源程序可以采用任何一种编辑器来编写，如 edit 或记事本等。C 语言程序的书写格式十分自由，一条语句可以写成一行，也可以写成几行；还可以在一行内写多条语句；但是需要注意的是，每条语句都必须以分号";"作为结束符。虽然 C 语言程序不要求具有固定的格式，但我们在实际编写程序时还是应该遵守一定的规则，一般应按程序的功能以"缩格"形式来写程序，同时还应在适当的地方加上必要的注释。注释对于比较大的程序来说是十分重要的，一个较大的程序如果没有注释，在过了一段时间之后恐怕连程序编写者自己也难以明白原来程序的内容，更不用说让别人来阅读或修改程序了。

10.2　C51 语言的标识符和关键字

　　C 语言的标识符是用来标识源程序中某个对象名字的。这些对象可以是函数、变量、常量、数组、数据类型、存储方式和语句等。一个标识符由字符串、数字和下划线等组成，第一个字符必须是字母或下划线，通常以下划线开头的标识符是编译系统专用的，因此在编写 C 语言源程序时一般不要使用以下划线开头的标识符。C51 编译器规定标识符最长可达 255 个字符，但只有前面 32 个字符在编译时有效，因此在编写源程序时标识符的长度不要超过 32 个字符，这对于一般应用程序来说已经足够了。前面已经指出，C 语言是对大小写字母敏感的，如 max 与 MAX 是两个完全不同的标识符。程序中对于标识符的命名应当简洁明了，含义清晰，便于阅读理解，如用标识符 max 表示最大值，用 TIME0 表示定时器 0 等。

　　关键字是一类具有固定名称和特定含义的特殊标识符，有时又称为保留字。在编写 C 语言源程序时一般不允许将关键字另作他用，换句话说，就是对于标识符的命名不要与关键字相同。与其他计算机语言相比，C 语言的关键字是比较少的，ANSIC 标准一共规定了 32 个关键字，表 10-1 按用途列出了 ANSIC 标准的关键字。

表 10-1　ANSIC 标准的关键字

关 键 字	用　　途	说　　明
auto	存储类型说明	用以说明局部变量
break	程序语句	退出最内层循环体
case	程序语句	switch 语句中的选择项
char	数据类型说明	单字节整型数或字符型数据
const	存储类型说明	在程序执行过程中不可修改的变量值
continue	程序语句	转向下一次循环
default	程序语句	switch 语句中的失败选择项
do	程序语句	构成 do...while 循环结构
double	数据类型说明	双精度浮点数
else	程序语句	构成 if...else 选择结构
enum	数据类型说明	枚举
extern	存储类型说明	在其他程序模块中说明的全局变量
float	数据类型说明	单精度浮点数
for	程序语句	构成 for 循环结构
goto	程序语句	构成 goto 转移结构
if	程序语句	构成 if...else 转移结构
int	数据类型说明	基本整型数
long	数据类型说明	长整型数

关　键　字	用　　途	说　　明
register	存储类型说明	使用 CPU 内部寄存器的变量
return	程序语句	函数返回
short	数据类型说明	短整型数
signed	数据类型说明	有符号数，二进制数据的最高位为符号位
sizeof	运算符	计算表达式或数据类型的字节数
static	存储类型说明	静态变量
struct	数据类型说明	结构类型数据
switch	程序语句	构成 switch 选择结构
typedef	数据类型说明	数据类型定义
union	数据类型说明	联合类型数据
unsigned	数据类型说明	无符号数据
void	数据类型说明	无类型数据
volatile	数据类型说明	说明该变量在程序执行中可被隐含地改变
while	程序语句	构成 while 和 do…while 循环结构

C51 编译器除了支持 ANSIC 标准的关键字以外，还扩展了如表 10-2 所示的关键字。

表 10-2　C51 编译器的扩展关键字

关　键　字	用　　途	说　　明
bit	位变量说明	声明一个位变量或位类型的函数
sbit	位变量说明	声明一个可位寻址的变量
sfr	8 位特殊功能寄存器声明	声明一个特殊功能的寄存器（8 位）
sfr16	16 位特殊功能寄存器声明	声明一个特殊功能的寄存器（16 位）
data	存储器类型说明	直接寻址的 8051 内部数据存储器
bdata	存储器类型说明	可位寻址的 8051 内部数据存储器
idata	存储器类型说明	间接寻址的 8051 内部数据存储器
pdata	存储器类型说明	"分页"寻址的 8051 外部数据存储器
xdata	存储器类型说明	8051 外部数据存储器
code	存储器类型说明	8051 程序存储器
interrupt	中断函数声明	定义一个中断函数
reentrant	再入函数声明	定义一个再入函数
using	寄存器组定义	定义一个 8051 的工作寄存器组

10.3　C51 语言的数据类型及运算符

10.3.1　C51 语言的数据类型

任何程序设计都离不开对数据的处理。数据在计算机内存中的存放情况由数据结构决定。C 语言的数据结构是以数据类型出现的，数据类型可分为基本数据类型和复杂数据类型，复杂数据类型由基本数据类型构造而成。

1．基本数据类型

C 语言中的基本数据类型有 char，int，short，long，float 等。C51 数据类型以及数据长度和其值域如表 10-3 所示。

表 10-3　基本数据类型的长度及值域

数 据 类 型	位　数	字 节 数	值　　域
bit	1	—	0～1
signed char	8	1	−128～+127
unsigned char	8	1	0～255
enum	16	2	−32 768～+32 767
signed short	16	2	−32 768～+32 767
unsigned short	16	2	0～65 535
signed int	16	2	−32 768～+32 767
unsigned int	16	2	0～65 535
signed long	32	4	−2 147 483 648～2 147 483 647
unsigned long	32	4	0～4 294 967 295
float	32	4	0.175 494E−38～0.402 823E+38
sbit	1	—	0～1
sfr	8	1	0～255
sfr16	16	2	0～65 535

2．复杂数据类型

（1）数组类型

数组是一组有序数据的集合，数组中的每一个数据元素都属于同一个数据类型。数组中的各个元素可以用数组名和下标来唯一确定。一维数组只有一个下标，多维数组有两个以上的下标。在 C 语言中，数组必须先定义，然后才能使用。一维数组的定义格式为：

数据类型　　数组名[常量表达式];

其中，"数据类型"说明了数组中各个元素的类型；"数组名"是整个数组的标识符，它的命名方法与变量的命名方法相同；"常量表达式"说明了该数组的长度，即该数组中的元素个数。常数表达式必须用方括号"[]"括起来，而且其中不能含有变量。下面是几个定义一维数组的例子。

```
char    xx[15];      //定义字符型数组 xx,它有 15 个元素
int     yy[20];      //定义整型数组 yy,它有 20 个元素
float   zz[15];      //定义浮点型数组 zz,它有 15 个元素
```

定义多维数组时，只要在数组名后面增加相应维数的常量表达式即可。对于二维数组的定义格式为：

　　数据类型　　数组名[常量表达式]　[常量表达式];

需要指出的是，C语言中数组的下标是从0开始的。在引用数值数组时，只能逐个引用数组中的各个元素，而不能一次引用整个数组；但如果是字符数组则可以一次引用整个数组。

【例10-3】利用指针将一个字符数组中的字符串复制到另一个字符数组中去。

```
#include<stdio.h>
extern serial_initial();
main()
{
    char *s1;
    char xdata *s2;
    char code str[]={"How are you?"};
    s1=str;
    s2=0x1000;
    serial_initial();
    while((*s2=*s1)!='\0')
        {
           s2++;
           s1++;
        }
    s1=str;
    s2=0x1000;
    printf("%s\n%s\n",s1,s2);
    while(1);
}
```

执行程序结果：

```
How are you?
How are you?
```

（2）指针类型

指针类型数据在C语言程序中的使用十分普遍。正确地使用指针类型数据，可以有效地表示复杂的数据结构，直接访问内存地址，而且可以更为有效地使用数组。

① 指针和地址

一个程序的指令、常量和变量等都要存放在机器的内存单元中，而机器的内存是按字节来划分存储单元的。给内存中每个字节都赋予一个编号，这就是存储单元的地址。

各个存储单元中所存放的数据，称为该存储单元的内容。计算机在执行任何一个程序时都要涉及到许多寻址操作，所谓寻址，就是按照内存单元的地址来访问该存储单元中的内容，即按地址来读或写该单元的数据。由于通过地址可以找到所需要的存储单元，因此可以说地址是指向存储单元的。

在C语言中为了能够实现直接对内存单元进行操作，引入了指针类型的数据。指针类型数据是专门用来确定其他类型数据地址的，因此一个变量的地址就称为该变量的指针。

② 指针变量的定义

指针变量定义的一般格式为：

　　数据类型　[存储器类型]　*标识符;

其中，"标识符"是所定义的指针变量名；"数据类型"说明该指针变量所指向的变量的类型；"存储器类型"是可选项，它是 C51 编译器的一种扩展，如果带有此选项，指针被定义为基于存储器的指针，无此选项时，被定义为一般指针。这两种指针的区别在于它们的存储字节不同。一般指针在内存中占用 3 个字节，第一字节存放该指针存储器类型的编码，第二和第三字节分别存放该指针的高位和低位地址的偏移量。存储器类型的编码值如下。

存储器类型	IDATA	XDATA	PDATA	DATA	CODE
编码值	1	2	3	4	5

③ 指针变量的引用

指针变量是含有一个数据对象地址的特殊变量，指针变量中只能存放地址。有关的运算符有两个，它们是地址运算符"&"和间接访问运算符"*"。例如："&a"为变量 a 的地址，"*p"为指针变量 p 所指向的变量。

【例 10-4】输入两个整数 x 和 y，经比较后按大小顺序输出。

```
#include<stdio.h>
extern serial_initial();
main()
{
    int x,y;
    int *p,*p1,*p2;
    serial_initial();
    printf("Input x and y :\n");
    scanf("%d %d",&x,&y);
    p1=&x;
    p2=&y;
    if(x<y) {p1=p2;p2=p;}
    printf("max=%d,min=%d\n",*p1,*p2);
    while(1);
}
```

程序执行结果：

```
Input x and y:
4 8(回车)
max=8,min=4
```

（3）结构类型

结构是一种构造类型的数据，它是将若干不同类型的数据变量有序地组合在一起而形成的一种数据的集合体。组成该集合的各个数据变量称为结构成员，整个集合体使用一个单独的结构变量名。一般来说，结构中的各个变量之间是存在某些关系的。由于结构是将一组相关联的数据变量作为一个整体来进行处理，因此在程序中使用结构将有利于对一些复杂而又具有内在联系的数据进行有效的管理。

① 结构变量的定义

有 3 种定义结构变量的方法，分别叙述如下。

a. 先定义结构类型再定义结构变量名。

定义结构类型的一般格式为：

```
struct 结构名
{结构元素表};
```

其中，"结构元素表"为该结构中的各个成员（又称为结构的域），由于结构可以由不同类型的数据组成，因此对结构中的各个成员都要进行类型说明。

定义好一个结构类型之后，就可以用它来定义结构变量，一般格式为：

struct 结构名 结构变量名 1,结构变量名 2,结构变量名 3,…,结构变量名 n;

b. 在定义结构类型的同时定义结构变量名。

一般格式为：

struct 结构名
{结构元素表} 结构变量名 1,结构变量名 2,结构变量名 3,…,结构变量名 n;

c. 直接定义结构变量。

一般格式为：

struct
{结构元素表} 结构变量名 1,结构变量名 2,结构变量名 3,…,结构变量名 n;

② 结构变量的引用

在定义了一个结构变量之后，就可以对它进行引用，即可以进行赋值、存取和运算。一般情况下，结构变量的引用是通过对其结构元素的引用来实现的。引用结构元素的一般格式为：

结构变量名.结构元素

其中"."是存取结构元素的成员运算符。

【例 10-5】给外部结构变量赋初值。

```c
#include<stdio.h>
extern  serial_initial();
struct  mepoint
{
    unsigned char name[11];
    unsigned char pressure;
    unsigned char temperature;
}po1={"firstpoint",0x99,0x64};
void main(void)
{
    serial_initial();
    printf("name:%s\nressure:%bx\n temperature:%bx\n"
        ,po1.name,po1.pressure,po1.temperature);
    while(1);
}
```

程序执行结果：

```
name:firstpoint
pressure:99
temperature:64
```

（4）联合类型

联合也是 C 语言中一种构造类型的数据结构。在一个联合中可以包含多个不同类型的数据元素，例如可以将一个 float 型变量、一个 int 型变量和一个 char 型变量放在同一个地址开始的内存单元中，如图 10-1 所示。以上 3 个变量在内存中的字节数不同，但却都从同一个地址开始存放，即采用了所谓的"覆盖技术"。这种技术可使不同的变量分时使用同一个内存空间，提高内存的利用效率。

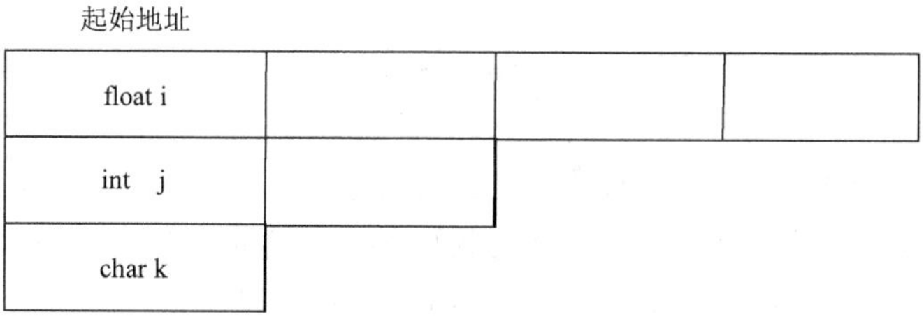

起始地址

float i			
int j		
char k	

图 10-1 联合中变量的存储方法

① 联合的定义

联合类型变量的一般格式为：

union 联合类型名

{成员表列} 变量表列;

例如：定义一个 data 联合。

```
union data
{
    float i;
    int j;
    char k;
}a,b,c;
```

② 联合变量的引用

与结构变量类似，对联合变量的引用也是通过对其联合元素的引用来实现的。引用元素的一般格式为：

联合变量名.联合元素或联合变量名→联合元素

注意：引用联合元素时，要注意联合变量用法的一致性。

【例 10-6】利用联合将整型数转变成两个字节输出。

```
#include<stdio.h>
extern serial_initial();
union
{
    int i;
    struct{unsigned char high,unsigned char low}bytes;
}word;
main()
{
    int k;
    k=0x67ab;
    serial_initial();
    word.i=k;
    printf("The high is :\n",word.bytes.high);
    printf("The low is :\n",word.bytes.low);
}
```

程序执行结果：

```
The high is 0x67
The low is 0xab
```

（5）枚举类型

在 C 语言中，用作标志的变量通常只能被赋予下述两个值的一个：True 或 False。但由于疏忽，有时会将一个在程序中作为标志使用的变量，赋予了除 True 或 False 以外的值。另外，这些变量通常被定义成 int 数据类型，从而使它们在程序中的作用模糊不清。如果可以定义标志类型的数据变量，然后指定这种被说明的数据变量只能赋值 True 或 False，不能赋予其他值，就可以避免上述情况的发生。枚举数据类型正是因这种需要而产生的。

① 枚举的定义

枚举数据类型是一个有名字的某些整数型常数的集合。这些整数型常数是该类型变量可取的所有合法值。枚举定义应当列出该类型变量的可取值。

枚举定义说明语句的一般格式如下。

```
enum 枚举名{枚举值列表}变量列表;
```

枚举的定义和说明也可以分成两句完成。

```
enum 枚举名{枚举值列表};
enum 枚举名变量列表;
```

② 枚举变量的取值

枚举列表中，每一项符号代表一个整数值。在默认情况下，第一项符号取值为 0，第二项符号取值为 1，第三项符号取值为 2…依此类推。此外，也可以通过初始化，指定某些项的符号值。某项符号初始化后，该项后续各项符号值随之依次递增。

【例 10-7】将颜色为红、绿、蓝的 3 个球作全排列，共有几种排法？打印出每种组合的 3 种颜色。

```
#include<reg51.h>
#include<stdio.h>
extern serial_initial();
main()
{
enum color{red,green,blue};          //定义枚举类型
enum color i,j,k,st;                 //定义枚举类型变量
int n=0,lp;
serial_initial();
for(i=red;i<=blue;i++)
  for(j=red;j<=blue;j++)
    for(k=red;k<=blue;k++)
    {
        n=n+1;
        printf("%-4d",n);
        for(lp=1;lp<3;lp++)
        {
            switch(lp)
            {
                case 1:st=i;break;
                case 2:st=j;break;
                case 3:st=k;break;
                default:break;
            }
        }
```

```
        switch(st)
        {
            case red:   printf("%-10s", "red");break;
            case green: printf("%-10s", "green");break;
            case blue:  printf("%-10s", "blue");break;
            default:break;
        }
    }
    printf("\n");
}
while(1);
}
```

根据排列组合的知识，上述程序共有 27 种排法。

10.3.2 C51 语言的运算符

C 语言对数据有很强的表达能力，具有十分丰富的运算符，利用这些运算符可以组成各种各样的表达式及语句。运算符就是完成某种特定运算的符号。表达式则是由运算符及运算对象所组成的具有特定含义的一个式子。由运算符或表达式可以组成 C 语言程序的各种语句。C 语言是一种表达式语言，在任意一个表达式的后面加一个分号"；"就构成了一个表达式语句。运算符按其在表达式中所起的作用，可分为赋值运算符、算术运算符、增量与减量运算符、关系运算符、逻辑运算符、位运算符、复合赋值运算符、逗号运算符、条件运算符、指针和地址运算符、强制类型转换运算符和 sizeof 运算符等。运算符按其在表达式中与运算对象的关系又可分为单目运算符、双目运算符和三目运算符等。单目运算符只需要有一个运算对象，双目运算符要求有两个运算对象，三目运算符要求有 3 个运算对象。掌握各个运算符的意义和使用规则，对于编写正确的 C 语言程序是十分重要的。C语言运算符如表 10-4 所示。

表 10-4　C 语言运算符

运 算 符	范 例	说 明
+	A+b	A 变量和 b 变量相加
−	A−b	A 变量和 b 变量相减
*	A*b	A 变量乘以 b 变量
/	A/b	A 变量除以 b 变量
%	A%b	取 A 变量除以 b 变量值的余数
=	A=6	A 变量的值等于 6
+=	A+=b	等同于 $A=A+b$
−=	A−=b	等同于 $A=A-b$
*=	A*=b	等同于 $A=A*b$
/=	A/=b	等同于 $A=A/b$
%=	A%=b	等同于 $A=A\%b$
++	A++	等同于 $A=A+1$
−−	A−−	等同于 $A=A-1$

运 算 符	范 例	说 明
>	A>b	测试 A 是否大于 b
<	A<b	测试 A 是否小于 b
==	A==b	测试 A 是否等于 b
>=	A>=b	测试 A 是否大于或等于 b
<=	A<=b	测试 A 是否小于或等于 b
!=	A!=b	测试 A 是否不等于 b
&&	A&&b	逻辑与运算
||	A||b	逻辑或运算
!	!A	逻辑取反运算
>>	A>>b	将 A 按位右移 b 位，左侧补零
<<	A<<b	将 A 按位左移 b 位，右侧补零
|	A|b	按位或运算
&	A&b	按位与运算
^	A^b	按位异或运算
~	~A	按位取反运算
&	A=&b	将 b 变量的地址存入 A 寄存器中
*	*A	用来取寄存器所指地址内的值

【例 10-8】++用法 1。

```
a=1;
b=++a;
```

其运算过程是 a 值加 1 变为 2，然后再将 2 赋值给 b，所以 $b=2$，$a=2$。

【例 10-9】++用法 2。

```
a=1;
b=a++;
```

其运算过程是 a 原先的值 1，先赋值给 b，然后 a 再加 1 变为 2，所以 $b=1$，$a=2$。

10.4 C51 语言的程序流程控制

10.4.1 if 语句

（1）if(条件表达式)
  { 动作}

如果条件表达式的值为真（非零的数），则执行"{}"内的动作，如果条件表达式为假，则略过该动作而继续往下执行。

（2）if(条件表达式)
  {动作1}
  else
  {动作2}

（3）if(条件表达式1)
　　　if(条件表达式2)
　　　　if(条件表达式3)
　　　　　{动作1}
　　　　else
　　　　　{动作2}
　　　else
　　　　{动作3}
　　else
　　{动作4}

动作1：条件表达式1、2、3都成立时才会执行。

动作2：条件表达式1、2成立，但条件表达式3不成立时才会执行。

动作3：条件表达式1成立，但条件表达式2不成立时才会执行。

动作4：条件表达式1不成立时才会执行。

（4）if(条件表达式1)
　　　{动作1}
　　else if(条件表达式2)
　　　　{动作2}
　　else if(条件表达式3)
　　　　{动作3}
　　　else if(条件表达式4)
　　　　　{动作4}

动作1：条件表达式1成立时才会执行。

动作2：条件表达式1不成立，但条件表达式2成立时才会执行。

动作3：条件表达式1、2不成立，但条件表达式3成立时才会执行。

动作4：条件表达式1、2、3不成立，但条件表达式4成立时才会执行。

10.4.2　switch case 语句

switch case 语句的一般格式如下：

```
switch(条件表达式)
{
    case 条件值1:
            动作1
            break;
    case 条件值2:
            动作2
            break;
    case 条件值3:
            动作3
            break;
    case 条件值4:
            动作4
            break;
    default:break;
}
```

switch 内的条件表达式的结果必须为整数或字符。switch 以条件表达式的值与各 case 的条件值对比，如果与某个条件值相符合，则执行该 case 的动作，如果所有的条件值都不符合，则执行 default 的动作，每一个动作之后一般要写 break，否则就会继续执行下一个 case 的动作，这是不希望看到的。另外，case 之后的条件值必须是数据常数，不能是变量，而且不可以重复，即条件值必须各不相同，数种 case 所做的动作一样时，也可以写在一起，即上下并列。一般当程序必须作多选 1 时，可以采用 switch 语句。

break：是跳出循环的语句，任何由 switch、for 、while、do while 构成的循环，都可以用 break 来跳出，必须注意的是，break 一次只能跳出一层循环，通常都和 if 连用，当某些条件成立后就跳出循环。

default：当所有 case 的条件值都不成立时，就执行 default 所指定的动作，执行完成后也要使用 break 语句跳出 switch 循环。

10.4.3　while 循环语句

while 循环语句的一般格式如下：

```
while(条件表达式)
    (动作)
```

先测试条件表达式是否成立，当条件表达式为真时，则执行循环内动作，做完后又继续跳回条件表达式作测试，如此反复直到条件表达式为假为止，使用时要避免条件永真，造成死循环。

10.4.4　do…while 循环语句

do…while 循环语句的一般格式如下：

```
do    (动作)
while(条件表达式);
```

先执行动作后，再测试条件表达式是否成立。当条件表达式为真时，则继续回到前面执行的动作，如此反复直到条件表达式为假为止，不论条件表达式的结果为何，至少会做一次动作，使用时要避免条件永真，造成死循环。

10.4.5　for 循环语句

for 循环语句的一般格式如下：

```
for (表达式 1;表达式 2;表达式 3)
    (动作)
```

表达式 1：通常是设定起始值。

表达式 2：通常是条件判断式，如果条件为真时，则执行动作，否则终止循环。

表达式 3：通常是步长表达式，执行动作完毕后，必须再回到这里做运算，然后再到表达式 2 中做判断。

10.4.6　goto 语句

编写程序，尽量不要使用 goto 语句，以避免程序阅读困难。但是，如果确实需要跳离很多层循环，则可以使用 goto 语句。goto 的目标位置必须在同一个程序文件内，不能跳到其他程序文件。标签的写法和变量是一样的，标签后面必须加一个冒号。Goto 语句经常和 if 连用，如果程序中检查到异常时，即使用 goto 语句去处理。

10.4.7　continue 语句

continue 语句是一种中断语句，它一般用在循环结构中，其功能是结束本次循环，即跳过循环体中下面尚未执行的语句，把程序流程转移到当前循环语句的下一个循环周期，并根据循环控制条件决定是否重复执行该循环体。continue 语句的一般格式为：

```
continue;
```

continue 语句通常和条件语句一起用在由 while、do…while 和 for 语句构成的循环结构中，它也是一种具有特殊功能的无条件转移语句，但它与 break 语句不同，continue 语句并不跳出循环体，而只是根据循环控制条件确定是否继续执行循环语句。

10.5　函　　数

函数格式如下：

类型　函数名称(类型　参数1,类型　参数 2,类型　参数 3,…)

所谓函数，即子程序，也就是"语句的集合"。它把经常使用的语句群定义成函数，在程序中用到时调用，这样可以减少重复编写程序的麻烦，也可以缩短程序的长度。当一个程序太大时，建议将其中的一部分程序改用函数的方式调用较好，因为大程序过于繁杂，容易出错，而小程序容易调试，也易于阅读和修改。

使用函数的注意事项。

（1）函数定义时要同时声明其类型。

（2）调用函数前要先声明该函数。

（3）传给函数的参数值，其类型要与函数原定义一致。

（4）接受函数返回值的变量，其类型也要与函数一致。

10.5.1　中断服务函数与寄存器组的定义

C51 编译器支持在 C 语言源程序中直接编写 8051 单片机的中断服务函数程序。定义中断服务函数的一般格式为：

函数类型　函数名(形式参数表) [interrupt n] [using n]

其中 interrupt 为关键字，其后 n 是中断号，n 的取值范围为 0～31。编译器从 8n+3 处产生中断向量，具体的中断号 n 和中断向量取决于不同的 8051 系列单片机芯片。

using 为关键字，专门用来选择 8051 单片机中不同的工作寄存器组。using 后面的 n 是一个 0～3 的常整数，分别选择 4 个不同的工作寄存器组。在定义一个函数时，using 是一个选项，如果不用该选项，则由编译器选择一个寄存器组作绝对寄存器组访问。需要注意的是，关键字 using 和 interrupt 的后面都不允许跟一个带运算符的表达式。

关键字 using 对函数目标代码的影响如下。

在函数的入口处将当前工作寄存器组保护到堆栈中；指定的工作寄存器内容不会改变；函数返回之前将被保护的工作寄存器组从堆栈中恢复。

使用关键字 using 在函数中确定一个工作寄存器组时必须十分小心，要保证任何寄存器组的切换都只在控制的区域内发生，如果做不到这一点将产生不正确的函数结果。另外，还要注意，带 using 属性的函数，原则上不能返回 bit 类型的值，并且关键字 using 不允许用于外部函数。

关键字 interrupt 也不允许用于外部函数，它对中断函数目标代码的影响如下。

在进入中断函数时，特殊功能寄存器 ACC、B、DPH、DPL、PSW 将被保存入栈；如果不使用寄存器组切换，则将中断函数中所用到的全部工作寄存器都入栈；函数返回之前，所有的寄存器内容出栈；中断函数由 8051 单片机指令 RETI 结束。

编写 8051 单片机中断函数时应遵循以下规则。

（1）中断函数不能进行参数传递，如果中断函数中包含任何参数声明都将导致编译出错。

（2）中断函数没有返回值，如果企图定义一个返回值将得到不正确的结果。因此建议在定义中断函数时将其定义为 void 类型，以明确说明没有返回值。

（3）在任何情况下都不能直接调用中断函数，否则会产生编译错误。因为中断函数的返回是由 8051 单片机指令 RETI 完成的，RETI 指令影响 8051 单片机的硬件中断系统。如果在没有实际中断请求的情况下直接调用中断函数，RETI 指令的操作结果会产生一个致命的错误。

（4）如果中断函数中用到浮点运算，必须保存浮点寄存器的状态，当没有其他程序执行浮点运算时可以不保存。C51 编译器的数学函数库 math.h 中，提供了保存浮点寄存器状态的库函数 pfsave 和恢复浮点寄存器状态的库函数 fprestore。

（5）如果在中断函数中调用了其他函数，则被调用函数所使用的寄存器组必须与中断函数相同。用户必须保证按要求使用相同的寄存器组，否则会产生不正确的结果，这一点必须引起足够的注意。如果定义中断函数时没有使用 using 选项，则由编译器选择一个寄存器组作绝对寄存器组访问。另外，由于中断的产生不可预测，中断函数对其他函数的调用可能形成违规调用，需要时可将被中断函数所调用的其他函数定义成再入函数。

（6）C51 编译器从绝对地址 8n+3 处产生一个中断向量，其中 n 为中断号。该向量包含一个到中断函数入口地址的绝对跳转。在对源程序编译时，可用编译控制指令 NOINTVECTOR 抑制中断向量的产生，从而使用户能够从独立的汇编程序模块中提供中断向量。

10.5.2　函数的返回值

return 是用来使函数立即结束并返回原调用函数的语句，而且可以把函数内的最后结果传回给原调用函数。其一般格式为：

```
return
```

10.6　编译预处理命令

10.6.1　文件包含

文件包含是指一个程序文件将另一个指定文件的全部内容包含进来。文件包含命令的功能是用指定文件的全部内容替换该预处理行。

文件包含命令的一般格式为：

```
#include <文件名> 或 #include "文件名"
```

10.6.2　宏定义

宏定义命令为 #define，它的作用是用一个宏定义来替换一个字符串，而这个字符串既可以是常数，也可以是其他字符串，甚至还可以是带参数的宏。

宏定义的一般格式为：

```
#define  宏名 字符串
```

以一个宏名称来代表一个字符串，即当程序任何地方使用到宏名称时，以所代表的字符串来替换。宏的定义可以是一个常数、表达式，或含有参数的表达式，在程序中如果多次使用宏，则会占用较多的内存，但执行速度较快。

10.6.3 条件编译

一般情况下对 C 语言程序进行编译时，所有的程序行都参加编译，但是有时希望对其中的一部分内容只在满足一定条件时才进行编译，这就是所谓的条件编译。条件编译可以选择不同的编译范围，从而产生不同的代码。

条件编译命令格式为：

```
#if 表达式
    程序段1
#else
    程序段2
#endif
```

如果表达式成立，则编译 #if 下的程序段 1，否则编译 #else 下的程序段 2，#endif 为结束条件表达式编译。

```
#ifndef    宏名  ;如果宏名称已被定义过,则编译以下的程序
```

条件表达式编译通常用来调试，保留程序（但不编译），或者有两种状况需做不同处理的程序编写时使用。

10.6.4 用 typedef 重新定义数据类型的名称

在 C 语言中除了可以采用前面介绍的数据类型之外，还可以根据自己的需要对数据类型重新定义。

数据类型重新定义的方法如下：

```
typedef 已有的数据类型    新的数据类型名;
```

例如：

```
typedef  bit            bit    ; 可以用 bit 作为 bit 数据类型。
typedef  bit            bool   ; 可以用 bool 作为 bit 数据类型。
typedef  unsigned char  byte   ; 可以用 byte 作为 unsigned char 数据类型。
typedef  unsigned int   word   ; 可以用 word 作为 unsigned int 数据类型。
typedef  unsigned long  long   ; 可以用 long 作为 unsigned long 数据类型。
```

10.7　C51 程序设计举例

【例 10-10】求 z = x×y/k 的值。

```
#include<stdio.h>
#include<reg51.h>
void main(void)
{
    unsigned  char  idata  x, y, k, z;
    z=x*y/k;
}
```

【例10-11】如图10-2所示，8051的P1.0、P1.1、P1.2、P1.4分别接4支发光二极管L0、L1、L2、L3，P3.0、P3.1、P3.2、P3.4分别接4支开关K0、K1、K2、K3，开关断开，对应的发光二极管亮；开关闭合，对应的发光二极管灭。

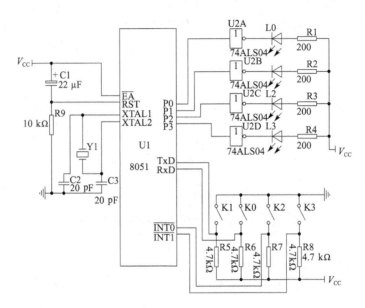

图10-2 开关控制发光二极管接口电路

C51编程如下：

```
#include<stdio.h>          //预处理命令
#include<reg51.h>
void main(void)            //主函数
{
unsigned char buf;         //变量说明
P1=0xff;                   //P1口全置1
while(1)
{buf=P3;                   //读P3口状态
    if((buf&0x01)==0x01)
      P1=(P1&0x00)|0x01;
      else if((buf&0x02)==0x02)
        P1=(P1&0x00)|0x02;
          else if((buf&0x04)==0x04)
            P1=(P1&0x00)|0x04;
              else if((buf&0x08)==0x08)
                P1=(P1&0x00)|0x08;
}
}
```

【例10-12】要求同例10-11。

程序如下：

```
#include<stdio.h>          //预处理
#include<reg51.h>
void main(void)            //主函数
{
    unsigned char buf;
    P1=0xff;
    while(1)
```

```
    {
        buf=P3;
        buf=buf&0x0f;
        switch(buf)
        {
            case 0x01:
                P1=(P1&0x00)|0x01;
                break;
            case 0x02:
                P1=(P1&0x00)|0x02;
                break;
            case 0x04:
                P1=(P1&0x00)|0x04;
                break;
            case 0x08:
                P1=(P1&0x00)|0x08;
                break;
            default:  break;
        }
    }
```

【例 10-13】利用程序作为短暂延迟，延迟时间为 n ms（假设 8051CPU 的时钟频率为 12 MHz）。

```
#include<stdio.h>                //预处理
#include<reg51.h>
void delay(unsigned int n)       //延时 n(ms)函数
{
    unsigned int i,j;
    for(i=0;i<n;i++)
        for(j=0;j<120;j++);
}
```

注意：条件式 $j < 120$ 中的 120 是实验测得的。

【例 10-14】使用定时器 0 以工作方式 0 产生 250 μs 定时，在 P1.0 输出周期为 500 μs 的连续方波。已知晶体振荡频率为 6 MHz。

用查询方式：

```
#include<stdio.h>                //预处理
#include<reg51.h>
void main(void)                  //主函数
{
    IE=0x00;                     //中断允许寄存器
    TMOD=0x00;                   //定时器工作方式寄存器
    TH0=0xfc;                    //定时常数
    TL0=0x03;
    TR0=1;                       //开定时器 0
    TF0=0;
    while(1)
    {
        while(TF0!=1);
        TF0=0;
        TH0=0xfc;
```

```
        TL0=0x03;
        P1.0=!P1.0;                      //P1.0取反
    }
}
```

利用中断方式：

```
#include<stdio.h>                        //预处理
#include<reg51.h>
void main(void)                          //主函数
{
    TMOD=0x00;
    TH0=0xfc;
    TL0=0x03;
    EA=1;
    ET0=1
    TR0=1;
    while(1);
}
void time0  interrupt 1  using 2    //定时中断服务函数
{
    TH0=0xfc;
    TL0=0x03;
    P1.0=!P1.0;
}
```

【例10-15】利用定时器1以工作方式2计数，每计数100次P1.0输出一个正脉冲。

```
#include<stdio.h>                        //预处理
#include<reg51.h>
void delay(void);                        //定义延时函数
void main(void)                          //主函数
{
    IE=0x00;
    TMOD=0x60;
    TH1=0x9c;
    TL1=0x9c;
    TR1=1;
    P1=0x00;
    while(1)
    {
        TF1=0;
        while(TF1!=1);
        P1.0=1;
        delay();                         //调用延时函数
        P1.0=0;
    }
void delay(void)                         //延时函数
{
    unsigned int idata i;
    for(i=0;i<400;i++);
}
```

习　题　十

1. 用 C51 程序实现求一元二次方程的根。

2. 计算自然数 1 到 100 的累加和。

3. 已知在内部 RAM 中有以 array 为首单元的数据区，依次存放单字节数组长度及数组内容，求这组数据的和，并将和紧接数据区存放，请编写程序。

4. 5 个双字节数，存放在外部 RAM 以 array 为首的单元中，求它们的和，并把和存放在 SUM 开始的单元中，请编程实现。

5. 用定时器 0 以工作方式 2 产生 100 μs 定时，在 P1.0 输出周期为 200 μs 的连续方波。已知晶体振荡频率 $f_{osc} = 6$ MHz。

6. 8031 串行口按工作方式 3 进行串行数据通信。假定波特率为 1 200 b/s，第 9 位作奇偶校验位，以中断方式传送数据，请编写通信程序。

第**11**章

教学目的和要求

本章通过举例重点介绍单片机高级语言 C51 在键盘、LED 显示、串行通信、A/D、D/A、I²C 总线的读写以及打印机控制等方面的应用。重点要求掌握 C51 语言的编程结构和编程方法，达到在 8051 单片机中熟练应用 C51 程序的目的。

11.1 8051 串行口扩展矩阵键盘接口与应用

8051 的串行接口是全双工的通信端口，具有两种工作方式：异步通信和同步通信，该接口电路不仅能同时进行数据的发送和接收，也可作为一个同步移位寄存器使用，利用其移位寄存器功能实现对键盘的控制。

11.1.1 8051 串行口扩展矩阵键盘接口

由于 8051 的串行口在方式 0 工作状态下，可以方便地通过移位寄存器 74ALS164 扩展并行输出口。因此，可以将这些并行端端口线作为列线，与 P3 口的行线构成行列式键盘。每占用一条 P3 端口线可增加 8 个按键，用户根据需要可进行增减。

11.1.2 8051 串行口扩展矩阵键盘应用

在 8051 的串行口方式 0 工作状态下，结合 P3.4 和 P3.5 实现 2×8 键盘，如图 11-1 所示。

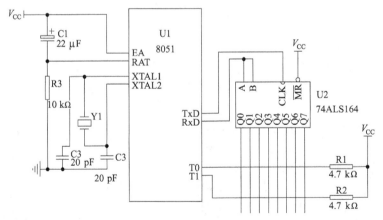

图 11-1 8051 串行口扩展键盘接口电路

C51 软件设计：

```
#include<stdio.h>                          //预处理
#include<reg51.h>
#include<intrins.h>
unsigned char getkey(void);                //键盘扫描函数
void proc1(void);                          //定义按键处理程序 1
void proc2(void);                          //定义按键处理程序 2
```

```
void proc3(void);                      //定义按键处理程序 3
void proc4(void);                      //定义按键处理程序 4
…
bit0=P3.4;
bit1=P3.5;
void delay(void);                      //定义延时函数
void main(void)                        //主函数
{
    unsigned char idata key;
    SCON=0x00;                         //串口初始化
    ES=0;
    EA=0;                              //关闭中断
    while(1)
    {
        key=getkey();
        if(key!=0xff)
                switch (key)
                {
                    case 0x00:
                            proc0();
                            break;
                    case 0x01:
                            proc1();
                            break;
                    case 0x02:
                            proc2();
                            break;
                    case 0x03:
                            proc3();
                            break;
                    …
                    …
                    …
                    default:
                            break;
                }
    }
}
unsigned char getkey(void)             //键盘扫描函数
{
    unsigned char idata key_code,col=0;  mask=0x00;
    TI=0;
    SBUF=mask;
    while(TI==0);
    if((bit0&bit1)!=0)
        return(0xff);
        delay();
    if((bit0&bit1)!=0)
        return(0xff);
        mask=0xfe;
    while(col!=8)
    {
        TI=0;
        SBUF=mask;
        while(TI==0);
```

```
        if((bit0&bit1)!=0)
        {
            mask=mask<<1;
            mask=mask|0x01;
            col=col+1;
            continue;
        }
        else break;
    }
    if(col==8)
        return(0xff);
    if(bit0==1) key_code=col;
        else key_code=8+col;
    while(bit0&bit1==0);
        return(key_code);
}
void delay(void)                        //延时 10ms
{
    unsigned int i=10;
    while(i--);
}
```

11.2　8051 串行口扩展 LED 显示器的接口与应用

11.2.1　8051 串行口扩展 LED 显示器的接口

在 8051 单片机应用系统中，可以利用串行口来扩展并行 I/O 口（假定串行口工作在移位寄存器、方式 0 的状态下）。串行移位输出接输出移位寄存器 74ALS164 可扩展一个 8 位并行输出口，用以连接一个 LED 数码管作静态显示。

11.2.2　8051 串行口扩展 LED 显示器的应用

如图 11-2 所示，由 6 个共阳极 LED 数码管，编程使其显示 200304。

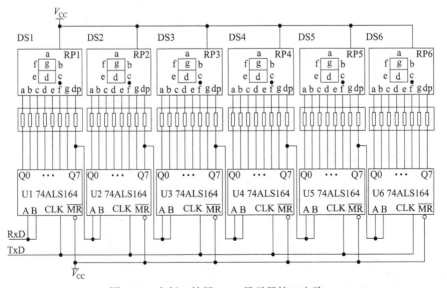

图 11-2　串行口扩展 LED 显示器接口电路

C51 软件设计：

```
#include<stdio.h>                              //预处理
#include<reg51.h>
unsigned char code ledcode[11]={0xc0,0xf9,0xa4,0xb0,0x99,0x92,0x82,0xf8,
0x80,0x90,0x88};                              //字型编码
unsigned char code buf[6]={0x2,0x00,0x00,0x03,0x00,0x04};    //200304
void main(void)                               //主函数
{
    unsigned char idata i,k;
    SCON=0x00;                                //串行口初始化
    ES=0;
    EA=0;                                     //关闭中断
    for(i=0;i<6;i++)
    {
        TI=0;
        k=buf[i];
        k=ledcode[k];
        SBUF=k;
        while(TI==0);
    }
    while(1);
}
```

11.3　8051 串行口实现多机通信

利用 8051 串行口实现多机通信，下面给出一个利用 8051 串行口进行多机通信的 C51 程序。一个主机与多个从机进行单工通信，主机发送，从机接收（双方均采用 11.059 2 MHz 晶振）。

发送软件设计：

```
#include<reg51.h>
#define COUNT 10
#define NODE_ADDR 64
unsigned char buffer[COUNT];
unsigned int pointer;
void main(void)
{
    while(pointer<COUNT)                      //发送缓冲区初始化
    {
        buffer[pointer]='A'+pointer;
        pointer=pointer+1;
    }
    SCON=0xc0;                                //串行口初始化
    TMOD=0x20;
    TH1=0xfd;                                 //波特率为 9 600b/s
    TL1=0xfd;
    TR1=1;
    ET1=0;
    ES=1;
    EA=1;
    pointer=-1;
    TB8=1;
    SBUF=NODE_ADDR;
    While(pointer<COUNT);
}
```

```
void send(void) interrupt 4 using 3         //发送中断服务程序
{
    TI=0;
    pointer++;
    if(pointer>=COUNT) return;
        else
        {
            TB8=0;
            SBUF=buffer[pointer];
        }
}
```

接收软件设计：

```
#include<reg51.h>
#define  COUNT 10
#define  NODE_ADDR 64
unsigned char buffer[COUNT];
unsigned int pointer;
void main(void)
{
    SCON=0xc0;
    TMOD=0x20;
    TH1=0xfd;
    TL1=0xfd;
    TR1=1;
    ET1=0;
    ES=1;
    EA=1;
    pointer=0;
    While(pointer<COUNT);
}
void receive(void) interrupt 4 using 3      //接收中断服务程序
{
    RI=0;
    if(TB8==1)
    {
        if(SBUF==NODE_ADDR) SM2=0;
        return;
    }
    buffer[pointer++]=SBUF;
    if(pointer>=COUNT) SM2=1;
}
```

11.4 DAC 转换接口与应用

11.4.1 8051 与 DAC0832 的硬件连接

由于 DAC0832 的输出是电流型，要输出电压信号，需要进行 I/V 转换。DAC0832 与 8051 单片机接口电路如图 11-3 所示，DAC0832 的端口地址为 7FFFH。

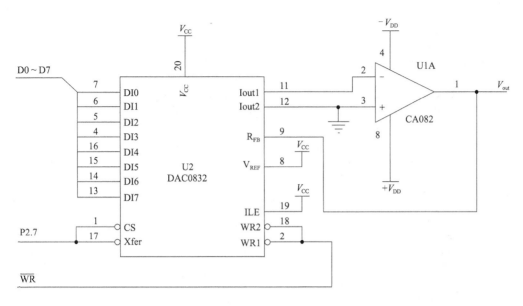

图 11-3 DAC0832 与 8051 的接口电路

11.4.2 DAC0832 产生锯齿波的软件设计

产生锯齿波的软件设计如下：

```c
#include<reg51.h>
#define  DAC0832  XBYTE[0x7fff]
void delay(unsigned char t)
{
    while(t--);
}
void saw(void)
{
    unsigned char j;
    for(j=0;j<255;j++)
    {
        DAC0832=j;
        delay(10);
    }
}
void main(void)
{
    while(1)
    {
        saw();
    }
}
```

11.4.3 DAC0832 产生梯形波的软件设计

产生梯形波的软件设计如下：

```c
#include<reg51.h>
#define  DAC0832  XBYTE[0x7fff]
void delay(unsigned char t)
```

```
{
    while(t--);
}
void saw(void)
{
    unsigned char  j;
    for(j=0;j<255;j++)
    {
        DAC0832=j;
        delay(10);
    }
    delay(250);
    for(j=0;j<255;j++)
    {
        DAC0832=255-j;
        delay(10);
    }
}
void main(void)
{
    while(1)
    {
        saw();
    }
}
```

11.5　ADC0809 转换器的接口与应用

11.5.1　ADC0809 与 8051 单片机的接口

ADC0809 与 8051 单片机的接口电路如图 11-4 所示。

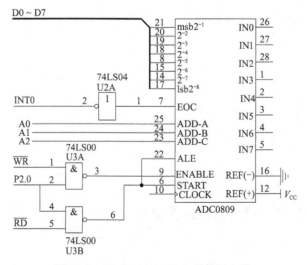

图 11-4　ADC0809 与 8051 的接口电路

电路连接主要涉及两个问题。一是 8 路模拟信号通道选择；二是 A/D 转换完成后数据的传送。

1．8 路模拟通道选择

A、B、C 分别接地址锁存器提供的低 3 位地址，只要把 3 位地址写入 ADC0809 中的地址锁存器，即可实现模拟通道选择。对系统来说，地址锁存器是一个输出口，为了把 3 位地址写入，还要提供端口地址。图 11-4 中使用的是线选法，端口地址由 P2.0 确定，同时把 $\overline{\text{WR}}$ 作为写选通信号。

从图 11-4 中可以看到，把 ALE 信号与 START 信号连接在了一起，这样连接使得在信号的上升沿写入地址信号，紧接着在其下降沿启动转换。

2．转换数据的传送

A/D 转换得到的是数字量的数据，这些数据应传送给单片机进行处理。数据传送的关键问题是如何确认 A/D 转换的完成，因为只有确认数据转换完成后，才能进行传送。

11.5.2　ADC0809 应用举例

设有一个 8 路模拟量输入的巡回检测系统，采样数据依次存放在外部 RAM 2000H～2007H 单元中，其数据采样的初始化程序和中断服务程序如下。

C51 软件设计：

```c
#include<stdio.h>
#include<reg51.h>
unsigned char  xdata  AD0809[0x8]-at-0xfef0;      //ADC0809端口地址
unsigned char  xdata  buf[0x8]-at-0x2000;         //存放采集数据
unsigned int  idata  pointer;
unsigned char  idata  count;
void main(void)
{
    pointer=0x2000;
    count=0x8;
    IT1=0;
    EA=1;
    EX1=0;
    ADC0898[8-count]=0x00;
    while(1);
}
```

中断服务的软件设计：

```c
void ad intrrupt 1 using 2
{
    unsigned char idata tmp,j;
    tmp=ADC0809[8-count];
    buf[pointer]=tmp;
    pointer=pointer+1;
    count=count-1
    if(count==0)
    {
        EX0=0;
    }
}
```

11.6 软件模拟 I²C 总线的 C51 读写程序

11.6.1 I²C 总线简介

I²C 总线是一种简单、双向二线制同步串行总线，它只需要两根线（串行时钟线和串行数据线）即可在连接于总线上的器件之间传送信息。这种总线的主要特征如下。

（1）总线只有两根线：串行时钟线和串行数据线。

（2）每个连到总线上的器件都可由软件以唯一的地址寻址，并建立简单的主从关系，主器件既可作为发送器，也可作为接收器。

（3）它是一个真正的多主总线，带有竞争检测和仲裁电路，可使多个主机任意同时发送数据而不破坏总线上的数据信息。

（4）同步时钟允许器件通过总线以不同的波特率进行通信。

（5）同步时钟可以作为停止和重新启动串行口发送的握手方式。

（6）连接到同一总线上的集成电路器件数只受 400 pF 的最大总线电容的限制。

I²C总线极大地方便了系统设计者，无需设计总线接口，因为总线接口已经集成在片内了，从而使设计时间大为缩短，并且从系统中移去或增加集成电路芯片对总线上的其他集成电路芯片没有影响。I²C总线的简单结构便于产品改型或升级，改型或升级时只需从总线上取消或增加相应的集成电路芯片即可。目前具有 I²C总线的 8051 系列单片机有 8XC550、8XC552、8XC652、8XC654、8XC751、8XC752 等，具有包括 LED 驱动器、LCD 驱动器、D/A 转换器、A/D 转换器、RAM、EPROM 及 I/O 接口等在内的上百种 I²C 接口电路芯片供应市场。对于原来没有 I²C总线的单片机如 8031 等，可以采用软件程序模拟 I²C总线的时序完成接口功能。

组成I²C总线的串行数据线SDA和串行时钟线SCL必须经过上拉电阻Rp接到正电源上，连接到总线上的器件的输出级必须为"开漏"或"开集"的形式，以便完成"线与"的功能。

I²C 总线上可以实现多主双向同步数据传送，所有主器件可发出同步时钟，但由于 SCL 接口的"线与"结构，一旦一个主要器件时钟跳变为低电平，将使 SCL 线保持为低电平直至时钟达到高电平，因此 SCL 线上的时钟低电平时间由各器件中时钟最长的低电平时间决定，而时钟高电平时间则由高电平时间最短的器件决定。为了使多个主数据传送能够正确实现，I²C 总线中带有竞争检测和仲裁电路。总线竞争的仲裁及处理由内部硬件电路来完成。当两个主器件发送数据相同时不会出现总线竞争；当两个主器件发送数据不同时才会出现总线竞争。如当某一时刻主器件 1 发送高电平而主器件 2 发送低电平，此时由于 SDA 的"线与"作用，主器件 1 发送的高电平在 SDA 线上反映的是主器件 2 的低电平状态，这个低电平状态通过硬件系统反馈到数据寄存器中，与原有状态比较不同而退出竞争。

I²C 总线可以构成多主数据传送系统，但只有带 CPU 的器件可以成为主器件。主器件发送时钟、启动位、数据工作方式，从器件则接收时钟及数据工作方式。接收或发送则根据数据的传送方向决定。I²C 总线上数据传送时的启动、结束和有效状态都由 SDA、SCL 的电平状态决定，在 I²C 总线规定中启动和停止条件规定如下。

启动条件：在 SCL 为高电平时，SDA 出现一个下降沿则启动 I²C 总线。

停止条件：在 SCL 为高电平时，SDA 出现一个上升沿则停止使用 I²C 总线。

除了启动和停止状态，在其余状态下，SCL 的高电平都对应于 SDA 的稳定数据状态。

每一个被传送的数据位由 SDA 线上的高、低电平表示，每一个被传送的数据位都在 SCL 线上产生一个时钟脉冲。在时钟脉冲为高电平期间，SDA 线上的数据必须稳定，否则被认为是控制信号。SDA 只能在时钟脉冲 SCL 为低电平期间改变。启动条件后总线为"忙"，在结束信号过后的一定时间内总线被认为是"空闲"的。在启动和停止条件之间可传送的数据不受限制，但每个字节必须为 8 位。首先传送最高位，采用串行传送方式，但在每个字节之后必须跟一个响应位。主器件收发每一个字节后产生一个时钟应答脉冲，在这期间，发送器必须保证 SDA 为高电平，由接收器将 SDA 拉为低电平，称为应答信号（ACK）。主器件为接收器时，在接收了最后一个字节之后不发送应答信号，也称为非应答信号（NOT ACK），当从器件不能再接收另外的字节时也会出现这种情况。

I^2C 总线中每个器件都有自己唯一确定的地址，启动条件后主机发送的第一个字节就是被读写的从器件的地址，其中第 8 位为方向位，"0"（W）表示主器件发送，"1"（R）表示主器件接收。总线上每个器件在启动条件后都把自己的地址与前 7 位相比较，如相同则器件被选中，产生应答信号，并根据读写位决定在数据传送中是接收还是发送。无论是主发、主收还是从发、从收都由主器件控制。在主发送方式下，由主器件先发出启动信号（S），接着发送从器件的 7 位地址（SLA）和表明主器件发送的方向位 0（W），即这个字节为 SAL+W，被寻址的器件在接收到这个字节后，返回一个应答信号（A），在确定主从握手应答正常后，主器件向从器件发送字节数据，从器件每收到一个字节数据后要返回一个应答信号，直到全部数据都发送完为止。在主接收方式下，主器件先发出启动信号（S），接着发送从器件的 7 位地址（SLA）和表明主器件接收的方向位 1（R），即这个字节为 SAL+R，在发送完这个字节后，SCL 继续输出时钟，通过 SDA 接收器件发来的串行数据。主器件每接收一个字节后都要发出一个应答信号（A）。当全部数据都发送或接收完毕后，主器件应发出停止信号（P）。

11.6.2　I^2C 总线通用读写程序

对于没有内部硬件 I^2C 总线接口的 8051 系列单片机，可以采用软件模拟的方法实现 I^2C 总线接口功能，下面给出一个采用 C51 编写的模拟 I^2C 总线通用读写程序，它可用于没有内部 I^2C 硬件的 8051 单片机与 I^2C 总线器件的接口。在程序开始处定义了 8051 单片机的 P1.6 和 P1.7 作为 I^2C 总线的 SCL 和 SDA 信号。程序中包括如下 I^2C 功能函数。

```
I_init();       //初始化
delay();        //延时
I_clock();      //SCL 时钟信号
I_start();      //起始信号
I_stop();       //停止信号
I_send();       //数据发送
I_Ack();        //应答信号
```

程序中还包含有几个关于 I^2C 总线接口器件 24C04 应用的功能函数。24C04 是一种具有 I^2C 接口的 E^2PROM 器件，它具有 512×8 位的存储容量，工作于从器件方式，每个字节可擦写 100 万次，数据保存时间大于 40 年。写入时具有自动擦除功能，具有页写入功能，可以一次写入 16 个字节。24C04 芯片采用 8 脚 DIP 封装，具有 V_{CC}、Vss 电源引脚，SCL、SDA 读写引脚，A0、A1、A2 地址引脚和 WP 写保护引脚。WP 脚接 V_{CC} 时，禁止写入高位地址（100H～1FFH），WP 脚接 Vss 时，允许写入任何地址。

8051 单片机与 24C04 之间进行数据传送时，首先传送器件的从地址 SLA，格式如下。

START	1	0	1	0	A2	A1	BA	R/W	ACK

START 为起始信号，1010 为 24C04 器件地址，A2 和 A1 由芯片的 A2、A1 引脚上的电平决定，这样可最多接入 4 片 24C04 芯片；BA 为块地址（每块 256 字节）；R/W 决定是写入"0"还是读出"1"；ACK 为 24C04 给出的应答信号。在对 24C04 进行写入操作时，应先发出从机地址字节 SLAW（R/W 为 0），再发出字节地址 WORDADR 和写入的数据 Data（可为1～16 个字节），写入结束后应发出停止信号。

通常对 E^2PROM 器件写入时总需要一定的写入时间（5～10 ms），因此在写入程序中无法连续写入多个数据字节。为了解决连续写入多个数据字节的问题，E^2PROM 器件中常设有一定容量的页写入数据寄存器。用户一次写入 E^2PROM 的数据字节不大于页写入字节数时，可按通常 RAM 的写入速度，将数据装入 E^2PROM 的数据寄存器中，随后启动自动写入定时控制逻辑，经过 5～10 ms 的时间，自动将数据寄存器中的数据同步写入 E^2PROM 的指定单元。这样一来，只要一次写入的字节数不多于页写入容量，总线对 E^2PROM 的操作可视为对静态 RAM 的操作，但要求下次数据写入操作在 5～10 ms 之后进行。24C04 的页写入字节数为 16。对 24C04 进行页写入是指向其片内指定首地址（WORDADR）连续写入不多于 n 个字节数据的操作。n 为页写入字节数，m 为写入字节数，$m \leqslant n$。页写入数据操作格式如下。

S	SLAW	A	WORDADR	A	Data1	A	Data2	A	…	Data$m$	A	P	ACK

这种数据写入操作实际上就是 $m+1$ 个字节的 I^2C 总线进行主发送的数据操作。

对 24C04 写入数据时也可以按字节方式进行，即每次向其中片内指定单元写入一个字节的数据，这种写入方式的可靠性高。字节写入数据操作格式如下。

S	SLAW	A	WORDADR	A	Data	A	P

24C04 的读操作与通常的 SDRAM 相同，但每读一个字节地址将自动加 1。24C04 有 3 种读操作方式，即现行地址读、指定地址读和序列读。现行地址读是指不给定片内地址的读操作，读出的是现行地址中的数据。现行地址是片内地址寄存器当前的内容，每完成一个字节的读操作，地址自动加 1，故现行地址是上次操作完成后的下一个地址。现行地址读操作时，应先发送从机地址字节 SLAR（R/W 为 1），接收到应答信号（ACK）后即开始接收来自24C04 的数据字节，每接收到一个字节的数据都必须发出一个应答信号（ACK）。现行地址读的数据操作格式如下。

S	SLAR	A	Data	A	P

指定地址读是指按指定的片内地址读出一个字节数据的操作。由于要写入片内指定地址，就应先发出从机地址字节 SLAW（R/W 为 0），再进行一个片内字节地址的写入操作，然后发出重复起始信号和从机地址字节 SLAR（R/W 为 1），开始接收来自 24C04 的数据字节。

数据操作格式如下。

S	SLAW	A	WORDADR	A	S	SLAR	A	Data	A	P

序列读是指连续读入 m 个字节数据的操作。序列读入字节的首地址可以是现行地址或指定地址,其读数据操作可连在上述两种操作的 SLAR 发送之后。数据操作格式如下。

S	SLAR	A	Data1	A	Data2	⋯	Data$m$	A	P

下面的程序中包含如下 24C04 操作功能函数。

```
E_address();        //写入器件从地址和片内字节地址
E_read_block();     //从 24C04 中读出指定字节（BLOCK_SIZE=32）的数据并送入外部数据
                    //存储器单元,采用的是序列读操作方式
E_write_block();    //将外部数据存储器中的数据内容写入从 24C04 首地址开始的指定字节
                    //（BLOCK_SIZE=32）,采用的是字节写入操作方式.如果希望采用
                    //页写入操作方式,可对该函数作适当的修改
Wait_5ms();         //为保证写入正确而设置的 5ms 延时
```

软件设计如下:

```c
#include<reg51.h>
/*全局符号定义*/
#define HIGH 1
#define LOW 0
#define FALSE 0
#define TRUE ~FALSE
#define function
#define byte unsigned char
sbit SCL=0x96;//P1.6
sbit SDA=0x97;//P1.7
/*********************
函数原型:void function delay(void);
功能:本函数实际上只有一条返回指令,在具体应用中可视具体要求增加延时指令.
***********************/
void function delay(void)
{
    ;
}
/************************
函数原型:void function I_start(void);
功能:提供 I²C 总线工作时序中的起始位.
***********************/
void function I_start(void)
{
    SCL=HIGH;
    delay();
    SDA=LOW;
    delay();
```

```
    SCL=LOW;
    delay();
}
/************************
函数原型:void function I_stop(void);
功能:提供 I²C 总线工作时序中的停止位.
************************/
void function I_stop(void)
{
    SDA=LOW;
    delay();
    SCL=HIGH;
    delay();
    SDA=HIGH;
    delay();
    SCL=LOW;
    delay();
}
/************************
函数原型: void function I_init(void);
功能:I²C 总线初始化.在 main()函数中应首先调用本函数,然后再调用其他函数.
  ********************/
void function I_init(void)
{
    SCL=LOW
    I_stop();
}
/************************
函数原型:bit function I_clock(void);
功能:提供 I²C 总线时钟信号,并返回时钟电平为高期间 SDA 信号线上的状态.本函数可用于数据发送,
也可用于数据接收.
********************/
bit function I_clock(void)
{
    bit sample;
    SCL=HIGH;
    dealy();
    sample=SDA;
    SCL=LOW;
    dealy();
    return(sample);
}
/***********************
函数原型:bit function I_send(byte I_data);
功能:从 I²C 总线发送 8 位数据,并请求一个应答信号 ACK.如果收到 ACK 应答则返回 1(TRUE),否则
返回 0(FALSE).
****************************/
```

```
bit function I_send(byte I_data)
{
    register byte I;
    /*发送 8 位数据*/
    for(I=0;I<8;I++)
    {
      SDA=(bit)(I_data&0x80);
      I_data=I_data<<1;
      I_clock();
    }
    /* 请求应答信号 ACK*/
    SDA=HIGH;
    return(~I_clock());
}
/************************
```

函数原型:bit function I_receive(void);
功能:从 I²C 总线发送 8 位数据,并将接收到的 8 位数据作为一个字节返回,不回送应答信号 ACK.主函数在调用本函数之前应保证 SDA 信号线处于浮置状态,即使 8051 的 P1.7 脚置"1".

```
*****************************/
byte function I_receive(void)
{
    byte I_data=0;
    register byte I;
    for (I=0;I<8;I++)
    {
        I_data *=2;
        if(I_clock())
        {
            I_data++;
            end_if
        }
    }
    return(I_data);
}
/*******************************
```

函数原型:void function I_Ack(void);
功能:向 I²C 总线上发送一个应答数据信号 ACK,一般用于读取连续数据.

```
*************************/
void function I_Ack(void)
{
    SDA=LOW;
    I_clock();
    SDA=HIGH;
}
/***************/
```

上面给出的是 I²C 总线基本操作函数，下面给出的是几个对 I²C 总线接口器件 24C04 操作的函数。

```
#define WRITE 0xA0          //定义 24C04 的器件地址 SLA 和方向位 W
```

```
#define READ 0xA1              //定义24C04的器件地址SLA和方向位R
#define BLOCK_SIZE 32          //定义指定字节个数
extern xdata byte EAROMImage[BLOCK_SIZE]  //在外部RAM中定义存储映象单元
/************************************************
```

函数原型: bit function E_address(byte Address);

功能: 向24C04写入器件地址和一个指定的字节地址。

```
***********************************************/
bit function E_address(byte Address)
{
    I_start();
    if(I_send (WRITE))
        return(I_send (Address));
    else
        return(FALSE);
}
/*******************
```

函数原型:bit function E_read_block(void);

功能:从24C04中读取BLOCK_SIZE个字节的数据并转存于外部RAM存取映象单元,采用序列读操作方式从片内0地址开始连续读取数据.如果24C04不接受指定的地址则返回0(FALSE).

```
******************/
bit function E_read_block(void)
{
    register byte I;
    if(E_address(0))
    {
        I_start();
        if(I_send(read))
        {
            for(I=0;I<=BLOCK_SIZE;I++)
            {
                EAROMImage[I]=(I_receive());
                if(I!=BLOCK_SIZE)
                    I_Ack();
                else
                {
                    I_clock();
                    I_stop();
                }
            }
            return(TRUE);
        }
        else
        {
            I_stop();
            return(FALSE);
        }
    }
    else
```

```
    I_stop();
    return(FALSE);
}
/*************************
函数原型:void function wait_5ms(void);
功能:提供 5 ms 延时(时钟频率为 12MHz).
*************************/
void function wait_5ms(void)
{
    register int I ;
    for(I=0;I<1000;I++);
}
/*****************************
```

函数原型:bit function E_write_block(void);

功能:将外部存储器映象单元中的数据写入到24C04的头BLOCK_SIZE个字节.采用字节写操作方式,每次写入时都需要指定片内地址.如果 24C04 不接受指定的地址或某个传送的字节未收到应答信号ACK,则返回 0(FALSE).

```
*****************************/
bit function E_write_block(void)
{
    register byte I;
    for(I=0;I<=BLOCK_SIZE;I++)
    {
        if(E_address(i)&&I_send(EAROMImage[I]))
        {
            I_stop();
            Wait_5ms();
        }
        else
            return(FALSE);
    }
    return(TRUE);
}
```

11.7　基于 MAX517 的串行 D/A 转换

并行 D/A 转换,输出建立时间短,通常不超过 10 μs,但它们的引脚比较多,芯片体积大,与 CPU 连接时电路较复杂.在有些不太计较 D/A 转换输出建立时间的应用时,可以选择串行 D/A 转换方式,虽然输出建立时间比并行 D/A 转换稍长,但是串行 D/A 芯片与 CPU 连接时所用引线少、电路简单,而且芯片体积小、价格低.本节将举例介绍串行 D/A 转换的实现方式.

11.7.1　实例说明

本例实现的是由 MCS-51 单片机控制的串行 D/A 转换.由单片机输入 0~255 的数字值,经过 D/A 转换后变为相应模拟信号(输出的模拟信号可用示波器测试其波形和幅度),同时通过数码管显示正在输入的数字值.

本例主要包括以下两方面内容。

（1）根据所选串行 D/A 转换器件设计外围电路以及与单片机的接口电路。

（2）编写控制串行 D/A 转换器件实现 D/A 转换的 C51 程序。

11.7.2 设计思路分析

本例要实现的是串行 D/A 转换，因此设计的关键是选择串行 D/A 芯片，掌握它的工作原理和使用方法。

1．芯片功能

本例选用 Maxim 公司推出的 8 位电压输出型数模转换器 MAX517，它采用 I^2C 的双总线串行接口，内部有精密输出缓冲源，支持双极性工作方式。

MAX517 的主要功能特性如下。

（1）单独的+5 V 电源供电。

（2）8 位电压输出型数模转换。

（3）简单的双线接口。

（4）与 I^2C 总线兼容。

（5）高达 400 kb/s 的通信速率。

（6）输出缓冲放大双极性工作方式。

（7）基准输入可为双极性。

（8）上电复位将清除所有锁存器。

（9）8 引脚 DIP/SO 封装，节省空间。

2．工作原理

MAX517 的内部结构如图 11-5 所示，主要包括译码电路、开始/停止检测电路、8 位移位寄存器、输入锁存、输出锁存和 DAC 电路。

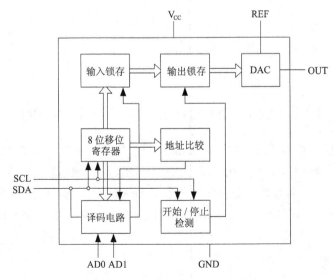

图 11-5　MAX517 内部结构框图

由于 MAX517 只有单路 DAC，因此图 11-5 中译码电路始终选择此 DAC 通道，即 AD0、AD1 均保持为低电平。

MAX517 使用的是 I²C 兼容总线。I²C 总线是 PHILIPS 公司开发的一种简单、双向二线制同步串行总线。它只需要两根线（串行数据线和串行时钟线）即可使连接于总线上的器件之间实现信息传送，同时可通过对器件进行软件寻址，而不是通过对硬件进行片选寻址的方式来节约通信线数目，从而减少了硬件所占空间。I²C 总线上所有的器件都可以通过软件寻址，并保持简单的主从关系。其中，主器件既可以作为发送器，又可以作为接收器。I²C 总线是一个真正的多主总线，它带有竞争监测和仲裁电路。I²C 总线采用 8 位双向串行数据传送方式，标准传送速率为 100 kb/s，快速方式下可达 400 kb/s，其同步时钟可以作为停止或重新启动串行口发送的握手方式。I²C 总线的工作时序图如图 11-6 所示。

利用 I²C 总线进行数据通信时，应遵守如下基本操作。

（1）空闲时，总线应处于不忙状态。当数据总线（SDA）和时钟总线（SCL）都为高电平时为不忙状态。

（2）当 SCL 为高电平，SDA 电平由高变低时，数据传送开始。所有的操作必须在开始之后进行。

（3）当 SCL 为高电平，SDA 电平由低变高时，数据传送结束。在停止条件下，所有的操作都不能进行。

（4）数据的有效转换开始后，当时钟线 SCL 为高电平时，数据线 SDA 必须保持稳定。若数据线 SDA 改变，必须在时钟线 SCL 为低电平时方可进行。

（5）关于 I²C 总线在本书有专门章节介绍，此处只作以上简单描述。

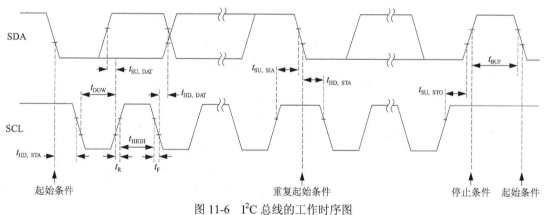

图 11-6　I²C 总线的工作时序图

11.7.3　硬件电路设计

硬件电路设计的关键在于单片机和 D/A 转换器的接口电路设计。

1. 主要器件

单片机是本系统的核心器件之一，通过它产生满足 I²C 总线时序的串行数据和时钟，完成对整个 D/A 转换过程的控制。本例选用 Atmel 公司的 AT89C52 作为单片机芯片，它满足要求，而且极为常用，价格便宜，易于购买。

D/A 转换芯片选用 Maxim 公司的 MAX517，其引脚分布如图 11-7 所示。

各引脚的功能说明如下。

- OUT（1 脚）：D/A 转换输出引脚。
- GND（2 脚）：接地引脚。
- SCL（3 脚）：串行时钟线。
- SDA（4 脚）：串行数据线。
- AD1、AD0（5、6 脚）：地址输入引脚，用于选择哪个 D/A 通道的转换输出。由于 MAX517 只有一个通道，因此使用时，这两个引脚通常均接地。

图 11-7　MAX517 引脚分布图

- V$_{CC}$（7 脚）：+5V 电源引脚。
- REF（8 脚）：基准电压输入。

2. 电路原理图及说明

电路由两部分组成：一是单片机与 D/A 芯片 MAX517 的接口电路，由 MAX517 将单片机输入数字量转换为模拟量，此模拟量可用示波器测试，获得直观结果；二是显示单片机正在输入的数字的 8 位数码管显示电路。

两部分的电路原理图分别如图 11-8 和图 11-9 所示。

由图 11-8 可见，MAX517 和单片机之间的串行接口十分简单，只需要两根线 SDA 和 SCL（均要接上拉电阻，保证在总线空闲时为高电平），OUT 输出引脚输出转换后的模拟信号，可用示波器在此引脚测试，取得直观效果。

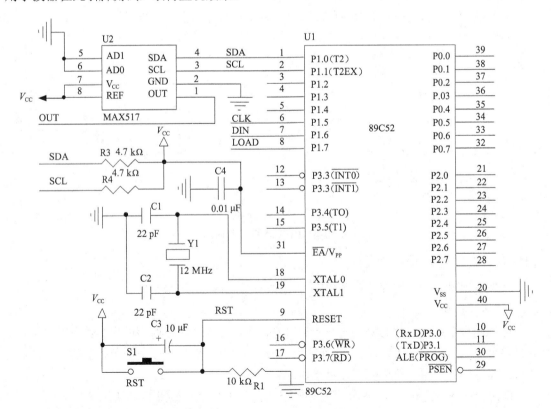

图 11-8　串行 D/A 转换电路单片机与 MAX517 接口部分电路

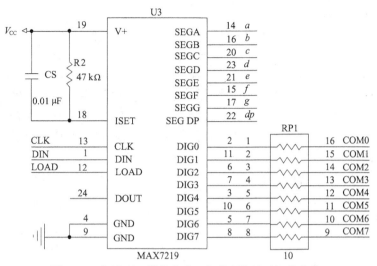

图 11-9 串行 D/A 转换电路 8 位数码管显示部分电路

11.7.4 软件设计

MAX7219 采用了 I^2C 串行总线接口，大大简化了与单片机的接口电路设计，但也因此带来了软件设计上对时序的特殊要求。

1．时序要求和转换过程

一次完整的串行数据传输时序如图 11-10 所示。

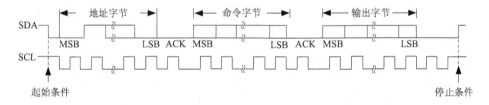

图 11-10 一次完整的串行数据传输时序示意图

因此根据时序要求，一次串行 D/A 转换过程应按以下步骤进行。

（1）首先单片机向 MAX517 发送一个地址字节，MAX517 收到后回送一个应答信号 ACK。

（2）然后单片机再向 MAX517 发送一个命令字节，MAX517 收到后又回送一个应答信号 ACK。

（3）最后单片机将要转换的数字量（输出字节）送给 MAX517，MAX517 收到后再回送一个应答信号 ACK。至此，一次完整的串行数据传送即告结束。

地址字节的格式如下。

第 7 位	第 6 位	第 5 位	第 4 位	第 3 位	第 2 位	第 1 位	第 0 位
0	1	0	1	1	AD1	AD0	0

该字节格式中，最高三位"010"出厂时已设定。而对于 MAX517，第 4 位和第 3 位均取"1"。单片机 89C52 最多可以接 4 个 MAX517，而具体是哪一个则由 AD1 和 AD0 来决定，本例中 AD1 和 AD0 均取"0"。

控制字节的格式如下。

第 7 位	第 6 位	第 5 位	第 4 位	第 3 位	第 2 位	第 1 位	第 0 位
R2	R1	R0	RST	PD	X	X	A0

在该字节格式中，R2、R1、R0 已预先设定为"0"；RST 为复位位，该位为"1"时，复位所有的寄存器。PD 为电源工作状态位，为"1"时，MAX517 工作在 4μA 的休眠模式；为"0"时，返回正常的操作状态。A0 为地址位，对于 MAX517，此位应设置为"0"。

2．程序说明

具体的程序代码及其注释如下：

```
#define uchar unsigned char
#define uint unsigned int
sbit SDA=P1^0;                              //MAX517 串行数据
sbit SCL=P1^0;                              //MAX517 串行时钟
/* 起始条件子函数 */
void start(void)
{
    SDA=1;
    SCL=1;
    _nop_();
    SDA=0;
    _nop_();
}
/* 停止条件子函数 */
void stop(void)
{
    SDA=0;
    SCL=1;
    _nop_();
    SDA=1;
    _nop_();
}
/* 应答子函数 */
void ack(void)
{
    SDA=0;
    _nop_();
    SCL=1;
    _nop_();
    SCL=0;
}
/* 发送数据子函数,ch 为要发送的数据 */
void send(uchar ch)
{
    uchar BitCounter=8;                     //位数控制
    uchar tmp;                              //中间变量控制
    do
```

```
    {
        tmp=ch;
        SCL=0;
        if((tmp&0x80)==0x80)                    //如果最高位是1
            SDA=1;
        else
            SDA=0;
            SCL=1;
            tmp=ch<<1;                          //左移
            ch=tmp;
            BitCounter--;
    }
    while(BitCounter);
        SCL=0;
}
/* 串行 DA 转换子函数 */
void DACOut(uchar ch)
{
    start();                                    //发送启动信号
    send(0x58);                                 //发送地址字节
    ack();
    send(0x00);                                 //发送命令字节
    ack();
    send(ch);                                   //发送数据字节
    ack();
    stop();                                     //结束一次转换
}
/* 主函数 */
void main(void)
{
    InitDisplay();                              //MAX7219 初始化
    WriteWord(DisplayTest,TestMode);            //开始显示测试,点亮所有 LED
    delay(2000);                                //延时约 2s
    WriteWord(DisplayTest,TextEnd);             //退出显示测试模式
    while(1)
    {
        uchar i,j;
        /*对数字 0～255 进行数模转换,并用数码管显示正在转换的数字(二进制) */
        for(i=0;i<=255;i++)
        {
            delay(1000);                        //间隔约 1s
            InitDisplay();
            for(j=0;j<=7;j++)
            DisBuffer[j]=((i>>j)&0x01);
            WriteWord(Digit0,DisBuffer[0]);
            WriteWord(Digit1,DisBuffer[1]);
            WriteWord(Digit2,DisBuffer[2]);
            WriteWord(Digit3,DisBuffer[3]);
```

```
            WriteWord(Digit4,DisBuffer[4]);
            WriteWord(Digit5,DisBuffer[5]);
            WriteWord(Digit6,DisBuffer[6]);
            WriteWord(Digit7,DisBuffer[7]);
            DACOut(i);                          //调用串行 D/A 转换子函数
        }
        delay(2000);                            //延时 2 s
    }
}
```

11.8 基于 TLC549 的串行 A/D 转换

在 A/D 转换中，串行 A/D 以其芯片的引脚少，封装小，在 PCB 板上占用的空间小等优势，倍受人们青睐。因此，本节将着重介绍串行 A/D 硬件电路和软件的实现。

11.8.1 实例说明

A/D 转换主要应用于数据采集领域，它实现了将模拟量转换为单片机能接受的数字量的过程。本例实现由 51 单片机控制的串行 A/D 转换，主要包括下面 3 方面内容。

（1）串行 A/D 转换芯片的选取。

（2）根据所选串行 A/D 转换芯片设计外围电路以及与单片机的接口电路。

（3）编写控制串行 A/D 转换芯片实现 A/D 转换的 C51 程序。

11.8.2 设计思路分析

本例实现的是串行 A/D 转换，因此设计的关键是选择串行 A/D 芯片，掌握它的工作原理和使用方法。

1. 芯片功能

TLC549 是 TI 公司获得广泛应用的一款 8 位 A/D 转换芯片，它是以 8 位开关电容逐次逼近 A/D 转换器为基础而构造的。TLC549 具有一个模拟输入端口和一个 3 态的数据串行输出接口，可以方便地与微处理器或外围设备连接，它仅仅使用输入/输出时钟（I/O CLK）和芯片选择（$\overline{\text{CS}}$）信号进行数据控制，输入/输出时钟（I/O CLK）频率最高可达到 1.1 MHz。

TLC549 的使用与 TI 公司的较复杂的 TLC540 和 TLC541 非常相似，不过 TLC549 提供了片内系统时钟，它通常工作在 4 MHz，且不需要外部元件。片内系统时钟使内部器件的操作独立于串行输入/输出端的时序，并使得 TLC549 的操作可以满足更广泛的软、硬件要求。I/O CLK 配合内部系统时钟可以实现高速数据传送（每秒 40 000 次转换）。

TLC549 的主要功能特性总结如下。

- 与微处理器或外围设备接口。
- 8 位分辨率模/数转换。
- 差分基准电压输入。
- 最大转换时间为 17 μs。
- 每秒访问和转换最多可达 40 000 次。

- 片上软件可控的采样和保持功能。
- 总的非校准误差最大为 ±0.5LSB。
- 4 MHz 典型内部系统时钟。
- 3～6 V 的宽电压供电。
- 低功耗：最大 15 mW。
- 采用 CMOS 技术。

2．工作原理

要正确使用芯片 TLC549，必须掌握其工作原理。

TLC549 的内部结构框图如图 11-11 所示。

由图 11-11 可从总体上把握模拟输入信号 ANALOG IN 转换到数字输出信号 DATA OUT 的过程。

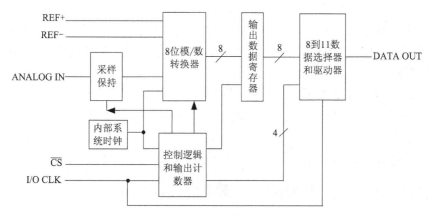

图 11-11　TLC549 的内部结构框图

TLC549 具有片内系统时钟，该时钟与 I/O CLK 是独立工作的，无须特殊的速度或相位配合，其工作时序示意图如图 11-12 所示。

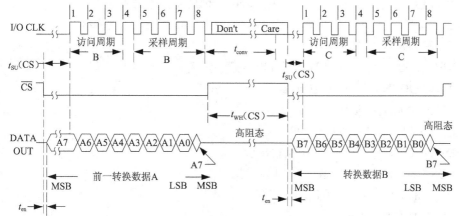

图 11-12　TLC549 工作时序示意图

当 $\overline{\text{CS}}$ 为高电平时，数据输出（DATA OUT）端处于高阻状态，此时 I/O CLK 不起作用。$\overline{\text{CS}}$ 的此种控制方式允许在同时使用多片 TLC549 时共用 I/O CLK，以减少多路 A/D 转换芯片并用时的 I/O 控制端口。通常情况下，$\overline{\text{CS}}$ 应为低电平，其控制过程如下。

（1）将 $\overline{\text{CS}}$ 置为低电平。内部电路在测得 $\overline{\text{CS}}$ 下降沿后，再等待两个内部时钟上升沿和一个下降沿，然后确认这一变化，最后自动将前一次转换结果的最高位（D7 位）输出到 DATA OUT 端上。

（2）前 4 个 I/O CLK 周期的下降沿依次移出第 2、3、4、5 位（D6、D5、D4、D3），片上采样保持电路在第 4 个 I/O CLK 下降沿开始采样模拟输入。

（3）接下来的 3 个 I/O CLK 周期的下降沿移出第 6、7、8 位（D2、D1、D0 位）。

（4）最后，片上采样保持电路在第 8 个 I/O CLK 周期的下降沿移出第 6、7、8 位（D2、D1、D0 位）。保持功能将持续 4 个时钟周期，然后开始进行 32 个内部时钟周期的 A/D 转换。第 8 个 I/O CLK 后，$\overline{\text{CS}}$ 必须为高电平，或 I/O CLK 保持低电平，这种状态需要维持 36 个内部系统时钟周期以等待保持和转换工作的完成。如果 $\overline{\text{CS}}$ 为低电平时 I/O CLK 上出现一个有效干扰脉冲，则微处理器将与器件的 I/O 时序失去同步；若 $\overline{\text{CS}}$ 为高电平时出现一次有效低电平，则将使引脚重新初始化，从而脱离原转换过程。

在 36 个内部系统时钟周期结束之前，执行以上步骤，可重新启动一次新的 A/D 转换，与此同时，正在进行的转换终止，此时的输出是前一次的转换结果，而不是正在进行的转换结果。

若要在特定的时刻采样模拟信号，应使第 8 个 I/O CLK 时钟的下降沿与该时刻对应，因为芯片虽在第 4 个 I/O CLK 时钟下降沿开始采样，却在第 8 个 I/O CLK 的下降沿开始保存。

11.8.3　硬件电路设计

硬件电路设计的关键在于单片机和 A/D 转换的接口电路设计。

1．主要器件

单片机是本系统的核心器件之一，通过它产生满足时序要求的输入/输出时钟，以及对 A/D 芯片的片选控制，完成对整个 A/D 转换过程的控制。本例选用 Atmel 公司的 AT89C52 作为单片机芯片，它满足要求，而且极为常用，价格便宜，易于购买。

A/D 转换芯片选用 TI 公司的 TLC549，其引脚分布如图 11-13 所示。

各引脚的功能说明如下。

图 11-13　TLC549 引脚分布图

- REF+、REF-（1、3 脚）：基准电压正、负端。
- ANALOG IN（2 脚）：模拟量串行输入引脚。
- GND（4 脚）：接地端。
- $\overline{\text{CS}}$（5 脚）：片选端，低电平有效。
- DATA OUT（6 脚）：数字量输出引脚。
- I/O CLK（7 脚）：输入/输出时钟引脚。
- V_{CC}（8 脚）：电源引脚。

2．电路原理图及说明

电路原理图由单片机和 A/D 芯片 TLC549 两部分组成，分别如图 11-14 和图 11-15 所示。

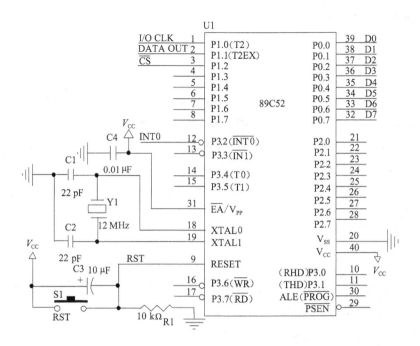

图 11-14　串行 A/D 转换电路单片机部分原理图

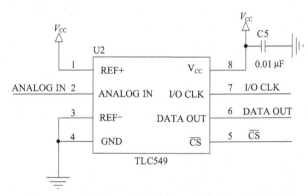

图 11-15　串行 A/D 转换电路 A/D 芯片部分原理图

AT89C52 采用异步串行接口驱动 TLC549 实现 A/D 转换。在图 11-14 和图 11-15 中，单片机 AT89C52 工作在 12 MHz 时钟频率下，其引脚 P1.0 与 TLC549 的输入/输出时钟 I/O CLK 相连，P1.1 与 TLC549 的数据输出端 DATA OUT 相连，P1.2 与 TLC549 的片选脚 $\overline{CS}$ 相连。单片机 AT89C52 从 TLC549 的数据输出脚 DATA OUT 读出转换数据。为了简化分析，本例的转换事件设置为由外部中断 0 触发。

11.8.4　软件设计

由于 TLC549 为串行 A/D 芯片，它与单片机的接口电路只有 3 根，这对于简化硬件设计，缩小 PCB 尺寸很有好处，但是串行比特流毕竟最终需要转换成 8 位的数据，因此相应地在软件设计上需要多做些工作。

1. 转换过程和时序要求

当 $\overline{CS}$ 为高电平时，DATA OUT 为高阻状态。

转换开始之前，$\overline{CS}$ 必须为低电平，以确保完成转换。AT89C52 需在其 P1.0 引脚产生总计 8 个时钟脉冲，以提供作为 TLC549 的 I/O CLK 引脚的输入信号。当 $\overline{CS}$ 为低电平时，最先出现在 DATA OUT 引脚上的信号为转换值的最高位。AT89C52 通过其 P1.1 引脚，从 TLC549 的 DATA OUT 引脚连续移位读取转换数据。最初的 4 个脉冲的下降沿分别移出上一次转换值的第 6、5、4、3 位，其中第 4 个时钟下降沿启动采样功能，采样 TLC549 模拟输入信号的当前转换值。后续 3 个时钟脉冲送给 I/O CLK 引脚，分别在下降沿把上一次转换值的第 2、1 和 0 位转换位移出。在第 8 个时钟脉冲的下降沿，芯片的采样/保持功能开始保持操作状态，保持操作状态持续到下一个第 4 时钟的下降沿。

转换的周期由 TLC549 的内部振荡器定时，不受外部时钟的约束。一个转换完成需要 17 μs。在转换过程中，单片机给 $\overline{CS}$ 一个高电平，DATA OUT 回到高阻状态。下一次转换序列之前，至少延时 17 μs，否则 TLC549 的转换过程将被破坏。

2. 程序流程

单片机实现串行 A/D 转换程序的流程如图 11-16 所示。

3. 程序说明

具体的程序代码及其说明（见注释语句）如下：

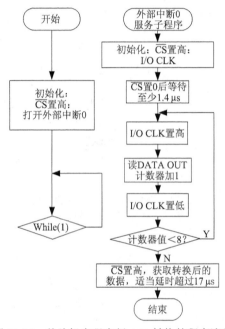

图 11-16　单片机实现串行 A/D 转换的程序流程

```c
#define uchar unsigned char
uchar DataResult;                    // 存放转换后数据
sbit IOCLK=P1^0;                     // 输入/输出时钟 I/O CLK
sbit DATAOUT=P1^1;                   // 数据输出 DATA OUT
sbit CS=P1^2;                        // 片选信号
/* 外部中断 0 服务子程序 */
void int0svr(void) interrupt 0 using 1
{
    uchar count,tmp,i;
    EX0=0;                           // 关闭外部中断 0
    tmp=0;
    CS=1;                            // CS 置为高电平，片选无效
    IOCLK=0;                         // I/O CLK 置为低电平
    CS=0;                            // 片选有效；
    nop();                           // 执行一步空指令起到延时至少 1.4 μs 的作用
    for(count=0;count<8;count++)
    {
        IOCLK=1;                     // I/O CLOCK 置为高电平
```

```
            if(DATAOUT)
                tmp++;
            tmp=tmp<<1;                      // 左移一位
            IOCLK=0;                         // I/O CLOCK 置为低电平
        }
        CS=1;                                // /CS 置为高电平，片选无效
        DataResult=tmp;
        for(i=0;i<3;i++)                     // 适当延时超过 17 μs
            _nop_();
        EX0=1;                               // 打开外部中断 0
    }
    void main()
    {
        EA=1;
        EX0=1;                               // 打开外部中断 0
/* 无限循环，等待外部中断 0 启动模数转换 */
        while(1);
    }
```

11.9 单相电子式预付费电度表的设计与实现

电度表作为电能计量工具，在国民经济的各部门中得到了广泛应用。长期以来，使用的都是机械式感应电度表，它有耗电多、笨重、需要人工抄表、防窃电性能差等缺点。随着电子技术的迅猛发展，微控制器（单片机）和大规模集成电路在电能计量领域的应用，使电度表的技术水平和性能得到了发展。单相电子式预付费电度表就是典型实例。

所谓预付费是指用户"先付款，再用电"，这符合一般商品的消费特点。必须有一种媒介把用户购买的电量送入电度表内，这种媒介就是 IC 卡。购电是在微机外连接专用 IC 卡读写器与专用高级语言（如 FoxPro、Delphi、C 等）编写的售电管理软件一并构成售电管理系统。用户将写有电量的 IC 卡插入预付费电度表的卡槽，在单片机的控制下将卡中电量读出，且写入电表内 E^2PROM 中，同时把 IC 卡中的电量清"0"。

预付费电度表按电能计量的方式不同可分为机电式和电子式两种。前者仍保留了感应式电度表的电路，通过对转盘转动圈数的计数来测量电能。通常是在转盘上涂上大约 1cm 宽的"黑条"，在转盘的上方或下方设置一个红外线发射接收对管。当红外线照射在"黑条"处，红外线被吸收，无反射，即接收管接收不到红外线；当红外线照在其他部分时，被反射，接收管能接收到红外线。这样转盘每转一圈，产生一个脉冲，单片机通过对脉冲的计数完成电能的计量。电子式预付电度表是利用电能测量集成电路来测量电能，微处理器是通过对脉冲计数来累计所消耗的电量，IC 卡的操作对两种表是相同的。

预付费电度表虽然只是普通计量器具，但由于微控制器的引入，对设计者提出了很高的要求。这是因为由电源等引入的干扰很容易导致程序指针跳飞，可能引起不可预测的后果，诸如剩余电量等数据的丢失或改变、死机等。像家用电脑和普通仪器仪表对死机等是允许的，通过人工复位、重新设置等手段就可恢复，但对电度表而言则是致命的。预付费电度表的工作条件是相当恶劣的，对其可靠性的要求也是很高的。技术监督部门在作样机测试时，要对多达 33 项性能指标进行严格检验。这是基于以下原因：① 常年不间断运行。

② 校表时要经历最恶劣的慢上下电的考验。慢上下电对一般仪表是有好处的，能减小冲击、延长使用寿命，但极易使单片机的 PC 指针弹飞。③ 工作时要经受雷电、电网波动的冲击而仍要正常工作。④ 面向大众要求成本要尽可能低，所以可靠性措施要比硬件简单，应主要在软件上下功夫。⑤ 涉及经济的事实不允许出现差错。很显然，电表有多少功能并不是最重要的，关键看其可靠性。

11.9.1　单相电子式预付费电度表的工作过程

1．预付费电度表的功能

预付费电度表具备以下功能。

（1）用户将存有电量的 IC 卡插入卡槽，卡中电量被读入表内，且写入表内 E^2PROM 中，同时把 IC 卡清 "0"。

（2）电度表在正常工作时，有工作指示灯和功率指示灯，使用户直观地了解电表工作是否正常及用电负荷的大小。

（3）用电时，能按一定精度（1%称一级表）计量电能，并随时改写剩余电量数（电度数和脉冲数）。

（4）当表内剩余电能≤10 kWh 时，在 LED 上显示以提醒用户余电不多，及时购电。

（5）当剩余电能为 0 时，自动断电，这时用户不能用电；在用户将重新购电的 IC 卡（可反复使用）插入卡槽时，电表完成（1）的功能，并立即恢复供电。

（6）有负荷限制功能。当用电电流 ＞25 A 时，自动断电，5 min 后恢复供电。

（7）有防窃电功能。当不法者试图窃电时，电表仍在计量电能。

（8）具有掉电保护功能。掉电时，自动把剩余电量从 RAM 转储在 E^2PROM 中。

（9）专卡专用，一户一卡。当有非本机卡或异物插入卡槽时，能及时发现，并切断卡座的供电，保护了电度表，提高了安全性。

（10）整机耗电不大于 5 W。

（11）为了防止累计电量万一丢失，仍沿用了累计电量计度器，为步进脉冲驱动方式。

（12）有良好的启动性能，启动电流 ＜10 mA。

（13）有防潜动特性，即无负载时，不输出脉冲。

（14）接线端子定义和底座与老式表相同，安装方便。

2．预付费电度表的工作过程

预付费电度表的工作过程如下。

（1）上电时，在 LED 数码显示器上显示 5 次 "8888"，对数码好坏进行自测。随后将存放在 E^2PROM 中的剩余电量调出到 RAM 中。

（2）当单片机工作正常时，绿色指示灯以秒间隔闪烁。

（3）当有本机 IC 卡插入卡槽时，根据有电卡和无电卡（空卡）做不同的处理。若为有电卡，则显示 "U06"，稍后显示表中剩余电度数和卡中电度数之和（不显示脉冲数）。这时卡中电量即被写入表中，且将卡清 "0"；若为空卡，则显示 "U05"，稍后显示表中的剩余电度数。这可供用户随时查询表里还剩多少度电。

（4）当有用电时，功率指示灯（红灯）指示用电负荷的大小。闪烁频率越高，用电量越大。

（5）当插入非法卡时，显示"U04"。

（6）当电用完时，切断电源，并显示"U07"。

LED 显示器显示的内容与其含义如表 11-1 所示。

表 11-1　LED 显示器显示的内容及含义

显 示 内 容	含　　义	处　　理
U01	超负荷	减小用电量
U02	密码有误	非本机卡，换卡
U03	卡短路	卡座的电源短路，可能是人为破坏
U04	非法卡	卡型号不对，换卡
U05	空卡	卡内无电量，显示表内剩余的电度数
U06	有电卡	将卡内电度数送到表中，清卡
U07	电用完	断电，购电送表中方能恢复供电
U08	读写错	卡可能已坏，换卡
UU	窃电	表仍在计量用电，不用处理

11.9.2　硬件电路及其工作原理

1. 有功电能测量的基本原理

电能是功率的积分。功率表达式为：

$$P(t) = V(t) \times I(t)$$

将 $V(t)$ 和 $I(t)$ 输入到电子乘法器中并进行相乘，得到一个与功率 P 成正比的模拟电压（或电流），再经 V-F 变换（或 I-F 变换）C 变成频率信号 f_0，在一段时间 Δt 内计数为 N，便得到这段时间内的平均功率为 $N/\Delta t$。在一段长时间 T 内测得的电能为：

$$W = \int P(t)\mathrm{d}t = \int V(t)I(t)\mathrm{d}t = N$$

也就是在时间 T 内得到计数值 N。

在实际测量中，220 V 的交流电压和负载上的电流不能直接接入运算，而是经分压取样得到电压取样 V_v；负载电流也需取样，得到电流取样电压 V_i，才能输入。

假设 V_v、V_i 是工频交流 V_x、I_x 的取样值，则有：

$$V_v = K_v U_m \sin(\omega t)$$
$$V_i = K_i I_m \sin(\omega t + \phi)$$

式中：K_v——V_x 转变为 V_v 的转换系数；

　　　K_i——I_x 转变为 V_i 的转换系数；

　　　ϕ——V_x 和 I_x 之间的相位角。

V_v 和 V_i 经乘法器运算产生功率 P：

$$P = K_v U_m \sin(\omega t) \times K_i I_m \sin(\omega t + \phi)$$
$$= K_p U_I \cos(\phi) - K_p UI \cos(2\omega t + \phi)$$

式中，$K_p = KK_v K_i$；

　　　$\cos(\phi)$ = 功率因数；

　　　U = 幅值为 U_m 的交流电压之有效值；

　　　I = 幅值为 I_m 的交流电流之有效值。

一段时间 T 内的电能 W 为：

$$W = \int P \mathrm{d}t = \int K_{\mathrm{p}} UI \cos(\phi) \mathrm{d}t - \int K_{\mathrm{p}} UI \cos(2\omega t + \phi) \mathrm{d}t$$

$$= T K_{\mathrm{p}} UI \cos(\phi)$$

第一项为直流成分 $K_{\mathrm{p}} UI \cos(\phi)$，它与视在功率 UI 和功率因数 $\cos(\phi)$ 成正比，即与有功功率因数成正比。而第二项是经相乘产生的二倍于被测频率的交流成份 $K_{\mathrm{p}} UI \cos(2\omega t + \phi)$。在集成乘法器中，电压/频率转换器 VFC 把第一项转换成与其大小成正比的频率，而把第二项交流成分滤波抑制掉了。

预付费电度表有功电能测量原理电路如图 11-17 所示，U2（BL0932）为有功电能测量集成电路，芯片内部包含了模拟乘法器、电压频率转换器 VFC、计数器（分频器）及控制逻辑。电压取样信号 V_{v} 从电阻网络获得，包括 R14～R22，经 U2 的 AGND、VV1 输入；电流取样信号 V_{i} 由锰—铜分流器（RP）和电阻 R23、R24 电容 C4、C5 产生，经 U2 的 VI1、VI2 脚输入。电压/电流取样电路各元件与 V_{v} 和 V_{i} 的关系请参考有关资料，这里不再介绍。U2 的 S8 脚输出与有功功率成正比的频率信号。在本文中锰—铜分流器电阻为 340Ω 条件下，表常数为 3 200 脉冲/kWh，即每度电产生 3 200 个脉冲。再经 8 分频由 U2 的 MO1、MO2 脚差动输出（400 脉冲/kWh）以驱动步进式计度器 MOTOR，U2 的 MO1 脚的脉冲经光电隔离供单片机计量电能（200 脉冲/kWh）。

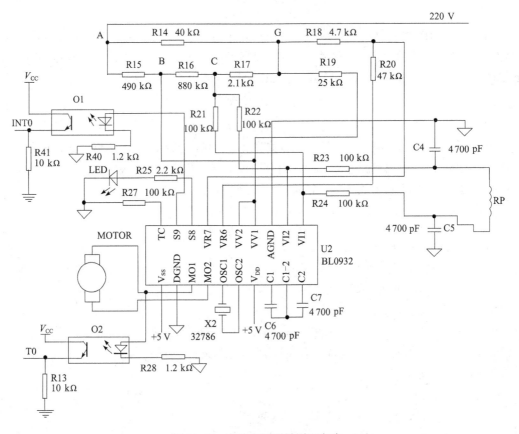

图 11-17　有功电能测量原理电路

2．预付费电度表的工作原理

单相预付电度表电路如图 11-18 所示。图中分为控制电路、电能测量电路、显示驱动、IC 卡接口、电量存储器、掉电检测、磁保持继电器驱动和电源几大模块。电能测量已作了介绍，其余各部分的工作原理如下所述。

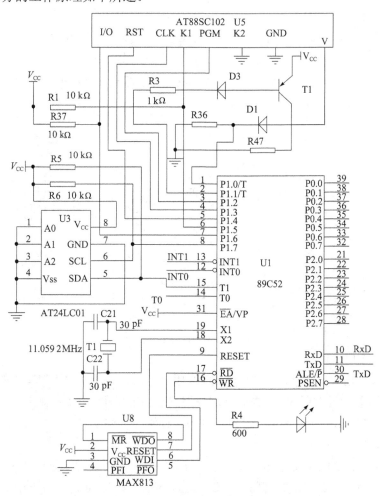

图 11-18　预付费电度表电路图

（1）控制部分

它是整个电度表的心脏，实现电能脉冲、窃电信号、掉电信号、IC 卡信号、串行 E^2PROM 数据的采集和读写，完成显示驱动模块的控制和磁保持继电器 L1 的驱动等功能。

单片机的选择是决定电度表性能的关键因素。应选择功耗低、电磁兼容性好、可靠性高、保密程度高的单片机。8051 系列单片机已为大家广泛熟悉，其特点是通用性强、堆栈丰富、编程容易等。其 Flash 型如 Atmel 公司的 89C51、89C52、89C1051、89C2052 和中国台湾华帮公司的 W78E51、W78E52 等；其 OTP（PROM）型如 LG 公司的 GMS97C51、GMS97C52 等，使用十分方便。

本设计选用了性能优异的 Atmel 公司的 89C52。

U1 与时钟电路（包括晶体 X1、电容 C2、C3 和内部电路）、上电复位电路、硬件狗电路构成单片机系统。

电能脉冲由 U2 的 MO1 经光电隔离器 O1 送到 U1 的 T0，窃电信号由 U2 的 S9 经光电隔离器 O2 送到 U1 的 INT0。在电路设计中必须严格保证强电与弱电的隔离，除了电路无直接连接外，100 V 以上的强电印刷布线与弱电印刷布线距离应大于 4 mm～5 mm。U1 的 P1.3 驱动工作批示灯，它以秒间隔闪烁以表明系统工作正常。

（2）显示驱动电路

由 4 片 74ALS164 及 4 位超高度 LED 数码管组成显示驱动电路如图 11-19 所示。U1 的 RxD 和 TxD 作为显示驱动电路的控制信号线，主要显示剩余电量及 IC 卡的有关操作信息，以便用户及时了解电度表的工作情况。74ALS164 价格便宜，有利于降低成本。

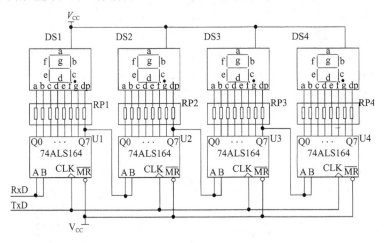

图 11-19　显示驱动电路

（3）IC 卡接口电路

Atmel 公司的逻辑加密 IC 卡 AT88SC102，用于存放由售电管理系统写入的密码、表常数、电度数、脉冲数及负荷门限等，是电管部门与用户连接的桥梁。为了提高 IC 卡操作的可能性，必须有卡上下电控制电路、卡插入检测、卡短路检测等辅助电路，结合软件，可以大大提高其读写的准确性和可靠性。

R3、D3、T1 组成卡上下电电路。当 U1 的 P1.1 = 0 时，T1 导通，IC 卡座的 V_{CC} 通电；当 U1 的 P1.1 = 1 时，T1 截止，IC 卡座 U5 的 V_{CC} 断电。IC 卡的 V_{CC} 同时经 D1、R2 送至 U1 的 P1.2，检测有无卡电源短路现象，以防人为破坏。K1、K2 为 IC 卡座的一对常开触点，当有卡插入时，K1、K2 短路，给 U1 的 P1.0 送入低电平，此信号用来检测有无卡插入。

（4）电量存储器

电量存储器由串行 E^2PROM 和上拉电阻组成。在串行时钟和数据端接上拉电阻，分别连到 U1 的 P1.6、P1.4 端。串行 E^2PROM 选用 AT24LC01，为低电压（2.5 V～5.5 V）、长寿命（可擦写 1 000 万次）器件，存储表常数、剩余电度数和脉冲及负荷门限等信息。如果没有使用计度器，还要存储累计电量。

（5）掉电检测电路

如图 11-20 所示掉电检测电路由比较器（运放 LM393）、电压基准 LM336（2.5 V）、电阻 R29、R30、R32、R33、R35、二极管 D2 组成。R33 为 VZ 提供合适的工作电流，VZ 上端作为电压基准，R29、R30 对 5V 电压分压，与 VZ 作比较。电源电压正常时，V−>V+，比较器输出低电平；当电源掉电时，输出高电平。微处理器通过（INT1）中断，以判别是否要立即做掉电处理（将剩余电量存入 E^2PROM 中）。D2、R35 为施密特电路，是为了避免电压在阈值左右波动时引起反复地写操作（对 E^2PROM）。

（6）磁保持继电器的驱动电路

磁保持继电器能使电磁线圈中保持上次驱动脉冲所注入的磁场不变，即在正常工作时不需加驱动电流，仅在需要改变触点状态时加上 200 ms 左右的反向脉冲即可，随后不需要任何驱动。这就大大节省了能量，降低了功耗。

磁保持继电器的驱动电路如图 11-21 所示。它由 89LC51 的 P1.0、P1.1 发出控制信号，P1.0 为高电平时线圈中有正向电流，P1.1 为高电平时线圈流过反向电流。驱动电路由电阻 R5～R12、PNP 三极管 P1、P2、NPN 三极管 N1～N4 组成。L1 为电磁线圈。当 P1.0 = 1 且 P1.1 = 0 时，三极管 N1、N4 和 P1 导通，而 N2、N3、P2 截止。流经 L1 的电流方向为 +12 V→P1 的发射极→P1 的集电极→线圈 B 端→线圈 A 端→N1 的集电极→N1 的发射极→地，继电器触点接通；当 P1.0 = 0 且 P1.1＝1 时，三极管 N1、N4、P1 截止，而 N2、N3、P2 导通。流经 L1 的电流方向为 +12 V→P2 的发射极→P2 的集电极→线圈 A 端→线圈 B 端→N2 的集电极→N2 的发射极→地，继电器触点断开；当 P1.0 = P1.1 = 0 时，所有三极管均截止，线圈无电流；P1.0 = P1.1 = 1 是不允许的，因为这时所有三极管均导通。

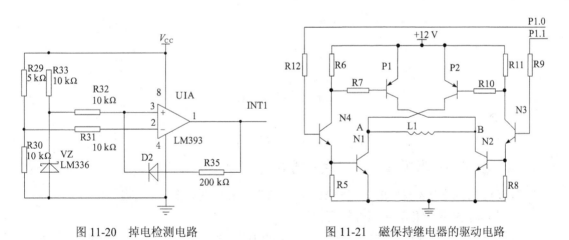

图 11-20　掉电检测电路　　　　图 11-21　磁保持继电器的驱动电路

11.9.3　软件编程

如果说硬件决定了产品的造价，那么在硬件搭配合理的前提下软件在很大程度上就决定了产品的性能。软件设计占了整个产品设计的大部分时间,仅程序调试通过充其量只完成10%的工作量，离产品还相差甚远。如该产品程序调试一个月就够了，但要产品化起码也要一年半的时间。因为程序调试仅在规范操作、理想环境下达到功能正确，而产品在实际运行中情况比较复杂。软件设计者要尽最大能力把各种可能的情况模拟出来，把各种各样的干扰附加上去。此外，短时间、个别样机运行未发现问题并不能说明产品是可靠的，需要经过长时间、一定批量的考验方能说设计基本上是成功的。这是非常耗时的，但又是设计者必须做的。软件界有句名言，即我们永远不能证明程序是正确的，说明了软件设计没有止境。对于高可靠性要求的电度表更是如此。

限于篇幅，不可能给出全部程序，仅给出主程序流程图，如图 11-22 所示。

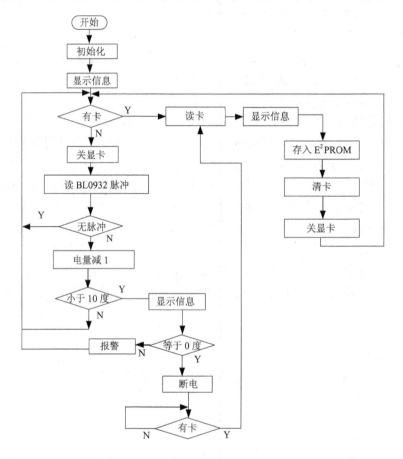

图 11-22　预付费电度表主程序流程图

11.9.4　提高预付费电度表可靠性的措施

提高可靠性是电表设计的关键问题，应从软件和硬件两方面采取措施。

1. 提高预付费电度表可靠性的硬件措施

提高预付费电度表的硬件可靠性除合理设计前面介绍的硬件电路外，还需从其他硬件方面加以考虑。

（1）稳压电源的考虑

实践证明，系统失效和硬件损坏是由各种干扰引起的，而 90% 左右的干扰来自电源。可见电源的性能对系统的影响相当大。目前常用的可供选择的电源有以下几种。

① 阻容分压式

采用简单的电阻电容分压、滤波。这种电源稳压性能差、电源波动大、带负载能力小、电网干扰极易串入。

② 开关电源

这种电源稳压性能好、纹波小，但成本较高。

③ 线性电源

这种电源稳压性能好、隔离特性好，价格适中。

这里选用线性稳压电源。电子式预付费电度表有 3 组电压：+5 V 供微处理器，+12 V 供磁保持继电器，+5 V 供电能采集模块。微处理器电源要求最高，应采用线性稳压电源。交流电源 6 V，经硅堆整流、电容滤波、7805 集成稳压块稳压、再加瞬变电压抑制器，能有效地消除来自电网的干扰。+12 V 由交流 12 V 经整流、电容滤波即可。电能采集模块使用的+5 V 采用阻容分压即可以满足要求，但考虑已经使用了电源变压器，经绕组隔离后整流、滤波会更好。

在用电负荷很小时，220 V 的高压与几个 μV 的小信号会共集于一块电路板上，如电源布局不当，有用信号会被噪声所淹没，不能满足一级表的精度要求。为此可以从以下两个方面加以改善。

① 电源和控制分两块板。电源板包括变压器、整流、滤波、稳压、磁保持继电器驱动电路等。控制板包括微处理器、电能采集、显示驱动、累计电量计度器、掉电检测、串行 E^{2}PROM 等。变压器漏磁要小，一般其空载电流不大于 5 mA，若仍不能满足要求，可变换变压器的位置来改变磁场的方向，减小漏磁对小信号的影响。

② 印刷电路板应有良好的绝缘，绝缘电阻大于 $10\pi\Omega$。印刷线走线要科学，高压走线尽量短，尽量远离小信号走线。电能检测部分要单面走线：一面走线，另一面铜铂既作电磁屏蔽用、又作地线用，以减少干扰信号。

（2）串行 E^{2}PROM 的选择

用于存储剩余电量，其存储的可靠性至关重要。一般思路是考虑 24CXX 系列，写入次数允许 10 万次，在电度数改变时存储，而在脉冲数改变时不存储，仅在掉电时将其存储。该电度表采用了此种方法。这种方法的缺点是：在电源波动干扰时有可能写入错误的数据。

另一种方法是采用长寿命的 24LC01B（允许写入 1 000 万次）。随时将改变的信息存入（包括电度数和脉冲数）。一度电按 200 个脉冲算，可以用 5 万度电，若一年用电 1 000 度，可用 50 年。一般表使用寿命为 15 年，所以这种方法是可行的。

当然也可以采用 X25043/45 这样的器件，可大大提高数据的可靠性。

（3）给电子式预付费电度表加计度器

电子式预付费电度表已有数码显示（或液晶显示），按理不需要累计电量计度器，但鉴于电表一年 365 天运行，加了计度器可防止累计电量万一丢失所造成的不必要的损失。

（4）IC 卡接口电路

IC 卡是用户与电表交换数据的桥梁。设计不当，会导致读写错误，如在卡内数据已传入表内但未清卡，或数据未读入表内而已清卡。在硬件方面，卡插入检测、卡短路检测、卡上下电控制检测都是必不可少的。

（5）掉电检测电路

为防止电源波动时，多次产生掉电信号，从而引起多次写 E^{2}PROM 操作，电路应具有滞环特性（施密特特性）。

2. 提高预付费电度表可靠性的软件措施

从软件方面提高可靠性有大量工作要做。最后电度表的性能很大程度上取决于软件水平，软件上采取以下措施提高可靠性。

（1）单片机程序跳飞时能尽快返回

当微处理器遇到各种干扰时，程序指针 PC 可能跳飞。该系统采用了硬件狗电路，若跳飞至非程序区，硬件狗得不到触发脉冲，产生复位信号，系统自动进入正常运行。若跳到程序区，很可能陷入某种循环不能出来。这有两种情况，一是循环中无硬件狗触发信号指令，经过大约 1.6s 的时间，硬件狗产生复位信号，将 PC 复位，工作恢复正常；二是循环中包含了硬件狗触发信号指令，则产生死机，可以在循环程序中避免加入硬件狗触发信号指令加以解决。

对于 IC 卡预付费电度表，PC 跳飞后，最严重的错误是非法改变剩余电量寄存器中的内容。

（2）保证 E^{2}PROM 数据写入的可靠性

正常掉电时，微处理器检测到掉电信号后，在几十毫秒内将剩余电量（包括电度数和脉冲数）写入 E^{2}PROM。但在 PC 跳飞时，不允许改变剩余电量寄存器中的数据。常用的提高可靠性的方法有。

① 正常写入 E^{2}PROM 之前，要进行一系列操作，可将其分成几部分。每一部分设置一个写入口令。只有程序正常一步一步运行，口令才会逐一被赋予正确的值，到最后写入时再判断所有的口令是否正确。若正确，则写入；否则退出。写入完成，口令清除。

② 数据双备份。当由于干扰使微处理器寄存器数据改变时，鉴于两组数据错向同一值的概率较小，故在写入之前，将两组数据比较，若不相等则不写入。

③ 初始化程序要向用户显示有关信息，需要较长的时间，另外，由于电源波动时复位的可能性大，程序由此跳飞的概率最大。所以一上电，立即将双份数据人为设为不同，然后初始化，之后再读 E^{2}PROM。若程序在初始化阶段跳飞，也不会写入错误数据。

④ 有掉电时。无需把剩余电度数写入 E^{2}PROM，仅写入剩余脉冲数。即使写错，误差也不大。

⑤ 写入之前，对数据的合法性进行判别。剩余电量必须是二-十进制（BCD）码。剩余脉冲个数不大于 400。有了这样的限制，可进一步提高可靠性。

（3）保证 IC 卡与电度表准确地交换数据

卡插入检测要有去抖动，有卡短路检测。可进行多于一次的卡复位操作，卡流水号、密码都要与本机的规定号相同。卡中电量读出，与表中电量相加，清除卡中电量，再读卡中相应的单元，若确已清"0"，则写入 24C01；否则不能写入，写完后卡下电。

结合硬件，在软件上采取了以上措施后，基本可以保证系统可靠稳定地工作。

习 题 十 一

1. 结合图 11-3，请编程实现 DAC0832 产生正弦波。

2. 结合图 11-4，请编程实现 ADC0809 定时 1s 每一通道采集一次的数据采集程序。

3. 利用 8031 内部定时计数器和扩展 LED 数码显示，设计一个方波 TTL 电平输入的简易频率计。

参 考 文 献

[1] 张毅刚，彭喜源，谭晓昀，曲春波. MCS-51 单片机应用设计. 2 版. 哈尔滨：哈尔滨工业大学出版社，1997.

[2] 万福君，潘松峰，等. 单片微机原理系统设计与应用. 合肥：中国科学技术大学出版社，2001.

[3] 赵晓安. MSC-51 单片机原理及应用. 天津：天津大学出版社，2001.

[4] 张迎新. 单片微型计算机原理、应用及接口技术. 北京：国防工业出版社，2002.

[5] 张淑清，姜万录，等. 单片微型计算机接口技术及其应用. 北京：国防工业出版社，2001.

[6] 赵新民. 智能仪器设计基础. 哈尔滨：哈尔滨工业大学出版社，1999.

[7] 武庆生，仇梅. 单片微机原理计与应用. 北京：电子科技大学出版社，1998.

[8] 黄遵喜. 单片机原理、接口与应用. 西安：西北工业大学出版社，1997.

[9] 翟生辉，冯毛官. 单片计算机原理与应用. 西安：西安交通大学出版社，2000.

[10] 李广第. 单片机基础. 北京：北京航空航天大学出版社，1994.

[11] 马家辰，孙玉德，张颖. 单片机原理及接口技术. 哈尔滨：哈尔滨工业大学出版社，2001.

[12] 曹琳琳，曹巧媛. 单片机原理及接口技术. 长沙：国防科技大学，2000.

[13] 谭浩强. C 语言程序设计. 北京：清华大学出版社，1994.

[14] 赖麒文. 8051 单片机 C 语言彻底应用. 北京：科学出版社，2002.

[15] 徐爱钧，彭秀华. 单片机高级语言 C51 语言程序设计. 北京：电子工业出版社，2001.

[16] 王建校，杨建国，宁改娣，危建国. 51 系列单片机及 C51 程序设计. 北京：科学出版社，2002.

[17] 王有绪，许杰，李拉成. PIC 系列单片机接口技术及应用系统设计. 北京：北京航空航天大学出版社，2001.

[18] 何立民. MSC-51 系列单片机应用系统设计. 北京：北京航空航天大学出版社，1994.

MCS-51 指令系统所用的符号和含义

addr11	11 位地址
addr16	16 位地址
bit	位地址
rel	相对偏移量，为 8 位有符号数（补码形式）
direct	直接地址单元
#data	立即数
Rn	工作寄存器 R0~R7
A	累加器
Ri	i=0,1,R0 或 R1
X	片内 RAM 中的直接地址或寄存器
@	表示间址寄存器的符号表示直接地址 X 中的内容；在间接寻址方式中，表示间址寄存器地址 X 指出的地址单元中的内容
→	数据传送方向
∧	逻辑与
∨	逻辑或
⊕	逻辑异或
√	对标志产生影响
×	不影响标志

MCS-51 指令表

十六进制代码		助 记 符		功 能	对标志位影响				字节数	周期数
					P	OV	A_c	C_y		
算求运算指令	28~2F	ADD	A,Rn	A + Rn→A	√	√	√	√	1	1
	25	ADD	A,direct	A + (direct)→A	√	√	√	√	2	1
	26，27	ADD	A,@Ri	A + (Ri)→A	√	√	√	√	1	1
	24	ADD	A,#data	A + data→A	√	√	√	√	2	1
	38~3F	ADDC	A,Rn	A + Rn+C_y→A	√	√	√	√	1	1
	35	ADDC	A,direct	A + (direct) + C_y→A	√	√	√	√	2	1
	36，37	ADDC	A,@Ri	A + (Ri) + C_y→A	√	√	√	√	1	1
	34	ADDC	A,#data	A + data + C_y→A	√	√	√	√	2	1
	98~9F	SUBB	A,Rn	A − Rn − C_y→A	√	√	√	√	1	1
	95	SUBB	A,direct	A − (direct) − C_y→A	√	√	√	√	2	1
	96，97	SUBB	A,@Ri	A − (Ri) − C_y→A	√	√	√	√	1	1
	94	SUBB	A,#data	A − data − C_y→A	√	√	√	√	2	1
	04	INC	A	A + 1→A	√	×	×	×	1	1
	08~0F	INC	Rn	Rn + 1→Rn	×	×	×	×	1	1
	05	INC	direct	(direct) + 1→(direct)	×	×	×	×	2	1
	06，07	INC	@Ri	(Ri) + 1→(Ri)	×	×	×	×	1	1
	A3	INC	DPTR	DPTR + 1→DPTR					1	2

续上表

十六进制代码		助 记 符		功 能	对标志位影响				字节数	周期数
					P	OV	A_c	C_y		
算求运算指令	14	DEC	A	A − 1→A	√	×	×	×	1	1
	18~1F	DEC	Rn	Rn − 1→Rn	×	×	×	×	1	1
	15	DEC	direct	(direct) − 1→(direct)	×	×	×	×	2	1
	16, 17	DEC	@Ri	(Ri) − 1→(Ri)	×	×	×	×	1	1
	A4	MUL	AB	A·B→AB	√	√	×	0	1	4
	84	DIV	AB	A/B→AB	√	√	×	0	1	4
	D4	DA	A	对 A 进行十进制调整	√	×	√	√	1	1
逻辑运算指令	58~5F	ANL	A, Rn	A∧Rn→A	√	×	×	×	1	1
	55	ANL	A, direct	A∧(direct)→A	√	×	×	×	2	1
	56, 57	ANL	A, @Ri	A∧(Ri)→A	√	×	×	×	1	1
	54	ANL	A, #data	A∧data→A	√	×	×	×	2	1
	52	ANL	direct, A	(direct)∧A→A	×	×	×	×	2	1
	53	ANL	direct, #data	(direct)∧data→A	×	×	×	×	3	2
	48~4F	ORL	A,Rn	A∨Rn→A	√	×	×	×	1	1
	45	ORL	A,direct	A∨(direct)→A	√	×	×	×	2	1
	46, 47	ORL	A,@Ri	A∨(Ri)→A	√	×	×	×	1	1
	44	ORL	A,#data	A∨data→A	√	×	×	×	2	1
	42	ORL	direct,A	(direct)∨A→(direct)	×	×	×	×	2	1
	43	ORL	direct,#data	(direct)∨data→(direct)	×	×	×	×	3	2
	68~6F	XRL	A,Rn	A⊕Rn→A	√	×	×	×	1	1
	65	XRL	A,direct	A⊕(direct)→A	√	×	×	×	2	1
	66, 67	XRL	A,@Ri	A⊕(Ri)→A	√	×	×	×	1	1
	64	XRL	A,#data	A⊕data→A	√	×	×	×	2	1
	62	XRL	direct,A	(direct)⊕A→(direct)	×	×	×	×	2	1
	63	XRL	direct,#data	(direct)⊕data→(direct)	×	×	×	×	3	2
	E4	CLR	A	0→A	√	×	×	×	1	1
	F4	CPL	A	$\overline{A}$→A	×	×	×	×	1	1
	23	RL	A	A 循环左移一位	×	×	×	×	1	1
	33	RLC	A	A 带进位循环左移一位	√	×	×	√	1	1
	03	RR	A	A 循环右移一位	×	×	×	×	1	1
	13	RRC	A	A 带进位循环右移一位	√	×	×	√	1	1
	C4	SWAP	A	A 半字节交换	×	×	×	×	1	1
数据传送指令	E8~EF	MOV	A,Rn	Rn→A	√	×	×	×	1	1
	E5	MOV	A,direct	(direct)→A	√	×	×	×	2	1
	E6, E7	MOV	A,@Ri	(Ri)→A	√	×	×	×	1	1
	74	MOV	A,#data	data→A	√	×	×	×	1	1
	E8~FF	MOV	Rn,A	A→Rn	×	×	×	×	1	1
	A8~AF	MOV	Rn,direct	(direct)→Rn	×	×	×	×	2	2
	78~7F	MOV	Rn,#data	data→Rn	×	×	×	×	2	1
	F5	MOV	direct,A	A→(direct)	×	×	×	×	2	1

续上表

十六进制代码	助 记 符		功 能	对标志位影响				字节数	周期数
				P	OV	A_c	C_y		
88～8F	MOV	direct,Rn	Rn→(direct)	×	×	×	×	2	2
85	MOV	direct1,direct2	(direct2)→(direct1)	×	×	×	×	3	2
86，87	MOV	direct,@Ri	(Ri)→(direct)	×	×	×	×	2	2
75	MOV	direct,#data	data→(direct)	×	×	×	×	3	2
F6，F7	MOV	@Ri,A	A→(Ri)	×	×	×	×	1	1
A6，A7	MOV	@Ri,direct	(direct)→(Ri)	×	×	×	×	2	2
76，77	MOV	@Ri,#data	data→(Ri)	×	×	×	×	2	1
90	MOV	DPTR,#data16	data16→DPTR	×	×	×	×	3	2
93	MOVC	A,@A+DPTR	(A + DPTR)→A	√	×	×	×	1	2
83	MOVC	A,@A+PC	PC + 1→PC，(A + PC)→A	√	×	×	×	1	2
E2，E3	MOVX	A,@Ri	(Ri)→A	√	×	×	×	1	2
E0	MOVX	A,@DPTR	(DPTR)→A	√	×	×	×	1	2
F2，F3	MOVX	@Ri,A	A→(Ri)	×	×	×	×	1	2
F0	MOVX	@DPTR,A	A→(DPTR)	×	×	×	×	1	2
C0	PUSH	direct	SP + 1→SP，(direct)→(SP)	×	×	×	×	2	2
D0	POP	direct	(SP)→(direct)，SP − 1→SP	×	×	×	×	2	2
C8～CF	XCH	A,Rn	A←→Rn	√	×	×	×	1	1
C5	XCH	A,direct	A←→(direct)	√	×	×	×	2	1
C6，C7	XCH	A,@Ri	A←→(Ri)	√	×	×	×	1	1
D6，D7	XCHD	A,@Ri	A0～3←→(Ri)0～3	√	×	×	×	1	1
C3	CLR	C	0→C_y	×	×	×	√	1	1
C2	CLR	bit	0→bit	×	×	×		2	1
D3	SETB	C	1→C_y	×	×	×	√	1	1
D2	SETB	bit	1→bit	×	×	×		2	1
B3	CPL	C	$\overline{C_y}$→C_y	×	×	×	√	1	1
B2	CPL	bit	$\overline{bit}$→bit	×	×	×		2	1
82	ANL	C,bit	C_y∧bit→C_y	×	×	×	√	2	2
B0	ANL	C,$\overline{bit}$	C_y∧$\overline{bit}$→C_y	×	×	×	√	2	2
72	ORL	C,bit	C_y∨bit→C_y	×	×	×	√	2	2
A0	ORL	C,$\overline{bit}$	C_y∨$\overline{bit}$→C_y	×	×	×	√	2	2
A2	MOV	C,bit	bit→C_y	×	×	×	√	2	1
92	MOV	bit,C	C_y→bit	×	×	×	×	2	2
*1	ACALL	addr 11	PC + 2→PC，SP + 1→SP，PCL→(SP) SP + 1→SP，PCH→(SP)， Addrl1→PC10～0	×	×	×	×	2	2
12	LCALL	addr 16	PC + 3→PC，SP + 1→SP，PCL→(SP)， SP + 1→SP，PCH→(SP)，addr16→PC	×	×	×	×	3	2

行标签（左侧纵向）：
- 数据传送指令（88～8F 至 D6，D7 行）
- 位操作指令（C3 至 92 行）
- 控制转移指令（*1 至 12 行）

续上表

十六进制代码	助　记　符	功　　能	对标志位影响				字节数	周期数
			P	OV	A_c	C_y		
22	RET	(SP)→PCH，SP－1→SP，(SP)→PCL SP－1→SP	×	×	×	×	1	2
32	RETI	(SP)→PCH，SP－1→SP，(SP)→PCL SP－1→SP	×	×	×	×	1	2
*1	AJMP　addr 11	PC＋2→PC，addr11→PC10～0	×	×	×	×	2	2
02	LJMP　addr 16	addr16→PC	×	×	×	×	3	2
80	SJMP　rel1	PC＋2→PC，PC＋rel→PC	×	×	×	×	2	2
73	JMP　@A+DPTR	(A＋DPTR)→PC	×	×	×	×	1	2
60	JZ　　rel	PC＋2→PC，若 A＝0，PC＋rel→PC	×	×	×	×	2	2
70	JNZ　rel	PC＋2→PC，若 A 不等于0，则 PC＋rel→PC	×	×	×	×	2	2
40	JC　　rel	PC＋2→PC，若 C_y＝1，则 PC＋rel→PC	×	×	×	×	2	2
50	JNC　rel	PC＋2→PC，若 C_y＝0，则 PC＋rel→PC	×	×	×	×	2	2
20	JB　　bit,rel	PC＋3→PC，若 bit＝1，则 PC＋rel→PC	×	×	×	×	3	2
30	JNB　bit,rel	PC＋3→PC，若 bit＝0，则 PC＋rel→PC	×	×	×	×	3	2
10	JBC　bit,rel	PC＋3→PC，若 bit＝1，则 0→bit，PC+rel→PC					3	2
B5	CJNE　A,direct,rel	PC＋3→PC，若 A 不等于(direct)，则 PC＋rel→PC 若 A＜(direct)，则 1→C_y	×	×	×	√	3	2
B4	CJNE　A,#data,rel	PC＋3→PC，若 A 不等于 data，则 PC＋rel→PC，若 A 小于 data，则 1→C_y	×	×	×	√	3	2
B8～BF	CJNE　Rn,#data,rel	PC＋3→PC，若 Rn 不等于 data，则 PC＋rel→PC，若 Rn 小于 data，则 1→C_y	×	×	×	√	3	2
B6～B7	CJNE　@Ri,#data rel	PC＋3→PC，若 Ri 不等于 data，则 PC＋rel→PC，若 Ri 小于 data，则 1→C_y	×	×	×	√	3	2
D8～DF	DJNZ　Rn,rel	Rn－1→Rn，PC+2→PC，若 Rn 不等于0， 则 PC＋rel→PC	×	OV	A_c	C_y	2	2
D5	DJNZ　direct, rel	PC＋3→PC，(direct)－1→(direct) 若(direct)不等于0，则 PC＋rel→PC	×	×	×	×	3	2
00	NOP	空操作	×	×	×	×	1	1

控制转移指令

附录 **B**

ASCII（美国标准信息交换码）表

编码（Hex）	字　符	编码（Hex）	字　符	编码（Hex）	字　符	编码（Hex）	字　符
00	NUL	20	SPACE	40	@	60	`
01	SOH	21	!	41	A	61	a
02	STX	22	"	42	B	62	b
03	ETX	23	#	43	C	63	c
04	EOT	24	$	44	D	64	d
05	ENQ	25	%	45	E	65	e
06	ACK	26	&	46	F	66	f
07	BEL	27	'	47	G	67	g
08	BS	28	(	48	H	68	h
09	HT	29	)	49	I	69	i
0A	LF	2A	*	4A	J	6A	j
0B	VT	2B	+	4B	K	6B	k
0C	FF	2C	,	4C	L	6C	l
0D	CR	2D	–	4D	M	6D	m
0E	SO	2E	.	4E	N	6E	n
0F	SI	2F	/	4F	O	6F	o
10	DLE	30	0	50	P	70	p
11	DC1	31	1	51	Q	71	q
12	DC2	32	2	52	R	72	r
13	DC3	33	3	53	S	73	s
14	DC4	34	4	54	T	74	t
15	NAK	35	5	55	U	75	u
16	SYN	36	6	56	V	76	v
17	ETB	37	7	57	W	77	w
18	CAN	38	8	58	X	78	x
19	EM	39	9	59	Y	79	y
1A	SUB	3A	:	5A	Z	7A	z
1B	ESC	3B	;	5B	[	7B	{
1C	FS	3C	<	5C	\	7C		
1D	GS	3D	=	5D	]	7D	}
1E	RS	3E	>	5E	^	7E	～
1F	US	3F	?	5F	—	7F	DEL

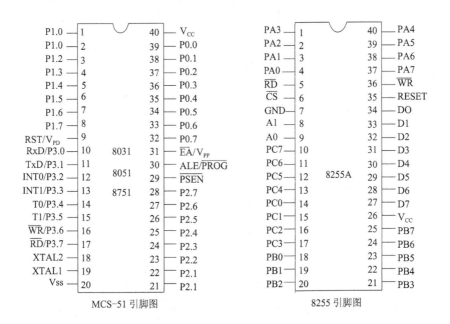

MCS-51 引脚图

8255 引脚图

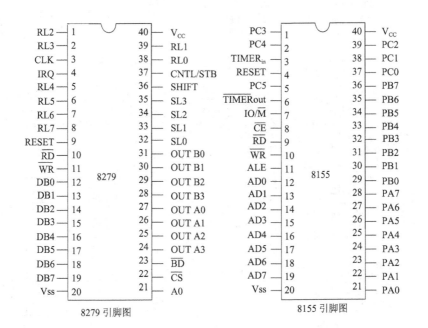

8279 引脚图

8155 引脚图

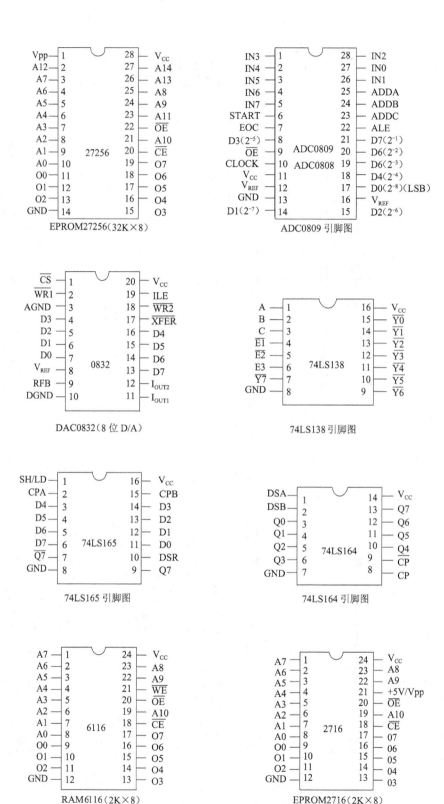

EPROM27256(32K×8)

ADC0809 引脚图

DAC0832（8 位 D/A）

74LS138 引脚图

74LS165 引脚图

74LS164 引脚图

RAM6116（2K×8）

EPROM2716（2K×8）

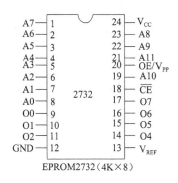

EPROM2732

```
A7  — 1        24 — V_CC
A6  — 2        23 — A8
A5  — 3        22 — A9
A4  — 4        21 — A11
A3  — 5        20 — OE/V_PP
A2  — 6        19 — A10
A1  — 7   2732 18 — CE̅
A0  — 8        17 — O7
O0  — 9        16 — O6
O1  — 10       15 — O5
O2  — 11       14 — O4
GND — 12       13 — V_REF
```

EPROM2732（4K×8）

EPROM2764

```
Vpp — 1        28 — V_CC
A12 — 2        27 — PGM
A7  — 3        26 — NC
A6  — 4        25 — A8
A5  — 5        24 — A9
A4  — 6        23 — A11
A3  — 7        22 — OE̅
A2  — 8        21 — A10
A1  — 9   2764 20 — CE̅
A0  — 10       19 — O7
O0  — 11       18 — O6
O1  — 12       17 — O5
O2  — 13       16 — O4
GND — 14       15 — O3
```

EPRPM2764（8K×8）

RAM6264

```
NC  — 1        28 — V_CC
A12 — 2        27 — WE̅
A7  — 3        26 — NC
A6  — 4        25 — A8
A5  — 5        24 — A9
A4  — 6        23 — A11
A3  — 7        22 — OE̅
A2  — 8        21 — A10
A1  — 9   6264 20 — CE̅
A0  — 10       19 — O7
O0  — 11       18 — O6
O1  — 12       17 — O5
O2  — 13       16 — O4
GND — 14       15 — O3
```

RAM6264（8K×8）

EPROM27128

```
Vpp — 1         28 — V_CC
A12 — 2         27 — PGM
A7  — 3         26 — NC
A6  — 4         25 — A8
A5  — 5         24 — A9
A4  — 6         23 — A11
A3  — 7         22 — OE̅
A2  — 8         21 — A10
A1  — 9  27128  20 — CE̅
A0  — 10        19 — O7
O0  — 11        18 — O6
O1  — 12        17 — O5
O2  — 13        16 — O4
GND — 14        15 — O3
```

EPROM27128（16K×8）